이동통신 시스템 실습

김 동 옥 저

도서출판 상 학 당

欲爲大者 當爲人役

크고자 하거든 남을 섬기라

이 책의 머리말

우리나라에서 디지털 이동통신 시스템 상용화 기술로부터 촉발된 스마트 기기가 우리사회의 패러다임을 새롭게 바꾸어가고 있는 오늘날의 이동통신분야는 폭발적인 스마트폰의 사용량 증가로 새로운 전기를 맞고 있다.

우리나라의 정보통신기술은 정보화 사회를 주도하는 중추적인 요소로서 모든 분야에 미치는 영향은 실로 상상을 초월한다고 할 수 있다. 빠른 속도로 발전하는 정보통신기술은 서비스의 멀티미디어화, 유·무선 네트워크의 통합, 위성을 통한 개인 네트워크 서비스 등의 개인의 생활뿐 아니라 사회 전체를 급격하게 변화시키고 있다.

따라서, 현재 논의되고 있는 5G 이동통신 기술개발 방향으로는 현재 이동통신 시스템의 주파수 효율극대화 방안, 초고주파 대역에서의 신규 주파수 대역 할당, 펨토셀 등의 소형 셀들의 증가 및 밀집배치 설계방안 그리고 무선랜 등의 이종 무선통신 시스템과의 연동을 통한 초과 트래픽 분할방안 등이 제시되고 있다. 먼저 주파수 효율극대화를 위해서는 기존 MIMO 기술에 기반한 3D 빔포밍 기술, Massive MIMO 기술, 새로운 무선접속 기술개발 및 최적 셀간 간섭 시나리오 구성방안 등이 제시될 수 있을 것이다.

향후에는 매크로셀과 독립적인 형태의 운영체제로 발전할 가능성도 있을 것이다. 마지막으로 기존 이종 무선통신 시스템과의 연동으로는 무선랜과의 연동이 먼저 이루어져 실내에서의 초과 트래픽을 서로 분할하는 방안이 가능할 것이며, 향후 M2M 등의 신규 디바이스 기반의 무선 네트워크가 구성되면 이와 연동하여 구축하는 방안도 고려되어야 할 것이다.

이러한 시대적 상황에 맞추어 이 교재는 무선분야 특히 이동통신 시스템 및 정보통신(IT) 관련 분야에 종사하고자 학문에 매진하는 학생들과 산업체의 실무 기술자들에게 상세하고 자세하게 설명된 참고도서로서 충분히 활용될 수 있으리라 생각한다.

이 책은 현장실무에서 필요한 Spectrum Analyzer, 고주파 신호발생기 등의 사용방법을 습득하고 표준규격서의 내용을 쉽게 풀어 설명하고, 규격의 배경이 되는 기술의 내용과 바탕지식을 제공한다. 여러 규격서에 혼재되어 있는 내용을 연계하여 하나의 자연스러운 흐름을 제공함과 동시에 3GPP, 3GPP2, LTE-A, IEEE의 다양한 기술들을 함께 설명과 실무를 함으로써 차세대 이동통신기술 전반에 관한 이해를 돕도록 편성하였다.

이 교재는 저자가 25년 동안 무선, 이동통신분야의 연구소와 산업현장에서 또한 강단에서 보고 느낀 신입생, 연구원들이 주로 겪는 애로사항을 참고하여 보다 산업현장과 연계될 수 있도록 하기 위한 것과 지금부터 이동통신 분야를 공부하려고 하는 기술자를 위한 실습입문서로서 정리한 것인데, Spectrum Analyzer, WCDMA, LTE-A 시스템과 통신방식에 관한 중요한 기초이론과 시설유지 보수 등을 계통적으로 해설하고 무선통신 시스템의 전반적인 내용을 기술하였다. 21세기 정보화 시대를 열어가는 주역들이 인식하고 있는 디지털 이동통신 시스템부터 향후 차세대 모바일 네트워크 시대를 준비하는 주요 실무 중심의 기술내용을 다루었다.

제Ⅰ편에서는 이론을 접하도록 하였고, 제Ⅱ편은 이를 바탕으로 이동통신 시스템 관련 실습을 할 수 있도록 Spectrum Analyzer의 원리 등 측정장비를 다루는 기술을 간략하고 쉽게 요약하였다.

끝으로 이 책이 출간될 수 있도록 물심양면으로 도움을 주신 도서출판 상학당 남승우 대표님께 감사를 드린다. 또한 이 책의 자료준비 및 정리를 도와주신 지인들에게 고마움을 보낸다. 이 책으로 공부한 독자가 통신방식의 기술을 터득하여 더욱 깊은 학문으로의 의욕을 가지게 된다면 저자로서 더 없는 기쁨이겠다.

김 동 옥 씀

이 책의 **차 례**

제 I 편 이동통신 시스템 실무 이론

제Ⅱ편 이동통신 시스템 실무 측정실습

제 Ⅰ 편

이동통신 시스템 실무 이론

제1장

기초지식

01 통신개요

통신케이블로 정보를 주고받는 유선통신과는 달리 전파라고 하는 무형의 정보전달수단에 의해 신호, 부호, 영상, 음성 등의 정보를 주고받는 통신방식을 무선통신(wireless communication)이라 말한다.

무선통신은 고정된 지점간 정보를 전달하는 고정통신이 대부분이었으나, 정보통신의 발달로 언제, 어디서나, 누구에게든 시간과 공간에 구애받지 않고 정보를 주고받을 수 있는 이동통신(mobile communication)과 셀룰러(celluler) 방식, 이동위성통신(mobile satellite)으로 발전되었다.

이동통신의 무선호출기(radio paging receiver)는 무선으로 전송되는 신호를 수신하여 음향이나 진동 또는 빛으로 휴대자에게 호출을 알리는 소형 수신기 흔히 '삐삐'로 불리워졌고, 호출자가 유선 또는 무선단말기로 호출신호를 보내면 무선기지국에서는 유선 또는 무선통신망의 송신장치를 통해 전송되어 온 신호를 수신, 이 신호를 무선으로 중계 송출하여 호출기 휴대자에게 호출을 알리는 단방향 수신장치로서 메시지를 송신할 수는 없으나, 수신하는 신호는 문자/숫자 등의 조합으로 다양한 메시지의 내용을 받을 수 있다.

이 장치는 구조가 단순하고 작고 가벼우며 요금이 저렴하여 이용에 편리한 장점이 있어 널리 사용된다.

주파수공용통신시스템(TRS)은 미국과 일본에서는 MCA(Multi Channel Access), 한국과 유럽에서는 TRS(Trunked Radio System)이라 한다. 이 TRS는 기존의 무전기나 워키토키의 성능을 크게 발전시킨 시스템으로 서비스 제공자가 고지대에 무선중계 설비를 구축하여 기업체, 개인 등 다수의 가입자가 다수의 주파수를 공유하여 상대방과 통신을 할 수 있는 시스템이다.

02 기초지식

2.1 전기적인 신호의 표현방법

우리가 전기신호를 말할 때 일반적으로 시간에 대한 전압이나 전류의 함수로 나타낸다. 한가지 표시방법으로는 시간에 대한 전압의 변화를 그려주는 방법이다. 모든 신호는 직류(Direct Current : DC) 전압과 교류(Alternating Current : AC) 전압의 합으로 표시할 수 있다. 교류신호는 시간에 따라서 극성이 반전되나 직류성분은 일정하다.

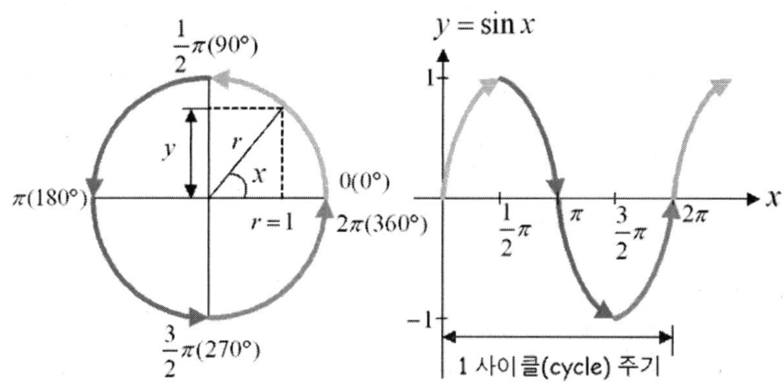

$y = r\sin x$ ... if $r = 1 \Rightarrow y = \sin x$ ....

[그림 1-1]

2.2 주파수영역과 시간영역

시간에 따라 주기적이고 규칙적으로 변화는 파형을 정현파(sin wave)라고 하며, 주기 T는 주파수의 역수이다$\left(T=\frac{1}{f}\right)$. 정현파는 일정한 모양을 가지고 있고, 오직 진폭과 발진 주기가 빠르고 늦느냐만의 차이뿐이라는 것을 알 수 있다. 그러므로 정현파는 오랜 시간의 관찰과 수학적 표현이 필요 없이 진폭과 주파수만 알면 된다. 시간영역의 표시는 수평축(X축)이 시간(time)이고, 수직축(Y축)이 진폭(amplitude)이고, 주파수영역의 표시는 수평축(X축)이 주파수(frequency)이고 수직(amplitude)이다.

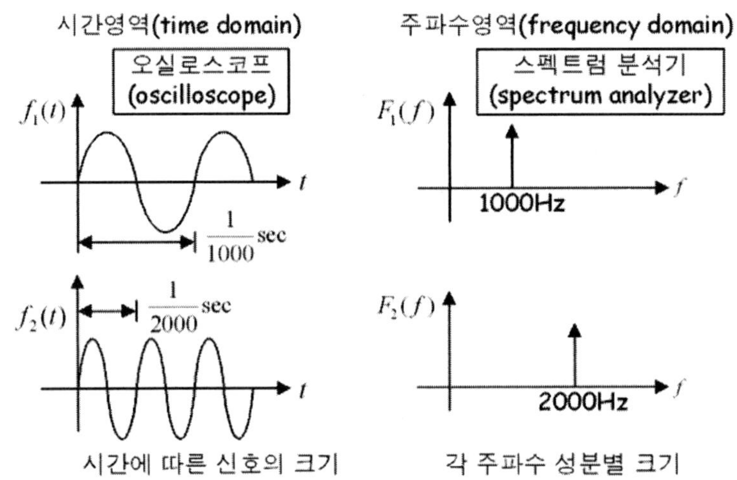

[그림 1-2]

스펙트럼 해석은 신호에 포함되어 있는 정현파들의 성분과 그들의 진폭을 판별하는 과정을 말한다. 신호의 주파수영역표시, 일명 스펙트럼은 각각의 정현파 성분들을 그래프적으로 표시하여 보여주는 것이다. 우리가 복잡한 신호라고 생각하던 신호가 아주 단순하게 표시된다.

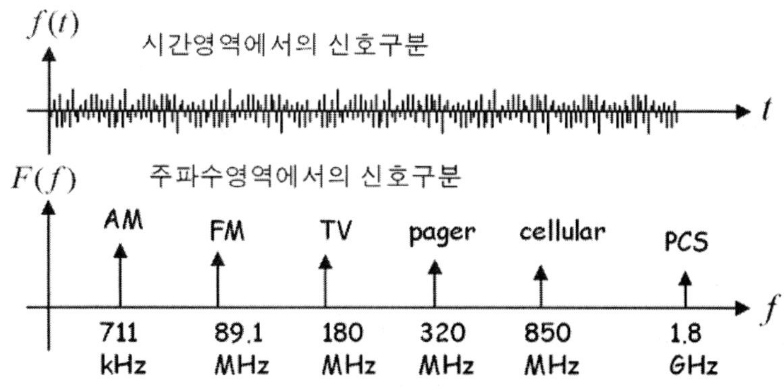

[그림 1-3]

2.3 진폭 요소들(Amplitude Factors)

보통 진폭을 말할 때는 전압을 기준으로 한다. 전압을 표시할 때 2배의 진폭을 가진 것은 화면상에 2배의 크기로 표시한다. 이 방법은 쉽게 이해할 수 있으며, 계속적으로 변화하는 하나의 신호를 보고자 할 때 시간영역에서는 유용하다. 그러나 주파수영역에서는 진폭들이 서로 다른 여러 개의 신호들을 측정할 경우, 이 방법은 최적이라고 할 수 없다.

대부분의 화면표시(CRT 또는 LCD)들의 전면에 그려져 있는 눈금을 살펴보면 수직축으로는 8눈금으로 분할되어 있으며, 각 눈금 사이는 5개의 작은 눈금으로 다시 분할되어 있다. 그러므로 같은 화면상에서 쉽게 인지할 수 있는 최소 레벨은 작은 눈금 1의 진폭을 가진 신호이고, 최대 신호 레벨은 큰 눈금 8의 크기를 갖고 있다고 하면 이 비율은 40 : 1이 된다.

Spectrum Analyzer의 가장 강력한 성능 중의 하나가 전압비가 10,000 : 1이 되는 신호들을 동시에 한 화면상에서 측정 가능하다. 전압비가 1000 : 1이 되는 두 신호를 한 화면에 표시하기 위해서는 큰 눈금으로 200칸이 필요한데, 이것은 물리적으로 불가능하고 이것을 해결하는 방법이 데시벨(dB)이다.

데시벨은 전력의 비율로 나타낼 때는 10log P_2/P_1이다. 만약 하나의 신호가 다른 신호보다 전력의 비가 2배라고 하면 +3dB 크다고 한다(만약 1/2이라면 −3dB라고 표시한다). 즉, 전력의 비율이 각 2배로 커지거나, 반으로 줄게 되면 dB값은 3dB씩 변화한다. 또한 dB를 전압의 비유로 표시하면 20log V_2/V_1로서, 두 신호의 차가 2배라고 하면 ±6dB가 된다. 즉, 전압은 두 신호의 비율이 각 2배이거나, 반이되면 6dB 씩 변화하게 된다. 화면상에서는 전압이나 전력의 변화에 대응시켜서 각 눈금의 dB 값을 대응시켜 놓을 수 있다. 한 눈금당 10dB씩 표시하도록 설정하게 되면 화면 전체에서는 80dB의 측정범위를 갖게 된다. 즉, 이것은 전압측정 범위로는 10,000 : 1 의 비율을 표시할 수 있다.

또한 전력측정 시 1[mW]를 기준으로 설정하면 단위는 dBm으로 표시하며 일반적으로 Spectrum Analyzer에서 가장 빈번하게 사용하고 있다. 이것은 50Ω의 부하에 걸린 실효전압(RMS)이 0.224mV임을 나타낸다($P = V^2/R$). 데시벨을 이용하는 경우에는 기준을 어떤 값으로 설정하느냐에 따라서 단위도 함께 변화한다.

예를 들면 1V를 기준으로 하면 단위는 dBV이고, 1mV가 기준이 되면 dBmV가 된다. 또한 TV 영역에서 많이 사용하는 dBmV는 일반적으로 75Ω의 부하를 기준으로 한다. 이것은 기준 단위를 선택하였으면 후속되는 모든 측정은 동일한 임피던스 조건하에서 측정해야 함을 나타낸다. 전압은 일반적으로 직선 눈금(linear scale)상에서 측정하고, 이에 반하여 dB는 로그 눈금(log scale)을 이용하고 있다.

직선 눈금상에서 각 증가분은 신호사이의 일정 차이를 나타내고, 로그 눈금상에서 각 증가분은 신호사이의 일정 비율을 나타낸다. 즉 직선 눈금상에서 6칸의 신호는 8칸의 신호에 대해서 3/4이고, 4칸의 신호는 1/2이 된다. 로그 눈금에서는 한 눈금당 10dB로 지정했을 경우에, 6칸 전압 신호는 8칸의 신호에 대하여 1/10이 된다.

왜냐하면 비율이 일정하기 때문에 6칸 신호가 8칸 신호에 비해 20dB 작다고 하고 이 신호는 8칸 신호의 1/10이 된다. 같은 방법으로 40dB 차이가 나는 신호는 화면상에는 4칸과 8칸으로 표시도 되고, 4칸의 신호는 8칸의 신호의 1/100이 된다.

예를 들어 두 신호의 차이가 3dB정도 밖에 되지 않는다면, 10dB 눈금상에서는 그 차이가 약 0.3눈금 정도의 차이밖에 나타나지 않는다. 즉, 이것은 한 신호가 다른 신호에 대하여 2배의 전력을 가지고 있더라도 전체 눈금의 4% 밖에 차이가 나지 않음을 알 수 있다. 이런 경우에는 정확한 측정을 하기 위하여 2dB/Div의 눈금을 이용할 수 있도록 준비되어 있다. 따라서 앞에서 예를 들은 신호의 경우는 화면에 1.5눈금의 차이가 생기므로 쉽고 정확한 측정을 할 수 있다. 또한 대부분의 측정기가 입력신호의 절대값을 직접 읽을 수 있도록 직선 눈금으로 전환이 가능하도록 되어 있다. 이럴 경우에는 단위가 V/Div, mV/Div 등의 값으로 자동 변환된다.

03 단위계

3.1 deciBel(dB)

전자측정 시스템에서 이득(gain)이나 감쇠(attenuation)를 나타낼 때 자주 사용되는 단위로 데시벨(decibel)을 사용하고 있다. 원래 데시벨 측정은 전화사업에서 유래되었는데, 전화 발명자인 Alexander Graham Bell에서 따온 명칭으로 알려져 있으며 본래의 단위는 벨(Bel)을 사용하였으나, 실제 측정에 있어서 그 값이 너무 크기 때문에 벨의 1/10인 deci를 적용하여 decibel을 더 많이 사용하게 되었고 현재는 decibel(dB)이 익숙하게 되었다.

따라서 decibel의 단위는 인간의 귀가 음성 주파수에 대하여 어떻게 반응하는가를 표현하기 위하여 도입된 단위로서 [그림 1-4]에서 나타난 입력과 출력의 Power level비를 log 함수로 정의한다.

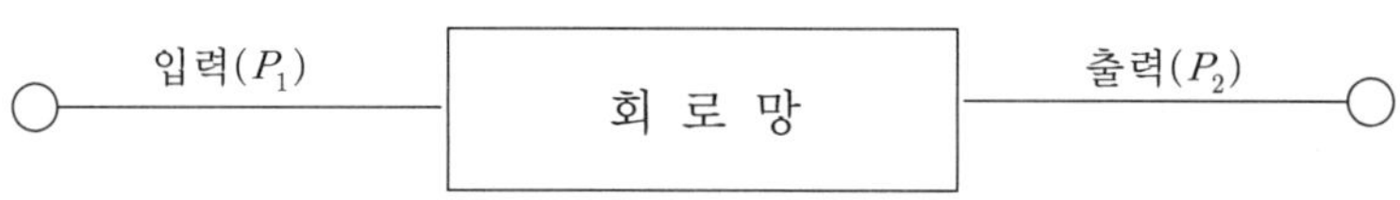

[그림 1-4] 입·출력 상관 관계도

$$\mathrm{dB} = 10\log\left(\frac{P_2}{P_1}\right),\quad P = \frac{V^2}{R}$$

$$\therefore \mathrm{dB} = 10\log\left(\frac{V_2^2/R_2}{V_1^2/R_1}\right)$$

만일 $R_1 = R_2$라고 가정하면

$$\mathrm{dB} = 10\log\left(\frac{P_2}{P_1}\right) = 20\log\left(\frac{V_2}{V_1}\right)$$

이다. 입력과 출력의 상관관계를 몇 가지 예로서 표현하면 다음과 같다.

① 출력 P_2가 입력 P_1보다 2배일 때

$$dB=10\log\left(\frac{P_2}{P_1}\right)=10\log\left(\frac{2P_1}{P_1}\right)=10\log 2=3.010$$

즉, dB가 3이면 전력은 2배이다.

② 전압 V_2가 입력 V_1보다 2배일 때

$$dB = 20\log\frac{V_2}{V_1} = 20\log\frac{2V_1}{V_1} = 20\log 2 = 6.02$$

6dB가 2배를 의미한다.

③ 전력에서 2배 차이는 전압에서 몇 배인가

$$dB=10\log\left(\frac{2P_1}{P_1}\right)=20\log\frac{V_2}{V_1},\ \frac{1}{2}\log 2 = \log\frac{V_2}{V_1}$$

$$\frac{V_2}{V_1}=\sqrt{2},\ V_2=\sqrt{2}\,V_1=1.414\,V_1$$

그러므로 전력에서 2배 차이는 전압에서 1.414배가 된다.

3.2 절대 데시벨

데시벨(decibel)은 상대적인 값으로서 표현되므로 절대(absolute) 레벨로, 데시벨로 사용하는 경우가 많다. 파워 레벨에 대한 절대 decibel 값은 $dB = 10\log\left(\frac{P}{P_{Ref}}\right)$ 또는 $dB = 20\log\left(\frac{V}{V_{Ref}}\right)$로 정의된다.

3.2.1 dBm

dBm은 1mW를 기준 레벨로 하여 정하는 데시벨 단위이다. 수식으로 표현하면 $dBm = 10\log\left(\frac{P}{0.001}\right)$가 된다.

실제 임피던스에 따라서 dBm은 다음과 같이 달라진다. $P=\frac{V^2}{R}$, $V=\sqrt{PR}$이므로

- 50Ω 에서는 $V=\sqrt{0.001\times 50}=0.224\text{V}$
- 600Ω 에서는 $V=\sqrt{0.001\times 600}=0.775\text{V}$
- 75Ω 에서는 $V=\sqrt{0.001\times 75}=0.274\text{V}$

따라서 전압을 기준으로 한 dBm은 다음과 같다.

- $\text{dBm}(50\Omega)=20\log\left(\frac{V}{0.224}\right)$
- $\text{dBm}(600\Omega)=20\log\left(\frac{V}{0.775}\right)$
- $\text{dBm}(75\Omega)=20\log\left(\frac{V}{0.274}\right)$

3.2.2 dBμV

1μV에 대한 절대 레벨을 표시하는 단위로서 다음과 같다.

$$\text{dB}\mu\text{V}=20\log\left(\frac{V}{1\mu\text{V}}\right)=20\log\left(\frac{V}{1\times 10^{-6}}\right)$$

3.2.3 전압과 전력 환산

- $\text{dB}\mu\text{N}=20\log\mu\text{N}$
- $\text{dBW}=10\log\frac{(\mu\text{V}\times 10^{-6})^2}{\text{Impenance}}$
  $=20\log\mu\text{V}-120-10\log(\text{Impedance})$
  $=\text{dB}\mu\text{V}-120-10\log(\text{Impedance})$
- $\text{dBm}=\text{dBW}+30$
- $\mu\text{V}=10^{(\text{dBm}\mu\text{V}/20)}$
- $\text{dB}\mu\text{V}=\text{dBW}+120+10\log(\text{Impedance})$
- $\text{dB}\mu\text{V}=\text{dBm}+90+10\log(\text{Impedance})$
- $\text{dB}\mu\text{V}=\text{dBm}+107$

3.2.4 변환관계 예제

- $1\text{mV} = (\ ?\ )\text{dB}\mu\text{V} \rightarrow 20\log\frac{1\text{mV}}{1\mu\text{V}} = 20\log 10^3 = 60\text{dB}\mu\text{V}$
- $0\text{dBm} = (?)\text{dB}\mu\text{V} \rightarrow 0\text{dBm} + 107\text{dB} = 107\text{dB}\mu\text{V}$
- $60\text{dB}\mu\text{N} = (\ ?\ )\text{dBm} \rightarrow 60\text{dB}\mu\text{V} - 107\text{dB} = -47\text{dBm}$
- $10\text{V/m} = (\ ?\ )\text{dBV/m} \rightarrow 20\log\frac{10\text{V/m}}{1\mu\text{V/m}} = 20\log 10 \times 10^6 = 140\text{dB}\mu\text{V/m}$
- $100\text{V/m} = (\ ?\ )\text{dB}\mu\text{V/m} \rightarrow 20\log\frac{100\text{V/m}}{1\mu\text{V/m}} = 20\log 10^8 = 160\text{dB}\mu\text{V/m}$
- $200\text{V/m} = (\ ?\ )\text{dB}\mu\text{V/m} \rightarrow 20\log\frac{200\text{V/m}}{1\mu\text{V/m}} = 20\log 2 \times 10^8$

  $\fallingdotseq 6 + 160\text{dB}\mu\text{V/m}$

〈표 1-1〉

+50dBm	+40dBm	+30dBm	+20dBm	+10dBm	+0dBm	−10dBm	−20dBm	−30dBm
100W	10W	1W	100mW	10mW	1mW	0.1mW	0.01mW	0.001mW

- 10mW=(?)dBm → 10×log(10) = 10dBm
- 100mW=(?)dBm → 10×log(100) = 20dBm
- 200mW=(?)dBm → 10×log(200) = −23dBm
- 1000mW=(?)dBm → 10×log(1000) = 30dBm
- 0.1mW=(?)dBm → 10×log(0.1) = −10dBm
- 0.01mW=(?)dBm → 10×log(0.01) = −20dBm
- 0.001mW=(?)dBm → 10×log(0.001) = −30dBm
- 0.002mW=(?)dBm → 10×log(0.002) = −27dBm

3.3 감쇠 및 이득

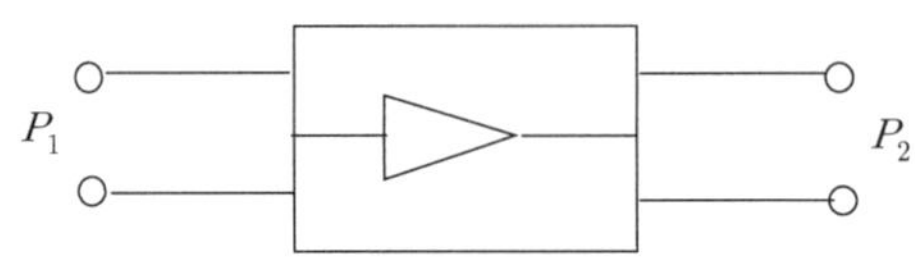

[그림 1-5] 2port 회로

[그림 1-5] 2port 회로에서 liner 전달함수 a는 입력전력에 대한 출력전력비로 나타낼 수 있다.

$$\lin a = \frac{P_2}{P_1}$$

이 전달함수는 일반적으로 다음과 같이 dB로 정의된다.

$$a = 10\log\frac{P_2}{P_1}\text{dB}$$

만약 2port 회로에서 출력전력 P_2가 입력전력 P_1보다 크면 a는 양수값을 가지게 되며, 일반적으로 증폭(amplification) 또는 이득(gain)이라 한다.

또한 2port 회로에서 출력전력 P_2가 입력전력 P_1보다 작으면 a는 음수값을 가지게 되며, 일반적으로 감쇠(attenuation)또는 손실(loss)라고 한다.

3.3.1 2port 회로 직렬연결

2port 회로의 직렬연결(cascading)일 경우 종합이득(total gain)은 각각의 dB값을 더함으로써 간단히 구할 수 있다.

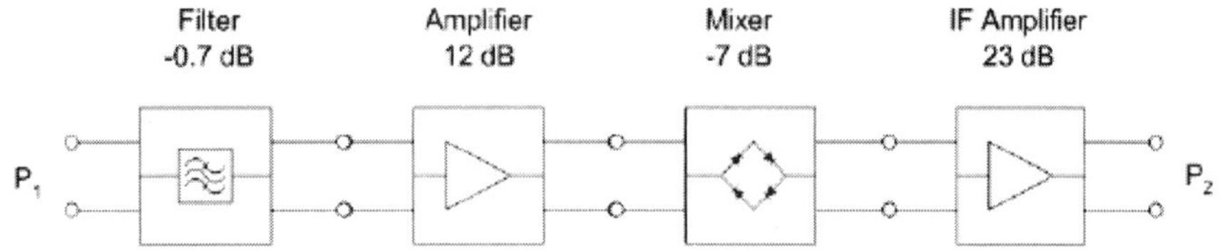

[그림 1-6] 2port 회로의 직렬연결도

[그림 1-6]에서 종합이득은 다음 식과 같이 계산할 수 있다.

$$a = a + a_1 + a_2 + \cdots + a_n = -0.7\text{dB} + 12\text{dB} - 7\text{dB} + 23\text{dB} = 27.3\text{dB}$$

즉 입력신호는 여러 회로를 거치면서 최종 27.3dB가 증폭된다는 것을 의미한다.

3.3.2 3단 구성 증폭기

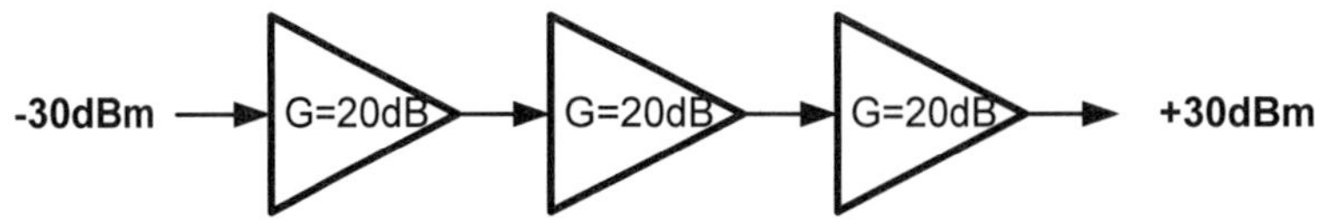

[그림 1-7] 회로의 전체 이득

[그림 1-7]과 같이 -30dBm의 입력신호가 3단으로 구성된 증폭기를 거쳐 출력된다면 최종 출력은 다음과 같이 계산된다.

$$-30\text{dBm}+\{20\text{dB}+20\text{dB}+20\text{dB}\}=-30\text{dBm}+60\text{dB}=+30\text{dBm}$$

이와 같이 dB 단위의 연산 또는 dB와 dBm 간의 연산은 간단히 값을 더해주기만 하면 되므로 여러 단의 증폭기와 감쇠기로 구성된 회로라 하더라도 최종 이득을 쉽게 계산해낼 수 있다. 그러나 dBm과 dBm간의 연산은 다소 복잡한 계산과정을 필요로 한다.

3.4 기타 dB 표시방법

일반적으로 dB로서 정의되는 여러 가지 용어 및 측정에 관련된 내용을 여러 가지 방법으로 표현하고 있다.

3.4.1 신호 대 잡음비

신호측정 시 가장 중요한 것 중 하나가 신호대 잡음비(Signal-to-Noise ratio : S/N) 측정이다. 신호 대 잡음비를 결정하기 위해 먼저 신호 파워값을 측정 후 신호 스위치를 끄거나 필터를 이용하여 잡음 파워를 측정한다.

$\text{SN}=\frac{\text{S}}{\text{N}}$로 정의되며, dB로 표시하면

$$\text{SN}=10\times\log\frac{\text{S}}{\text{N}}\text{dB}$$

이며 잡음에 왜곡이 나타날 경우 S/N비에 대응하는 것으로서 신호 대 잡음 및 왜

곡비(Sinal to Noise and Distortion : SINAD)를 측정하는 것이 편리하다.

$$\mathrm{SINAD} = \frac{\mathrm{S}}{\mathrm{N+D}}$$

로 정의되며

dB로 표시하면

$$\mathrm{SINAD} = 10\log\frac{\mathrm{S}}{\mathrm{N+D}}\ \mathrm{dB}$$

(예) FM라디오 수신기 S/N 비 측정

1kHz 변조신호에 적절한 FM 편향(deviation)을 수신기에 공급시 오디오 출력단에서 100mW 파워가 측정되었고, FM 변조를 끈 후 0.1μW 파워가 측정되었다면 S/N 비는 다음과 같다.

$$\mathrm{S/N} = 10\log 100\frac{\mathrm{mW}}{0.1\,\mu\mathrm{W}} = 60\mathrm{dB}$$

앞의 예에 같은 조건에서의 SINAD 측정

FM 변조 신호 공급 시 100mW 파워가 측정되었고 이후 1kHz의 노치필터를 연결하고 오디오 출력을 측정하였을 때 0.5μW 파워가 측정되었다면 SINAD의 값은 다음과 같다.

$$\mathrm{SINAD} = 10\log\frac{100\mathrm{mW}}{0.5\mu\mathrm{W}}\mathrm{dB} = 53\mathrm{dB}$$

3.4.2 잡 음

잡음(noise)은 전기도체에서 전자의 열잡음에 의해 발생되며 이때의 잡음전력은 온도 및 측정대역폭에 따라서 달라지며 잡음전력은 다음과 같다.

$$P = kTB$$

k : 볼쯔만 상수(1.38×10^{-23}J/K, 1J=1Ws)

T : 켈빈온도(0K= −273.15 ℃)

B : 측정대역폭(Hz)

20℃의 실온에서 Hz당 전력은 다음과 같다.

$$P = kT^* 1\,\mathrm{Hz} = 1.38 \times 10^{-23} \frac{Ws}{K} \times 293.15K \times 1\ \mathrm{Hz} = 4.047 \times 10^{-21}\mathrm{W}$$

이 값을 dBm으로 환산하면

$$P/\mathrm{Hz} = 10\log\left(\frac{4.047 \times 10^{-18}\mathrm{mW}}{1\mathrm{mW}}\right)\mathrm{dBm} = -173.93\mathrm{dBm/Hz}$$

이다. 결과적으로 수신기의 입력단에서 Hz당 열잡음은 −174dBm이다. 또한 이 열잡음은 리시버의 입력 임피던스와는 상관없이 항상 동일하며 대역폭인 B에 비례한다. 대역폭 Bandwidth factor인 b를 사용하여 계산하면

$$b = 10\log\left(\frac{B}{1\mathrm{Hz}}\right)\mathrm{dB}$$

가 되고,

$$P = -174\ \mathrm{dBm} + b$$

라는 식을 얻을 수 있다.

(예) 측정대역폭을 1MHz 설정시 Spectrum Analyzer에 나타나는 잡음전력은 다음과 같이 나타내어진다. (단 이때 Spectrum Analyzer의 내부잡음이 발생하지 않은 것으로 가정한다)

$$b = 10\log\left(\frac{1\mathrm{MHz}}{1\mathrm{Hz}}\right)\mathrm{dB} = 10\log\left(\frac{1000000\mathrm{Hz}}{1\mathrm{Hz}}\right)\mathrm{dB} = 60\mathrm{dB}$$

$$P = -174\mathrm{dBm} + 60\mathrm{dB} = -114\mathrm{dBm}$$

이 결과 1MHz의 대역폭의 경우 60dB의 잡음이 증가하는 것을 알 수 있다. 따라서 아주 적은 신호를 측정하기 위해서 때때로 Spectrum Analyzer의 Bandwidth를 줄여 주어야 한다

3.4.3 잡음지수

2port 회로의 잡음 팩터 F는 입력신호 잡음비 대 출력신호 잡음비로 정의할 수 있다.

$$F = \frac{SN_{in}}{SN_{out}} dB$$

잡음 팩터를 log스케일로 표시한 것을 잡음지수(noise figure)라고 하며 다음과 같이 계산할 수 있다.

$$NF = 10\log\frac{SN_{in}}{SN_{out}} dB$$

3.4.4 위상잡음

이상적인 오실레이터의 경우 매우 좁은 스펙트럼을 가지고 있어야 하지만 노이즈의 물리적인 효과나 신호의 다양한 변화에 의해 실제의 스펙트럼은 훨씬 넓어진다. 이것은 위상잡음(phase noise) 값으로 알 수 있다.

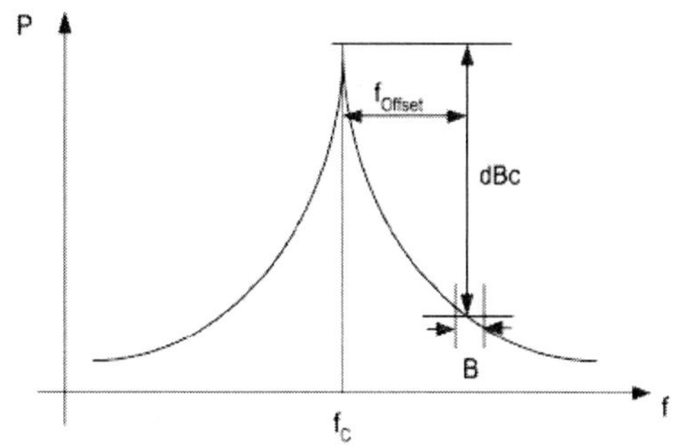

[그림 1-8] 오실레이터의 위상잡음

위상잡음을 측정하기 위해 특정 주파수 F_c에서 Offset 만큼 떨어진 지점의 f_{offset}의 레벨값 P_R을 알아야 한다. 이때 Spectrum Analyzer의 측정대역폭을 1Hz까지 감소시켜서 측정한 후 캐리어 주파수 레벨값 P_c와의 차이값인 dBc 를 얻을 수 있다. 그리하여 SSB 위상잡음 L은 다음과 같이 정리할 수 있다.

$$L = 10\log\left(\frac{P_R}{P_c} \times \frac{1}{B/1\text{Hz}}\right) dBc$$

Spectrum Analyzer나 시그널 제너레이터를 보면 [그림 1-9](a), (b)와 같이 다

양한 Offset 주파수에서의 위상잡음 데이터값을 표기하고 있다. 그 값은 상측대역이나 하측대역이나 같다고 가정한다.

Offset	SSB phase noise
10Hz	－86dBC(1Hz)
100Hz	－100dBC(1Hz)
1KHz	－116dBC(1Hz)
10KHz	－123dBC(1Hz)
100KHz	－123dBC(1Hz)
1MHz	－144dBC(1Hz)
10MHz	－160dBC(1Hz)

(a)

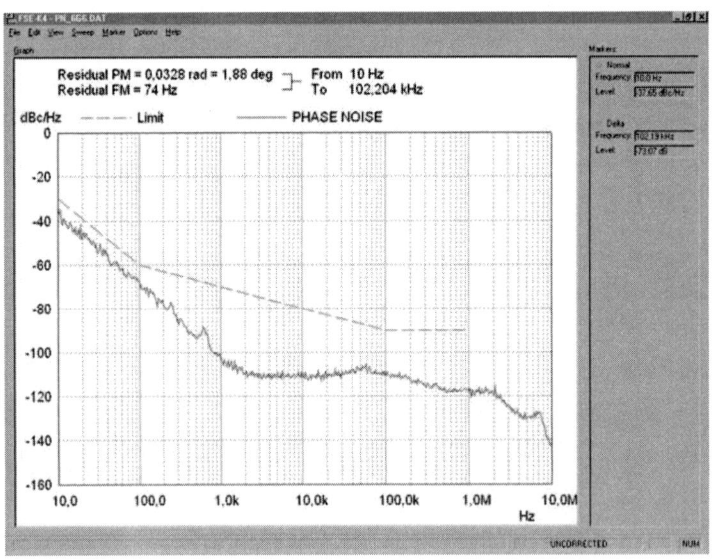

(b)

[그림 1-9] SSB 위상잡음 표기

3.4.5 S 파라미터

2port 회로에서는 다음과 같이 4개의 S 파라미터(parameter)로 이용하여 특성을 표시한다.

- S_{11} : 입력 반사계수(input reflection coefficient)

- S_{21} : 순방향 전달계수(forward transmission coefficient)
- S_{12} : 역방향 전달계수(reverse transmission coefficient)
- S_{22} : 출력 반사계수(output reflection coefficient)

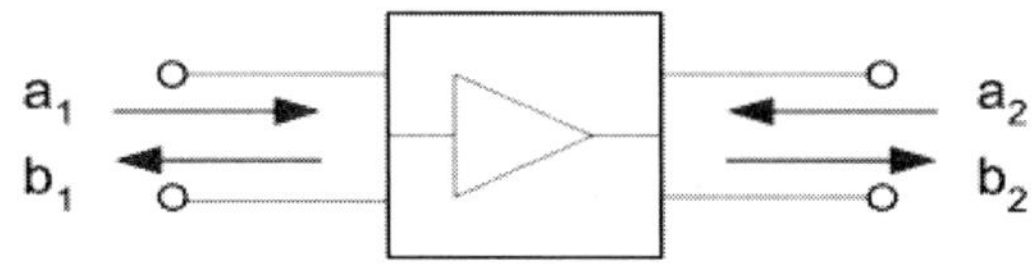

[그림 1-10] 2port 회로에서의 S 파라미터

$$\begin{pmatrix} b_1 \\ b_2 \end{pmatrix} = \begin{pmatrix} S_{11} & S_{12} \\ S_{21} & S_{22} \end{pmatrix} \begin{pmatrix} a_1 \\ a_2 \end{pmatrix}$$

$$b_1 = S_{11}a_1 + S_{12}a_2$$

$$b_2 = S_{21}a_1 + S_{22}a_2$$

a_1 b_1 a_2 b_2의 S 파라미터는 다음과 같이 구할 수 있다.

$$S_{11} = \frac{b_1}{a_1}, \quad S_{21} = \frac{b_2}{a_1}, \quad S_{12} = \frac{b_1}{a_2}, \quad S_{22} = \frac{b_2}{a_2}$$

여기서 a, b는 볼트 값이다. 이 값은 dB로 바꾸면 다음과 같이 표기할 수 있다.

$$S_{11} = 20\log S_{11}\ \mathrm{dB}, \qquad S_{21} = 20\log S_{21}\ \mathrm{dB}$$

$$S_{12} = 20\log S_{12}\ \mathrm{dB}, \qquad S_{22} = 20\log S_{22}\ \mathrm{dB}$$

3.4.6 ACPR

ACPR(Adjacent Channel Power Ratio)은 일정한 주파수 채널과의 간섭을 최소화하기 위하여 규정하는 것으로 인접 채널로 유기되는 세기의 정도를 나타낸다. WCDMA에서는 PA의 선형성 규격으로 사용되기도 하며, ACP는 다음과 같이 정의된다.

$$\mathrm{ACP} = \frac{\text{자기채널 전력}}{\text{남의 채널 전력}}$$

ACPR은 다음과 같이 CDMA에서 정의된다.

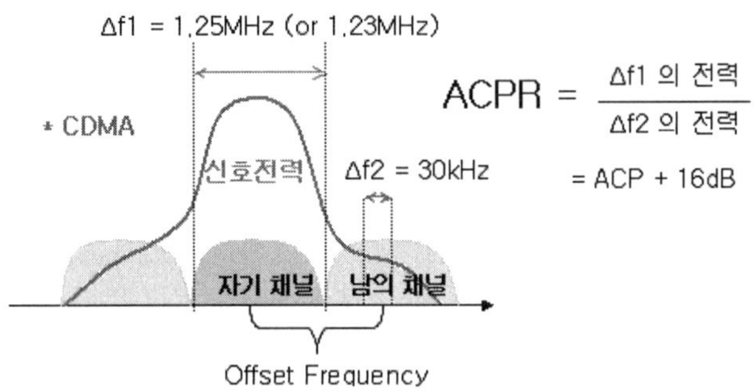

[그림 1-11]

3.4.7 ACLR

유럽측 IMT2000 규격인 WCDMA에서는 중심주파수에서 일정구간 떨어진 주파수에서의 레벨차이로 ACLR(Adjacent Channel Leakage Ratio)이란 것을 사용하기 시작했다.

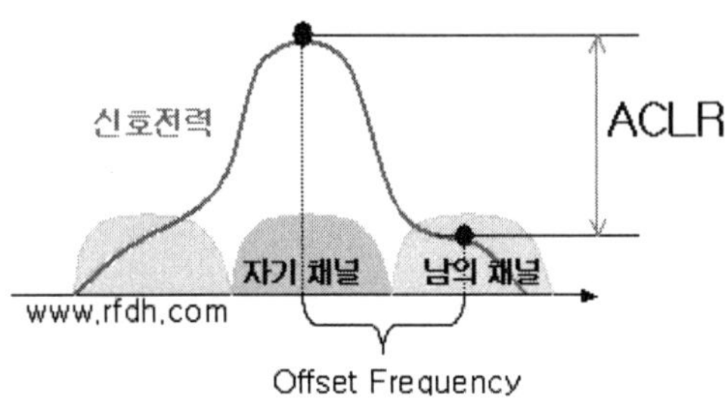

[그림 1-12]

3.4.8 기타 표시

- VSWR and reflection cofficient
- Antenna gain
- Crest Factor(Peak/RMS)

04 이동통신 시스템

4.1 이동통신 시스템 개요

셀룰러 방식 이동통신, 코드 없는 전화(CT), 텔레포인트, 무선 LAN 및 무선호출 등 모든 종류의 이동통신을 결합한 통합 이동통신 시스템이다. 이 시스템의 개념은 이용자의 위치(환경)와 시스템 용량에 따라 데이터 전송속도에만 제한이 있을 뿐 장소에는 아무런 제한 없이 동일한 종류의 서비스를 제공할 수 있게 하는 것이다. 부호분할다중접속(CDMA)이다. Orthogonal Frequency-Division Multiple Access (OFDMA). 멀티미디어 등 신기술을 결합하고 혼합 셀 구조를 실현한 LTE-A 시스템으로 최고 1GMbps의 전송속도를 제공하는 범용 이동통신 시스템이다.

4.2 기지국 개요

기지국(基地局)은 무선통신의 서비스를 위해 네트워크와 단말기를 연결하는 무선통신설비이다. CDMA, GSM, WCDMA, LTE 등의 이동통신의 액세스 네트워크와 휴대전화를 연결하는 기지국이 대표적이다. 이 외에도 WLL 전화, Wi-Fi, WiMAX, WAN과 같은 무선통신에서 기지국이 사용된다. 그리고 이동통신 기지국/중계기, 고해상도 기상관측 시스템, 위성 DMB 시스템을 또한 공중선 및 철탑, 시스템의 유지보수를 신속하게 처리하여 이동통신 서비스 향상에 기여하고 있다.

이동통신 기지국의 주요 기술에는 신호 산란에 의한 간섭을 제어하는 다중 경로제어, 특정 지역에 대해 보다 많은 정보를 송수신할 수 있도록 하는 셀분할, 하나의 셀을 둘 또는 셋으로 나누어 관리하는 섹터 등이 있다.

4.2.1 LTE망 개요

LTE 무선기지국은 사업자가 이동통신 서비스를 가입자에게 고품질로 제공하고 지상에 시설하는 기지국을 말하며, 지상공용 무선기지국은 여러 사업자가 공용으로 사용할 수 있는 지상기지국을 말한다.

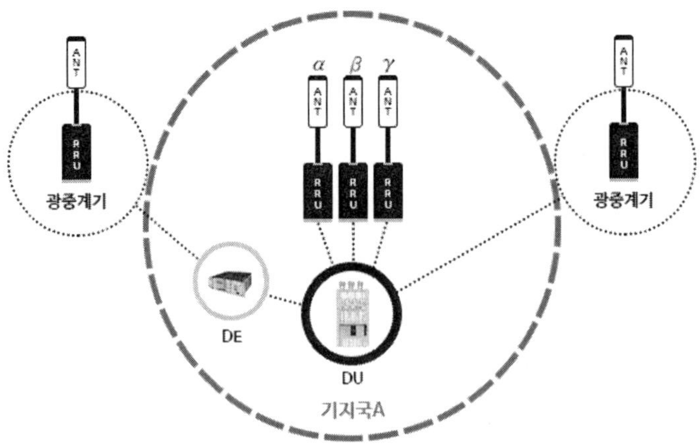

[그림 1-13] DU-RU 분산구조 시스템

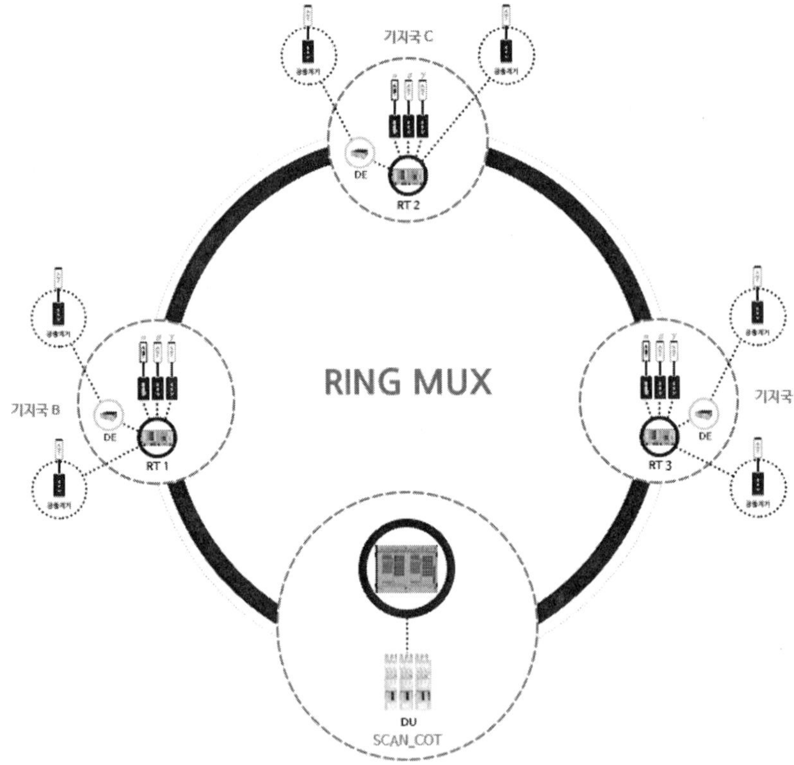

[그림 1-14] DU 집중구조 시스템

4.2.2 지하철 통신망 개요

지상기지국의 전파가 닿지 않는 지하철 및 지하공간에 서비스를 할 수 있도록 기지국과 중계기를 구축하여 지상과 동일한 서비스를 제공하는 중계망 서비스이며, 다음은 지하공용 중계망 기술이다.

- 지하철 및 지하공간의 셀설계 및 Link Budget 설계기술
- 각 사업자별 규격을 만족할 수 있는 공용 장비개발기술
- 단독 망구축 시와 동일한 품질을 제공할 수 있는 공동망 설계기술
- 공동망 구축 Know-How
- 양호한 품질을 유지할 수 있는 Maintenance Know-How 및 기술

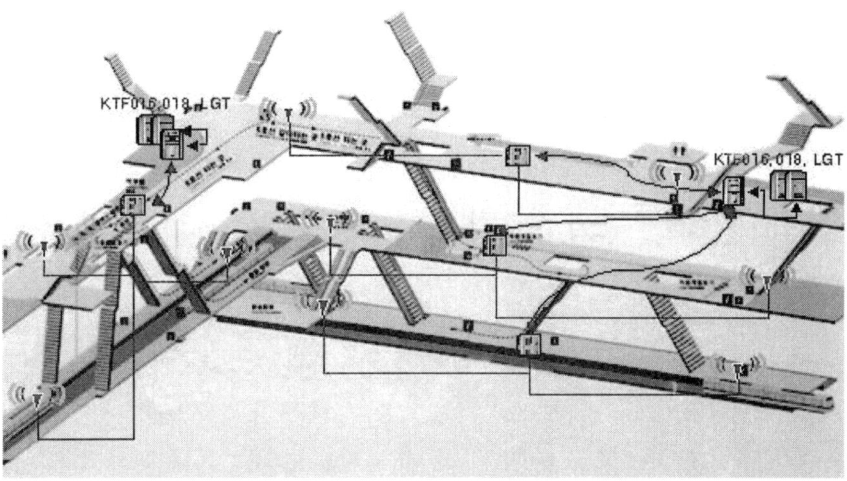

[그림 1-15]

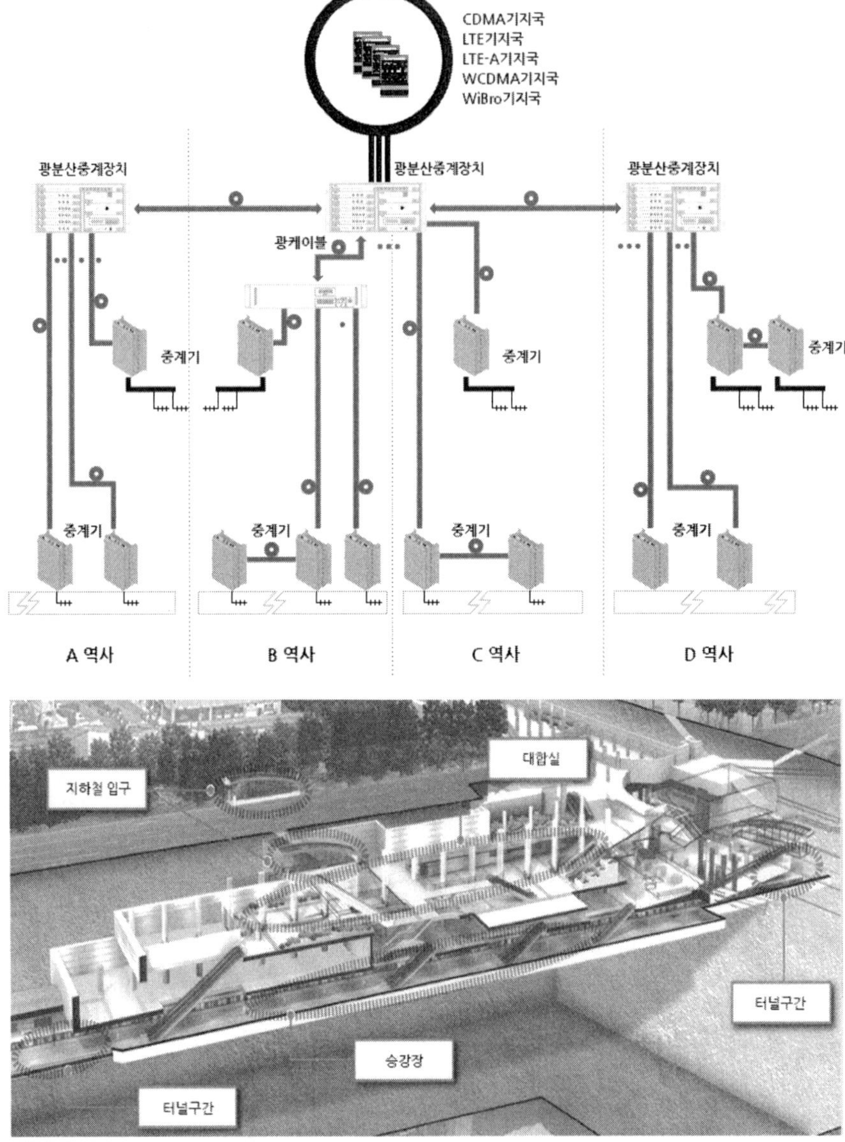

[그림 1-16] 지하철 통신망 기본구성도

4.2.3 인빌딩 및 지하공용 중계망 개요

인빌딩 기지국은 지상기지국의 전파가 닿지 않는 지하철 및 지하공간에 서비스를 할 수 있도록 기지국과 중계기를 구축하여 지상과 동일한 서비스를 제공하는 중계망 서비스이며, 빌딩과 같이 외부 환경과 차단되어 전파가 도달하지 못하는 음역지역을 해소하고, 서로 다른 환경과 특성에 맞춰 최소한의 비용으로 최고의 품질을 확보하는 최적화 기술을 구현하는 서비스이다.

이 시스템은 각 사업자가 서비스를 하기 위해 개별적으로 구축해야 하는 장비, 시설을 공용화하여 중복투자를 방지하여 경제적인 절감효과를 얻을 수 있으며, 공용망을 일괄 유지·보수·관리하여 안정적인 서비스 제공하는 데 목적이 있다.

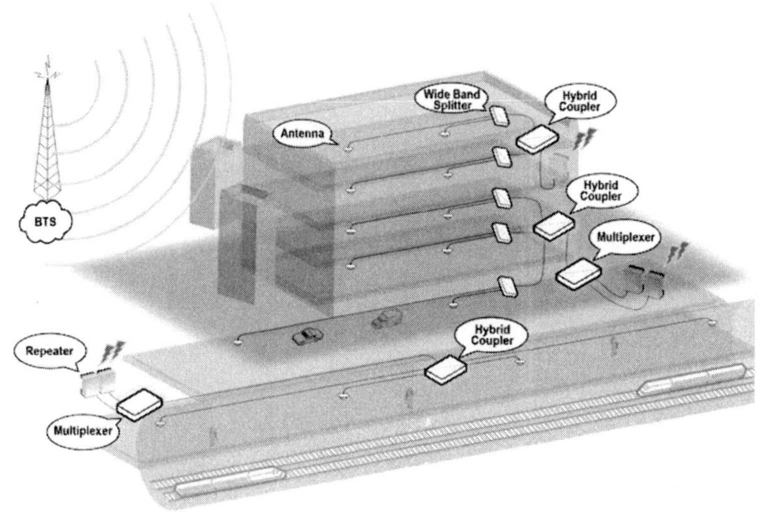

[그림 1-17]

4.2.4 광선로공유모듈

전송효율을 최대화하기 위하여 하나의 광케이블에 여러 개의 다른 주파수를 동시에 전송하며, 여러 개의 WDM으로 형성되어진 모듈은 선택되어진 신호만 전송하도록 설계되어 있다. 사용하는 여러 파장에 따라서 종류도 다양하다.

장점으로는 경비절감 & LTE 광중계기나 계획된 광장비의 설치의 용도로 추가적 전용선로 필요 없이 기존 2G/3G/Wibro의 광중계기 선로를 활용하여 초기 LTE망 구축이 가능하다.

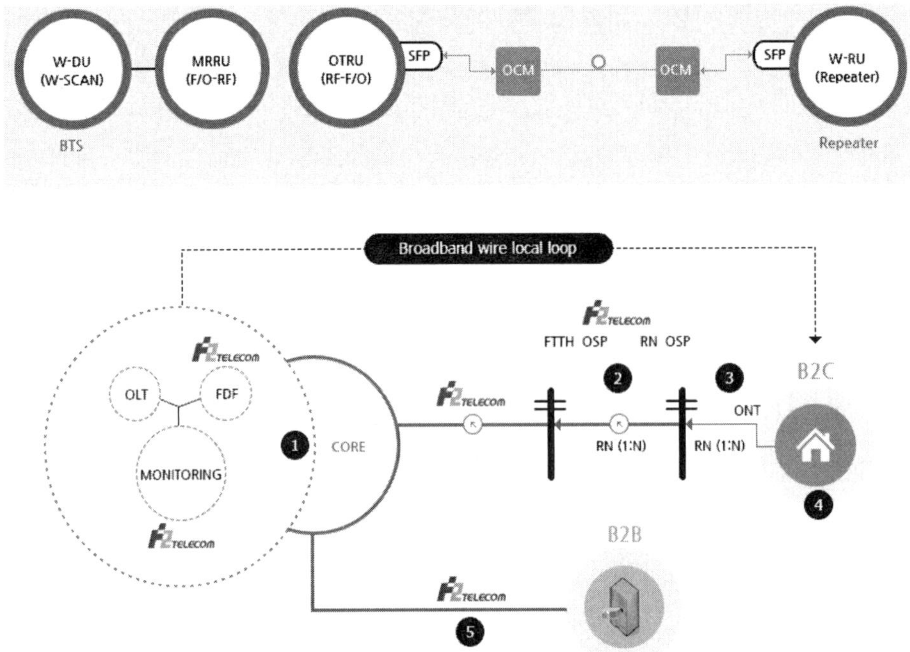

[그림 1-18] 광선로공유모듈(OCM)

제2장

Spectrum Analyzer

01 개 요

1.1 Spectrum Analyzer

Spectrum Analyzer(스펙트럼 분석기)는 신호의 스펙트럼 또는 주파수영역으로 측정하여 화면에 표시하여 주는 장비이다. 이 장비를 설명하기 위해서 원론적인 방식으로 만들어진 헤테로다인 Spectrum Analyzer(heterodyne spectrum analyzer), 일명 주사 Spectrum Analyzer(scanning spectrum analyzer)라고도 하는 장비로 설명해보면 이 방식은 현재 라디오 수신기에서 사용하고 있으며 이를 확인해보면 상용의 라디오 수신기를 전계강도계와 함께 켜놓고 주파수를 변경(tunning)시키면서 전계강도계의 기시치를 살펴보면 방송주파수 대역의 스펙트럼을 금방 확인할 수 있다.

스펙트럼은 어느 주파수성분의 신호들이 어느 정도의 세기를 가지고 있나를 표시해주며, 이때 수평축의 단위는 kHz/Div, MHz/Div 등으로 표시되며, 수평축 주파수 간격(span/Div)으로 부른다. 주사 Spectrum Analyzer는 자체의 CRT 화면에 이와 비슷한 그림을 만들어준다.

이 예에서 방송 주파수대역을 동조, 주사시키는 것을 수동으로 조작하였다. 어떤 방송들은 서로 매우 근접하여 있으므로 동시에 소리가 들리고(혼선), 전계강도계에서는 각각의 지시값을 얻을 수 없게 된다. 이 현상은 수신기의 분해대역폭(Resolution Bandwidth : RBW)이 너무 넓기 때문에 각 방송들을 분해(resolve) 또는 분리(separate)시킬 수 없기 때문이다. 동조시키는 것을 멈추게 되면 수신기는 더 이상 스위프(sweep)하지 않고 멈춰 있다(zero span mode). 이때 수신기는 시간영역 표시(신호의 진폭 대 시간)로 되고 동조시켜 놓은 주파수가 중간 주파수 필터를 통과하게 되며, 이 신호를 검파하게 되면 스피커를 통해 소리를 들을 수 있다.

Spectrum Analyzer의 동작도 이와 비슷하나 중요한 차이가 있으며 일반 라디오 수신기보다 훨씬 넓은 주파수 범위까지 사용할 수 있으며, 사용자는 측정하고자 하는 주파수의 위치와 범위 등을 Span/Div와 화면 중앙의 주파수(center frequency) 또는 시작점의 주파수(start frequency)로서 지정하게 되면 스위프(주사)는 자동으로 진행된다. 아주 높은 주파수대역까지 사용할 수 있는 일부 모델들은 사용대역을 절환시켜서 사용할 수 있도록 되어 있다. 일반적으로 라디오 수신기들은 신호 레벨을 자동으로 조절할 수 있는 자동이득조절기능(AGC)을 갖추고 있으나, Spectrum Analyzer는 수동으로 조작해야 한다.

사용 중 항상 주의해야 할 사항은 너무 큰 입력신호가 유기되면 입력단이 과부하가 걸리게 되어 오차가 발생되거나 고장의 원인이 된다. 또한 감쇠(attenuation)를 너무 많이 시키게 되면 잡음성분이나 아주 낮은 레벨의 신호를 잊어버리게 되어 역시 정확한 측정을 할 수 없다. Spectrum Analyzer는 뿐만 아니라 분해대역폭(RBW)을 선택해 주어야 한다. 측정에 따라서 여러 개의 분해대역폭이 필요한 경우가 있는데, 아주 근접해 있는 신호를 분리하거나 협대역의 신호를 제외한 기타의 신호를 측정할 경우에는 넓은 분해대역폭을 이용하는 것이 좋다. 이것은 사용자가 선택한 분해대역폭에서 빠른 스위프 시간을 유지하여 측정을 신속하게 할 수 있도록 하기 위해서이다.

일반적으로 폭이 좁은 분해대역폭은 충분한 스위프 시간을 필요로 하기 때문에 결국 측정시간이 늦어진다. 최근의 Spectrum Analyzer는 사용자가 더욱 쉽게 사용할 수 있도록 최적의 측정속도를 유지시켜주기 위한 자동 스위프 속도선택 기능을 갖추고 있다.

1.2 Spectrum Analyzer의 용도

Spectrum Analyzer는 입력을 통하여 들어온 신호의 각 주파수성분들을 분석, 표시하여 준다. Fourier의 이론에 따르면 시간축에서 일어나는 모든 전기적인 현상은 한 개 또는 그 이상의 적절한 주파수와, 진폭 그리고 위상을 가지고 있는 정현파(sinusoidal wave)로써 표현이 가능하다고 한다.

바꾸어 말하면, 우리가 오실로스코프(oscilloscope)를 이용해 시간축에서 측정한 결과들은 그대로 주파수축으로 변환할 수 있다는 것으로 주파수축에서 측정된 결과에 대한 시간축으로의 역변환 역시 가능하다. Spectrum Analyzer의 응용 범위를 알아보자.

- 각 신호의 주파수, 레벨, 주파수 대역폭 검사
- 잡음전력 및 신호 대 잡음비 결정
- 찌그러짐(상호변조, 고조파), 변조도 및 FM의 주파수편이 등 측정

- 불요 방사 신호검출
- 송수신기 교정
- 각종 규격 점검 등...
- RF 신호 레벨의 선택적인 측정
- 주어진 대역폭에서의 파워 측정
- 주파수 및 선형성 측정
- RF 신호의 스펙트럴 퓨리티 측정
- 변조분석(아날로그 & 디지털)
- 채널 파워와 인접 채널 파워 측정
- 잡음지수 측정
- 스칼라 네트워크

만약, 트랙킹 제너레이터(tracking generator)를 이용하게 되면 응용범위를 필터의 대역폭, 증폭기의 주파수 응답특성 및 정재파비(standing wave ratio) 등의 측정으로 확대 적용하여 사용할 수 있다.

여러 개의 각각 다른 주파수와 위상을 가진 정현파들을 시간축에서 관측하게 되면 각각의 정현파들의 상대적인 위상의 차이가 계속해서 달라지는 것으로 인해 In-phase와 Out of phase가 주기적으로 나타나게 된다.

1.3 일반사항

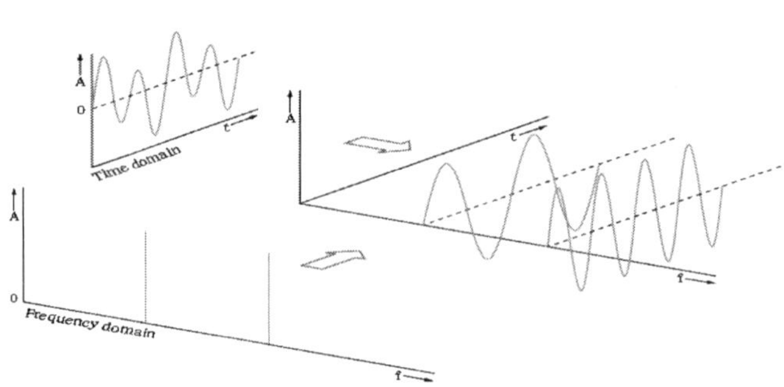

[그림 2-1] 시간 및 주파수영역 비교

예전부터 전기신호를 분석할 때는 대부분 오실로스코프를 사용해 왔으며 오실로스코프가 시간영역으로 정보를 표시한다면 Spectrum Analyzer는 주파수영역으로 정보를 표시한다고 할 수 있다.

[그림 2-1]은 신호를 시간영역과 주파수영역으로 표시할 때를 비교한 것이다. 그림에서 알 수 있듯이 복잡한 신호(한 개 이상의 주파수로 구성된)를 분석할 때는 주파수영역의 분석이 유리하다. 정현파의 고조파 성분 또한 오실로스코프에서는 구분하지 못하였지만 Spectrum Analyzer에서는 정확히 나타낼 수 있다.

요즘 실생활에서 사용하는 AM, FM 라디오에서부터 CATV, DMB, WiFi 등의 모든 방송 및 이동통신 또한 각각의 주파수대역을 할당하는 방법으로 정보를 전달하고 있다. 이러한 전송 시스템 서로간의 간섭 유무를 측정하고자 할 때도 주파수영역을 이용한 분석인 Spectrum Analyzer를 사용하여야 한다.

1.4 기본화면

주요 세팅 파라미터는 다음과 같다.

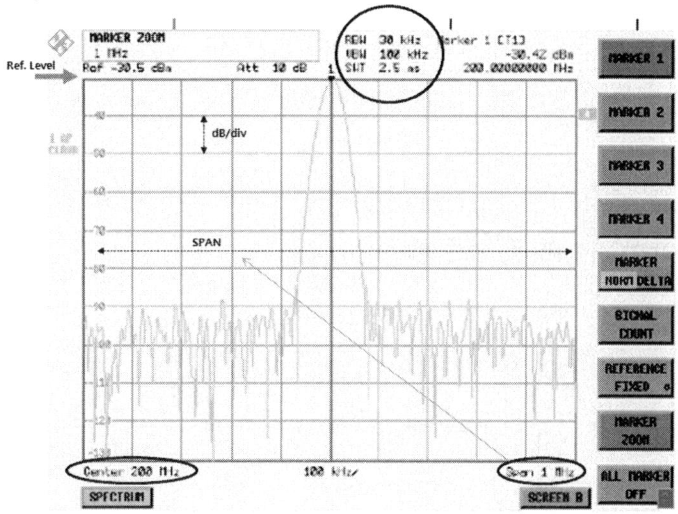

[그림 2-2] Spectrum Analyzer의 기본화면

1.4.1 주파수설정 및 범위

주파수의 설정은 Frequency 키의 Start 와 Stop 키를 사용하여 설정하거나 중심

주파수 선택 후 Span 키를 사용하여 설정 할 수 있다. 각 장비의 스펙에 따라 Zero 부터 설정 가능하다.

1.4.2 레벨 설정 및 범위

레벨의 설정은 Level 또는 Amplitude 키를 사용하여 설정할 수 있다. 스펙트럼 분석시 화면에서 레벨의 최대값은 기준레벨(Ref. Level)과 같고, 범위의 설정은 선택된 division에 따라 결정된다.

1.4.3 주파수 분해능

헤테로다인 방식의 Spectrum Analyzer의 경우는 IF filter에 의해 주파수 분해능이 결정된다. 그러므로 주파수 분해능을 RBW라고 한다.

1.4.4 스위프 시간

스위프 시간은 현재 설정된 주파수 범위의 모든 값을 측정하는데 요구되는 시간이다.

1.5 기본원리

Spectrum Analyzer는 입력단을 통하여 들어온 신호의 각 주파수성분을 분석하여 주파수별로 신호의 크기를 표시하여 주는 장치이다.

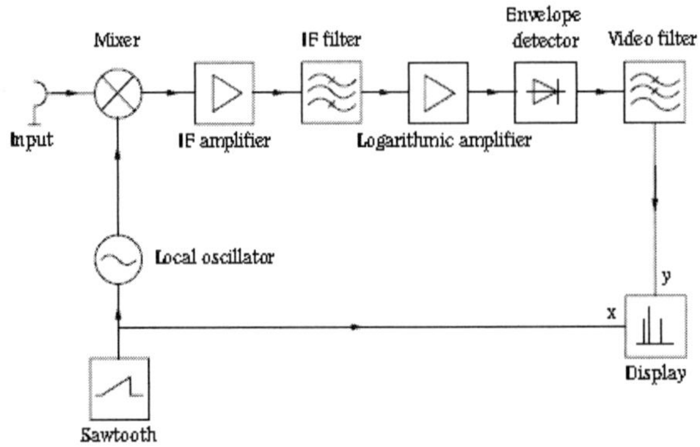

[그림 2-3] Spectrum Analyzer의 기본구조

[그림 2-3]은 헤테로다인 Spectrum Analyzer의 기본구조를 설명하고 있다. Input 단으로 입력된 신호는 내부 감쇠기를 거쳐 Mixer단으로 입력되어 국부발진기 신호와 혼합되어 중간주파수(IF) 신호로 변화된다. IF로 변환된 신호는 Amp단을 거쳐 적당한 크기로 증폭된 후 IF filter단을 통과한다.

IF filter단은 여러 종류의 필터로 구성되어 있으며, 측정조건에 따라 자동으로 선택되거나 사용자가 수동으로 선택한 RBW 측정해상도값에 의하여 결정되기도 한다.

IF filter단을 통과한 신호는 다시 Log.amp에 의해 증폭된 후 검파기에 의해 신호의 크기를 측정한다. 검파된 신호는 필요에 따라서 비디오 필터에 의해 직류잡음을 제거한 후 A/D 변화를 거쳐 화면에 보여지게 된다.

위의 설명은 단순한 CW성분 분석에 대한 설명이었으며, 요즘 이동통신에서 사용하는 채널의 분석을 위해서는 Mixer단의 국부발진기 신호의 주파수가 매우 빠른 속도로 변화하면서 넓은 주파수대역에 대하여 입력신호의 주파수특성을 분석하게 된다.

1.6 각 부분별 이해

Spectrum Analyzer는 매우 민감한 계측기이므로 Spectrum Analyzer 자체의 특성을 정확히 이해하고 사용하는 것이 매우 중요하다. 그래서 이번 절에서는 Spectrum Analyzer의 내부 구성요소를 이해함으로써 어떻게 동작되는지 알아보자.

1.6.1 입력단

RF 입력단은 입력신호와 연결되는 Port(주로 N-type)로부터 Mixer 전단까지로 구성된다. 입력단의 역할은 과입력과 DC입력을 방지하는 회로 이후에 입력신호 레벨을 적절한 레벨로 낮추어 줄 수 있도록 가변감쇠기가 연결되어 있고, 측정할 주파수 다이나믹에 맞는 RF 신호만을 미리 선별할 수 있도록 대역통과필터(Band Pass Filter : BPF)나 저역통과필터(Low Pass Filter : LPF)로 구성된 Pre-selector를 거쳐 Mixer로 신호를 보내주는 역할을 수행한다.

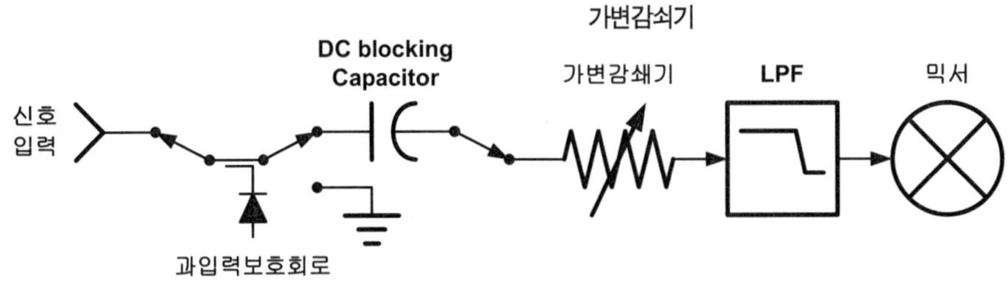

[그림 2-4] 입력단 구성

Spectrum Analyzer에 입력되는 신호 레벨이 너무 높으면 입력단의 회로에서 신호의 왜곡이 발생되어 측정의 오차를 발생시키게 되며, 때로는 입력단의 회로를 파괴시키는 주요 원인이 되기도 한다. 반대로 신호의 입력 레벨이 너무 낮으면 Spectrum Analyzer 자체의 잡음에 묻혀 오차를 발생시키게 된다. Spectrum Analyzer에서 입력신호 레벨에 대해 가장 민감한 특정을 나타내는 부분은 믹서 회로이다.

대부분의 Spectrum Analyzer는 이 믹서 회로의 보호를 위해 초단 가변감쇠기가 자동 또는 수동으로 동작하여 항상 적절한 레벨의 신호가 Mixer에 공급되도록 동작한다.

설정된 Ref. Level(REF) 따라 Mixer에 입력되는 레벨이 항상 균일하도록 초단 가변감쇠기 값이 자동으로 설정된다. 즉 Ref. Level 값을 10dB 증가시키면 초단 가변감쇠기 값도 10dB 자동 증가되어 Mixer에 입력되는 레벨이 균일하도록 동작된다. 따라서 입력되는 신호의 크기가 Ref. Level보다 너무 크거나 작은 레벨일 경우 오차가 발생할 수 있다.

또한, 큰 레벨의 신호와 작은 레벨의 신호가 동시에 입력되는 경우 큰 레벨의 신호에 초단 감쇠기값을 설정하면 작은 레벨은 Spectrum Analyzer 자체 잡음에 묻히게 되며, 반대로 작은 레벨의 신호에 초단 감쇠기값을 설정하면 큰 레벨의 신호가 초단 Mixer에 포화되어 왜곡이 발생하게 된다. 따라서 작은 레벨의 신호를 측정하기 위하여 큰 레벨의 신호에 의한 초단 믹서포화가 발생하지 않도록 유의하여야 한다.

Spectrum Analyzer 모델에 따라 DC 성분이 입력되면 회로가 파괴되는 모델도 있다. 따라서 입력 포트에 DC성분이 허용되는지 여부를 정확히 인지하고 신호를 입력하여야 한다. 만일 DC성분이 허용되지 않으면 Spectrum Analyzer 외부에 DC블럭 같은 장치를 설치하고 사용하여야 한다.

Spectrum Analyzer 최대허용 입력 레벨은 화면상에 보이는 신호의 레벨에 대한 사항이 아니라 전 주파수대역 신호 레벨의 합을 의미한다. 따라서 화면 밖 영역에 큰 레벨의 신호가 존재하는지 꼭 확인 후 신호를 입력하여야 한다.

(1) 가변감쇠기

Mixer로 인가되는 높은 레벨의 신호를 감쇠시켜 적절한 믹서 입력 레벨 범위로 맞춰줌으로써 과부하(overload), 포화(gain compression) 또는 왜곡(distortion)의 발생을 방지하는 역할을 수행한다. 가변감쇠기(attenuator)는 보호회로의 역할도 같이 수행하기 때문에 설정값에 따라 자동으로 값을 조절해 입력신호 레벨을 적절히 감쇠시키는 역할을 수행하며, 수동으로 조절할 수도 있도록 구성되어 있다. 일반적으로 Spectrum Analyzer의 입력단 가변감쇠기는 스펙트럼의 사용자가 Reference Level 설정을 변경함에 따라 자동으로 변경되며, 수동 설정도 할 수 있도록 구성되어 있다.

(2) 직류차단회로

측정기에 상대적으로 파워가 큰 직류성분이 인가될 경우 장비에 손상을 줄 수 있기 때문에 초단에 커패시터를 두어 DC입력을 차단하도록 하고 있다. 그러나 이로 인해 저주파 신호의 경우 높은 임피던스로 많은 감쇠가 일어나게 되어 Spectrum Analyzer가 분석할 수 있는 시작주파수를 제한하는 결과를 초래하게 되며, 초단의 직류차단회로 설계에 따라 Spectrum Analyzer의 시작주파수가 수십Hz 또는 수백kHz 이상으로 제한되게 된다. 따라서 이러한 제약을 극복하기 위해 저주파 신호가 입력되는 경우 입력단의 직류차단회로를 바이패스시키는 DC-coupled 방식이 사용되기도 한다.

1.6.2 Mixer

믹서(Mixer)는 입력에 들어오는 신호의 주파수성분을 다른 주파수성분으로 변환시켜 출력시키는 소자로써 주파수 변환소자라고 하며, 입력에 없는 주파수성분을 출력시키는 비선형 소자이다. 입력단을 통과한 RF신호는 저역통과 필터를 지나 Mixer로 들어가는데 Mixer 전단의 필터는 측정하지 않는 주파수대역의 신호를 차단하는 역할을 수행한다.

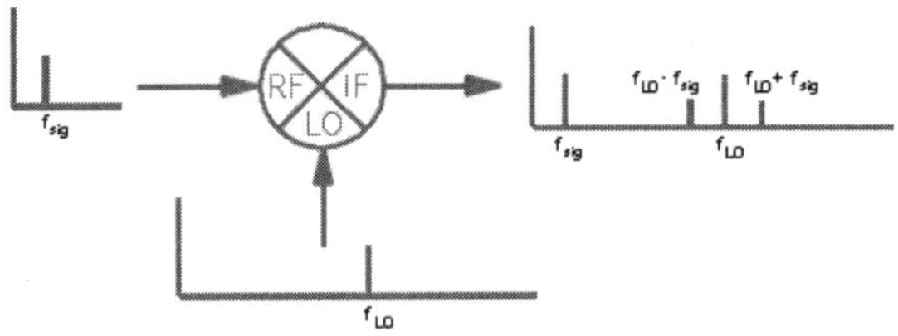

[그림 2-5] Mixer단 구성

[그림 2-5]와 같이 Mixer에는 2개의 입력단이 있으며 입력 한쪽에는 국부 발진주파수(F_{LO})가 인가되고, 입력 다른 쪽에는 Spectrum Analyzer의 입력신호(F_{Sig})가 인가된다. 그리고, Mixer의 출력신호 성분은 원래의 두 입력신호 성분(F_{LO}와 F_{Sig})은 물론, 이들 두 입력신호의 합($F_{Sig}+F_{LO}$)과 차($F_{Sig}-F_{LO}$)의 성분으로 구성되어 있다.

Mixer는 Spectrum Analyzer의 입력단에 인가되는 신호를 IF 필터가 검출할 수 있도록 IF(중간주파수) 신호로 변환시켜 주는 기능을 한다. 그리고, 실제로 Mixer의 두 입력신호의 차성분이 IF 필터의 중심 주파수에 동조하도록 되어 있다.

그리고 입력신호와 Local 신호의 주파수의 합과 차에 해당되는 주파수 중 낮은 쪽 주파수가 우리가 원하는대로 하향 변환된 주파수이며 다른 주파수는 오히려 더 높은 대역으로 이동한 것을 알 수 있다.

Mixer를 이용해 RF 주파수를 IF로 낮춘 뒤 출력신호 중 한쪽 대역(여기서는 L_O-f_1)만을 필터로 걸러내 사용하는 방식으로 최초 입력신호를 그대로 복원해 내는 것이 가능하다.

1.6.3 RBW

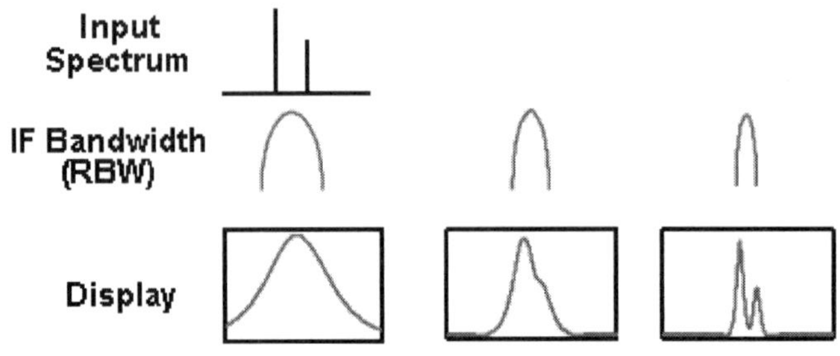

[그림 2-6] RBW 동작비교

IF 필터는 측정신호를 검출하기 위해서 사용하는 대역 필터(Band Pass Filter : BPF)로써, 다른 말로 분해능대역폭 필터(Resolution Bandwidth Filter : RBF)라고도 한다. 그리고, 이 필터의 대역폭을 분해능대역폭이라고 한다. 이 분해능대역폭을 어떻게 설정하여 측정하느냐에 따라 측정되는 결과는 서로 상이할 수 있다. RBW 필터는 수 Hz에서 수 MHz까지의 대역을 가진 BPF의 일종으로 보통 Gaussian 필터가 사용된다. RBW 필터의 역할은 Mixer를 통과해 원하는 IF로 변환된 신호를 좁은 대역으로 잘라 필터의 통과대역 내에 포함된 신호만을 검출할 수 있도록 해준다.

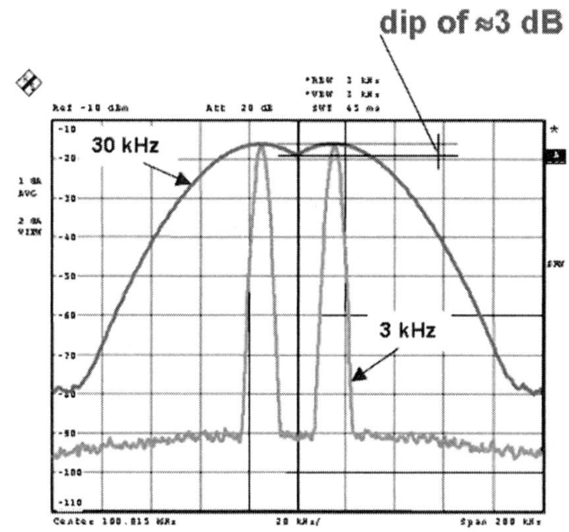

[그림 2-7] RBW에 따른 신호관찰

[그림 2-7]에 나타난 것과 같이 분해능대역폭을 점점 좁힘에 따라 선택도가 향상됨을 알 수 있다. 즉, 분해능대역폭을 넓게 설정했을 때는 하나의 신호로 나타나다가 점점 분해능대역폭을 좁힘에 따라 2개의 신호로 나타난다.

[그림 2-8]에서처럼 신호의 최고 레벨에서 3dB만큼 떨어진 지점의 대역폭이 일반적으로 많이 쓰이는 3dB RBW이다. 그러나 EMC 측정의 경우에는 6dB RBW를 사용한다. 아울러 IF 필터의 특성을 나타내기 위한 방법으로는 Shape Factor(SF)를 사용하며 다음 식과 같이 정의될 수 있다.

$$SF = \frac{60dB}{3dB}\ [\text{IF Filter BW}]$$

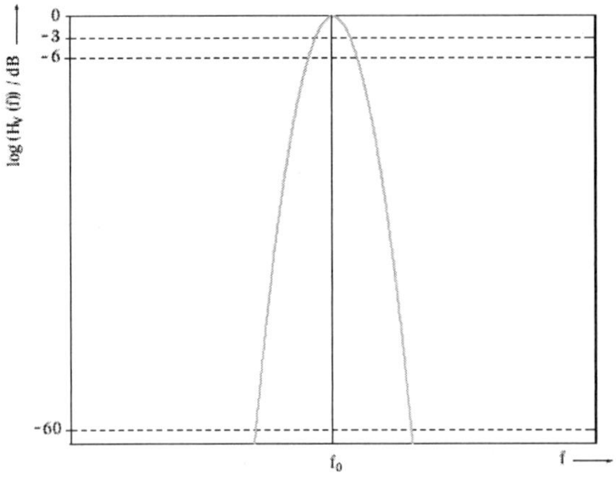

[그림 2-8] IF 필터 특성

IF 필터는 아날로그 및 디지털 필터가 사용되며 아날로그 필터는 넓은 대역을 제공하기에 유리하며, 디지털 필터는 빠른 스위프 속도와 낮은 SF값을 제공한다.

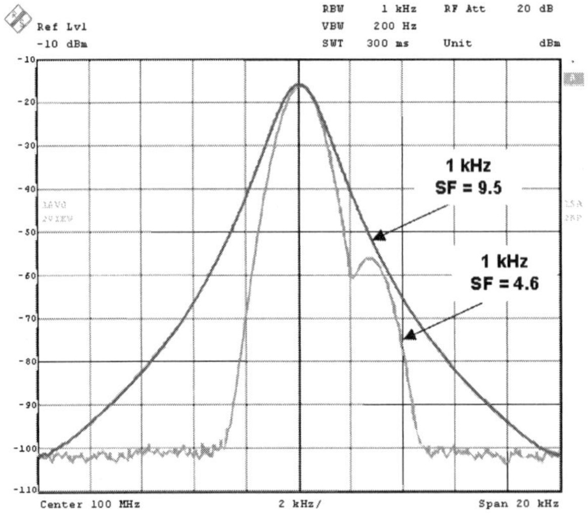

[그림 2-9] 다른 SF값에(RBW=1kHz) 따른 인접한 신호의 검출

필터와 파형의 관계는 Fourier의 이론에 따르면 정현파는 한 주파수에 모든 파워가 모여 있다. 그러나 실제로 스펙트럼에서 측정되는 화면을 보면 단일 주파수를 가지는 피크(peak) 신호의 파형이 마치 대역을 가진 신호처럼 Gaussian 함수 모양으로 나타나는 것을 볼 수 있다.

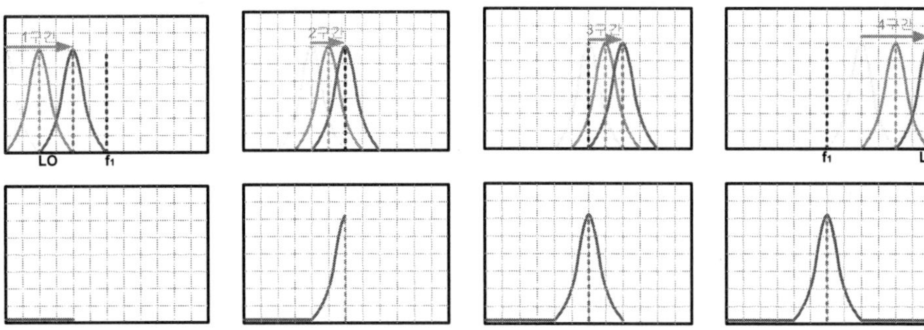

[그림 2-10] 필터의 특성과 피크 신호의 검출

이는 앞서 주파수 선택도를 설명하면서 언급한 것과 같이 RBW 필터의 스커트 모양에 의해 나타나게 되는 것인데, [그림 2-10]에 Sweep 방식의 Spectrum Analyzer가 피크 신호를 검출하기 위해 주파수를 스위프(sweep)하면서 필터의 스커트 특성에 의해 어떻게 가우시안 함수 모양의 파형을 만드는지를 단계별로 설명한 것이다.

[그림 2-10]의 상단은 L_O가 Sweep하는 것을, 아래는 Spectrum Analyzer의 화면에 그려지는 파형을 나타낸 것이다. 1단계는 L_O가 f_1에 근접해가는 상태를 나타내는데 아직 필터 스커트의 끝이 f_1에 이르기 전 단계이다. 측정된 화면에는 아무런 신호가 없는 것으로 나타난다. L_O가 Sweep를 계속해 f_1과 같은 주파수영역을 지나가게 되면 스커트 안으로 들어오는 신호의 레벨이 점차 증가함에 따라 Spectrum Analyzer의 화면에는 필터의 스커트를 따라 증가하는 형태의 파형이 나타나게 된다.

1.6.4 Detector

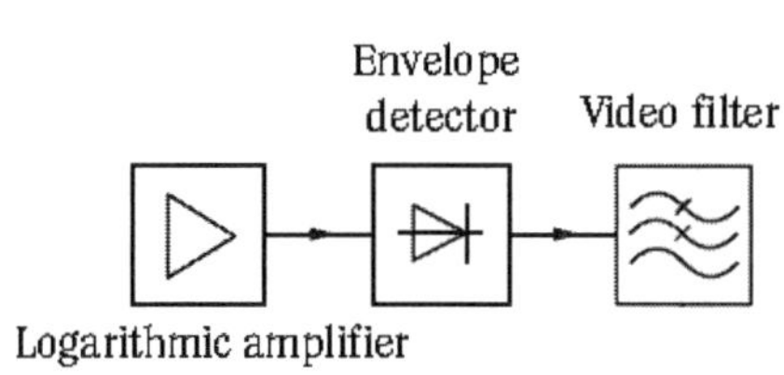

[그림 2-11]

Spectrum Analyzer는 측정신호를 화면에 나타내기 위해서 IF 신호를 Detector를 통하게 하여 Baseband 또는 Video 신호로 변환시킨다. 요즘의 Spectrum

Analyzer는 디지털 디스플레이를 사용하고 있어 ADC(Analog-to-Digital Converter)를 이용하여 아날로그의 영상신호를 디지털 신호로 변환시켜 측정신호를 여러 모드로 화면에 나타낸다.

(1) Max Peak Detector

Max Peak Detecotr의 경우 할당된 픽셀에서 가장 큰 값을 보여주기 때문에 노이즈 값 또한 가장 높은 값을 얻게 된다. 스위프 시간이 짧을 경우에는 충분히 IF 필터의 값을 읽을 시간이 매우 짧기 때문에 Sample Detector의 특성과 비슷하게 된다.

(2) Min Peak Detector

Min Peak Detector는 IF 필터로 측정하는 할당된 구간에서 최소값을 보여준다. 그러므로 노이즈 또한 가장 작은 값을 얻게 된다. 만약 S/N 비가 낮으면 신호 또한 너무 낮게 보여지게 된다. 스위프 시간이 충분히 길 경우에는 낮은 노이즈 레벨을 나타내며, 매우 짧은 스위프 시간에는 Max Peak Detector의 경우와 마찬가지로 Sample Detector의 특성과 비슷하게 된다.

(3) Auto Peak Detector

Auto Peak Detector는 한 픽셀당 최대, 최소값을 동시에 보여준다. 측정된 2개의 값들은 수직선으로 화면에 보여지게 된다.

(4) Sample Detector

Sample Detector의 경우 할당된 픽셀 구간에서 단 한 개의 값만 임의로 측정하여 보여준다. 만약 Spectrum Analyzer의 주파수폭이 분해능보다 현저히 크게 되면 (Span/RBW 〉 500) 정확한 결과를 보장할 수 없게 된다.

(5) RMS Detector

RMS Detector는 할당된 픽셀 크기의 IF 필터를 사용한다. 일반적으로 User가 선택한 분해능대역폭의 최소 5배가 되는 샘플링 주파수를 사용하여 IF 필터를 디지털화한다. 다음 식을 사용하여 픽셀 내의 파워 값들을 계산한다.

$$P_{\mathrm{RMS}} = \sqrt{\frac{1}{N} \cdot \sum_{i=1}^{N} S_i^{\,2}}$$

S_i : A/D 컨버터의 출력에서 선형 디지털 비디오 전압

N : 픽셀당 A/D 컨버터값들의 수

P_{RMS} : 픽셀에 대한 파워

파워를 계산하였을 때 파워 단위는 데시벨로 변환되고 값은 픽셀로 디스플레이된다. 파워를 계산하기 위해서 사용된 A/D 컨버터값들의 수(N)는 스위프 시간에 의해 결정된다. 파워 측정 시 픽셀당 시간은 선택된 스위프 시간에 비례하며, 스위프 시간이 증가하면 RMS Detector는 Sample Detector보다 훨씬 많은 샘플들을 사용하게 되어서 측정 불확실성을 현저히 줄일 수가 있다. 그러므로 모든 채널파워의 측정 시 RMS Detector를 사용하도록 하고 있다. Sample 및 RMS Detector의 경우 VBW와 RBW의 비는 VBW 값이 최소 3배이상으로 크게 하는 것이 좋다.

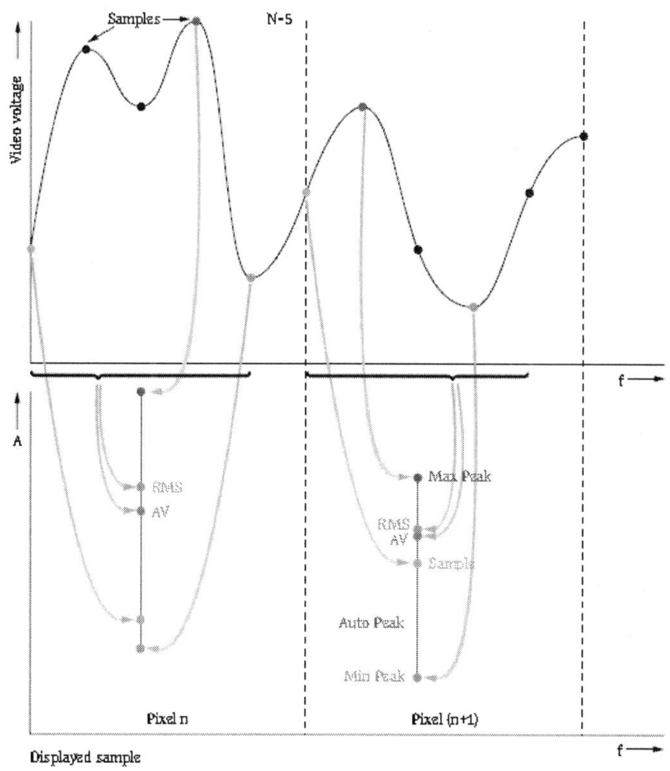

[그림 2-12] 각각의 Detector

(6) AV Detector

AV Detector의 경우는 각 픽셀 IF 필터값들의 평균값을 출력한다. 그러므로 이 Detector는 선형 평균 노이즈를 측정한다. 정현파 신호들의 경우 선택된 RBW값이 최소 픽셀에 해당하는 만큼 넓으면 그 신호의 레벨을 정확하게 검출할 수 있다(만약 Spectrum Analyzer의 LCD가 501픽셀을 표현할 수 있다면 1MHz의 RBW에서는 최대 501MHz가 된다는 것을 의미한다).

(7) Quasi peak detector

Quasi peak Detector는 한정된 측정횟수 동안의 간섭을 검출하는 방법이다. 이 횟수는 CISPR16-1을 따르며 장비의 불요방사파를 측정하는 것이다.

1.6.5 비디오 필터

비디오 필터는 저역통과 필터(Low-Pass Filter)로써 Detector와 ADC 사이에 위치하며 Spectrum Analyzer에서는 이 필터의 대역폭을 VBW(Video Bandwidth)라고 한다.

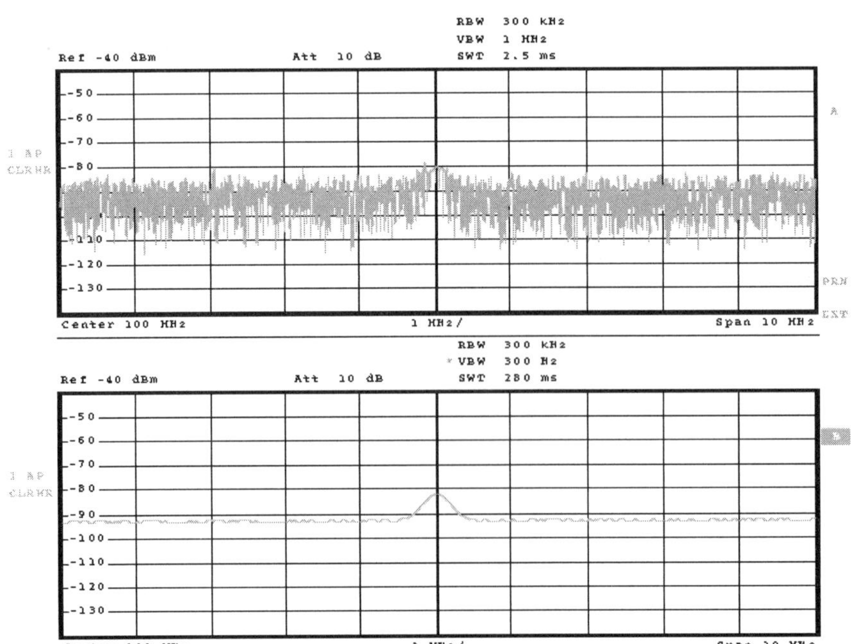

[그림 2-13] VBW값의 변화에 따른 파형의 변화 (1)

이 필터는 비디오 증폭기의 대역폭을 결정하며, 잡음의 높은 주파수성분을 차단하여 CRT 화면상의 파형을 평균(average) 또는 평활(smooth)하는데 사용한다. Spectrum Analyzer에 측정되는 신호는 신호성분과 잡음성분이 합해져서 표시되므로, 신호성분의 크기가 잡음성분의 크기에 가까울수록 잡음성분에 의해서 신호성분의 판독이 어려워지게 된다.

이와 같은 현상을 감소시키기 위해서 VBW를 변경(즉 VBW를 작게 설정)하여 잡음 성분의 피크값 변화를 감소시킬 수 있다. 이와 같은 평균 또는 평활방법은 잡음성분에 의해 관찰이 어려운 신호성분의 검출에 도움을 줄 수 있다.

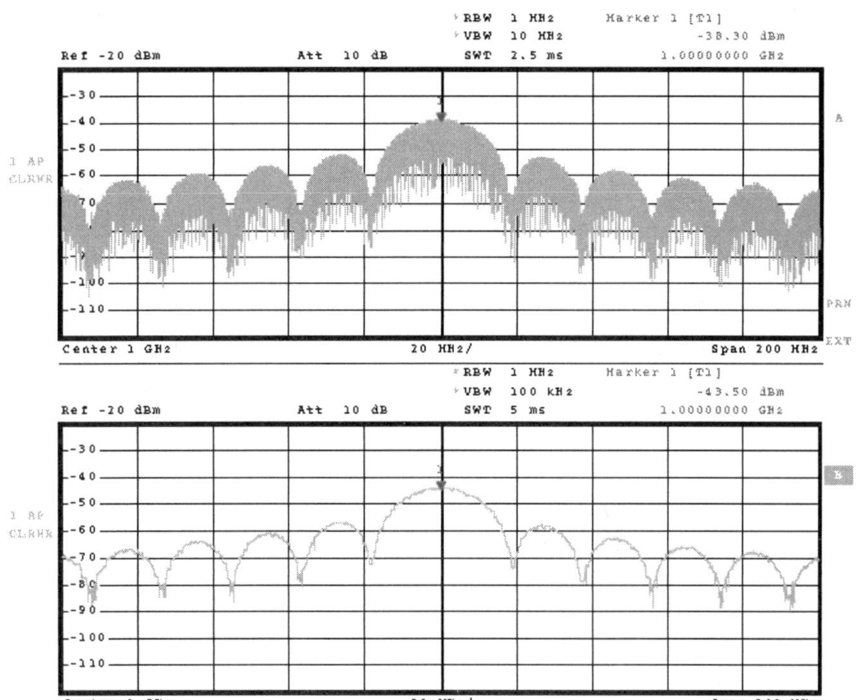

[그림 2-14] VBW값의 변화에 따른 파형의 변화(2)

1.6.6 Sweep time

스위프 타임(sweep time)은 Spectrum Analyzer의 화면 왼쪽 끝에서 오른쪽 끝까지 표시하는데 걸리는 시간으로서 Span, RBW, VBW 설정값에 의해 자동으로 설정되기도 하고, 사용자 임의의 조정도 가능하다.

스위프 타임이 수동으로 너무 빠르게 설정되면 RBW에 의해 선택된 필터만큼의 측정시간이 모자라게 되어서 측정오차가 발생하게 되므로 주의해야 한다.

분해능만을 생각한다면 RBW가 낮을수록 대역선택도가 좋아지고 노이즈 레벨도 낮아지므로 신호를 측정하기 용이할 것이나, 실제로는 일정한 대역을 측정하면서 RBW를 낮추게 되면 측정속도가 느려지게 되므로 반드시 측정목적에 부합하는 것이라고는 볼 수 없다. 아날로그 필터는 기본적으로 코일(L)과 커패시터(C)로 구성되는데 입력신호의 레벨을 측정하기 위해서는 일정한 충·방전시간이 필요하며, 필터의 Rise time은 통과대역폭에 반비례하므로 대역폭이 좁아질수록, 즉 RBW가 작아질수록 측정시간이 길어지게 된다.

대부분의 Spectrum Analyzer는 설정된 RBW에 맞는 최적의 Sweep time을 스스로 설정하는 기능을 가지고 있어 사용자가 설정한 RBW와 Span에 따라 Sweep time을 설정하며, 사용자가 임의로 이를 변경할 수도 있도록 하고 있다. 그러나 Sweep Time과 RBW, Span의 관계를 무시하고 너무 빠르게 Sweep Time을 설정하게 되면 신호를 정상적으로 측정할 수 없게 된다. Sweep Time이 빨라짐에 따라 측정된 파형의 왜곡이 어떻게 나타나는가를 보여주는 것으로 Sweep Time이 빨라지는 것에 비례해 주파수와 레벨의 왜곡이 심해지는 것을 알 수 있다. 측정대역, RBW, Sweep Time과의 관계는 다음과 같이 나타낼 수 있다.

$$\text{Time\_in\_Passband} = \frac{\text{RBW}}{\text{Span}} \text{Sweep Time}$$

$$\text{RBW\_ FIlter\_ Rise\_ Time} = \frac{k}{\text{RBW}}$$

$$\text{Sweep Time} = k\frac{(\text{Span})}{\text{RBW}^2}$$

Time in Passband 는 RBW, Span, Sweep Time이 임의의 값으로 설정된 경우 RBW 필터가 IF로 변환된 특정 RF주파수의 신호를 측정하는데 할당되는 시간이다. K는 RBW 필터의 Rise time과 관계된 비례상수이며 RBW 필터의 대역폭에 반비례한다. 입력된 IF 신호의 레벨을 왜곡없이 측정하기 위해서는 Time_in_Passband가 RBW_Filter_Rise_Time보다 최소한 같거나 커야 한다. 최소 조건으로 두 값이 같을 경우 최종 결과식이 유도된다. 이를 그래프로 표시하면 [그림 2-15]와 같다.

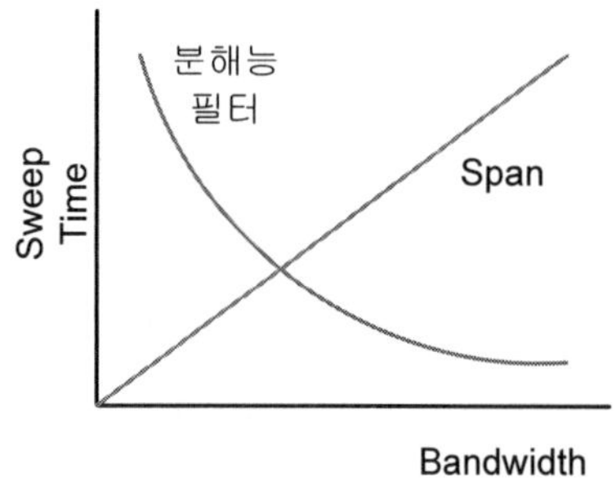

[그림 2-15] Sweep 속도와 대역폭의 관계

[그림 2-15]의 결과는 Span보다는 RBW 필터의 대역폭이 Sweep time에 더 큰 영향을 미치는 요인이라는 것을 보여준다.

RBW 필터를 디지털로 구현하게 되면 아날로그 필터를 사용할 때보다 2~4배 정도의 속도의 개선을 얻을 수 있는 것으로 알려져 있는데, 이는 아날로그 방식에서는 대역을 측정하기 위해 RBW 필터의 공진주파수에 맞추어 IF주파수를 계속해서 바꿔주어야 하는 반면, FFT 방식에서는 일정한 대역을 한번에 특정 RBW를 가진 디지털 필터로 처리하므로 측정속도의 개선을 얻을 수 있기 때문이다. 이런 이유로 큰 RBW 필터는 아날로그로 구현하고, 작은 RBW 필터는 디지털로 구현한 Hybrid Spectrum Analyzer가 출시되게 되었다.

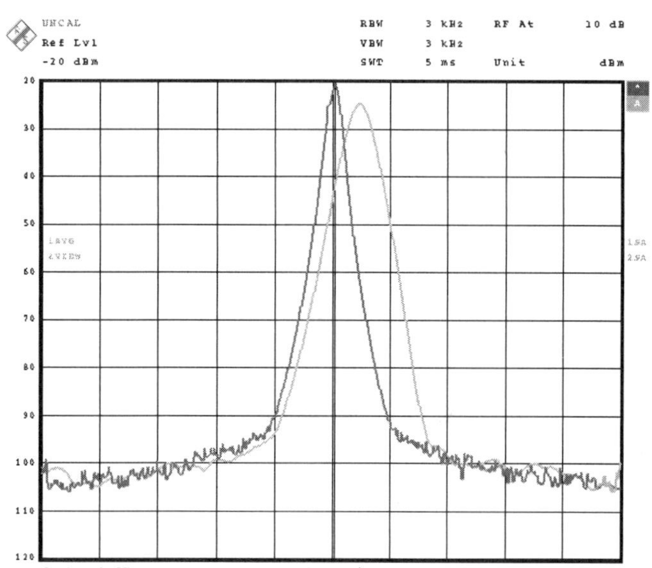

[그림 2-16] 적합하지 않은 Sweep Time에 따른 에러

1.6.7 Zero Span 기능

Zero Span 기능은 Spectrum Analyzer의 x축에 설정한 Span을 Zero로 놓고 항상 그 주파수를 스위프하여 시간축에서 연속적으로 측정을 하게 된다. 즉 일반적인 Spectrum Analyzer는 주파수영역에서 분석을 하지만 Zero Span 모드에서는 중심 주파수 신호에 대하여 시간영역의 분석이 이루어지게 되어 마치 오실로스코프처럼 동작하게 된다.

[그림 2-17]은 AM 변조신호를 일반 모드와 Zero Span 모드에서 각각 분석한 결과이다. Zero Span 기능은 입력신호의 시간축에서의 변화를 분석하기 위한 기능으로서, 단순한 신호 레벨 측정에서부터 CDMA random access, EVDO TDM 신호의 분석까지 주파수영역만으로 신호의 특성분석이 어려운 많은 분야에서 응용된다.

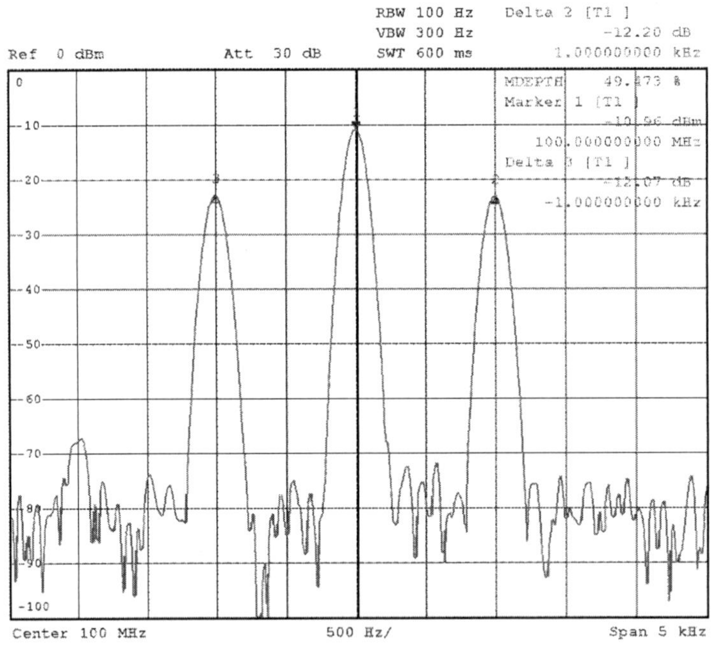

[그림 2-17] AM 파형의 일반 모드

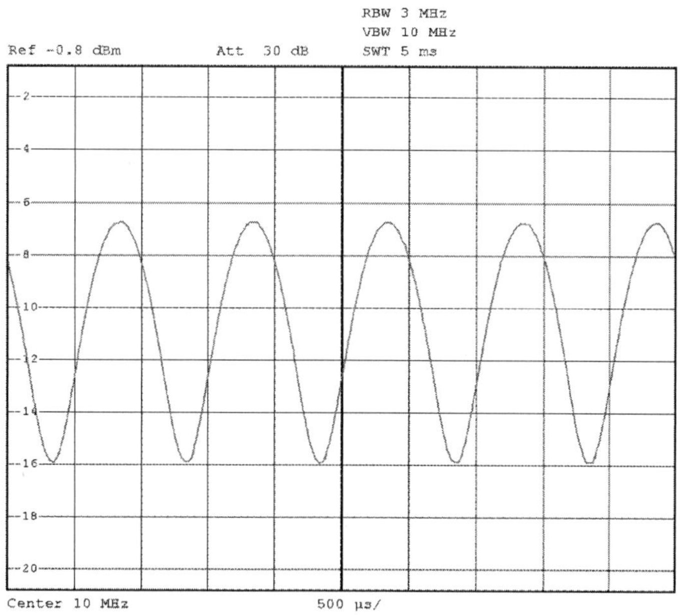

[그림 2-18] AM 파형의 주파수특성과 Zero Span mode

1.7 기준 레벨 조정

기준 레벨 조정(reference level control)부는 신호의 진폭에 따라서 신호가 화면상에서 충분한 편향이 되도록 조절할 수 있다. 기준 레벨은 화면눈금 중 최상단을 나타내며, 화면의 최고 눈금까지 표시 가능한 입력신호의 세기를 말한다(사용자가 설정한 측정조건상의 최고 입력 레벨). 신호의 세기를 결정하는 방법은 화면에 설정한 기준 레벨에서(화면의 최상단 눈금), 현재 화면에 표시되고 있는 신호의 최고점이 위치하는 점과의 차이를 구한 후 수직축의 눈금비(감도)를 곱하여 빼주면 된다.

예를 들면 기준 레벨이 -10dB, 수직축의 눈금비가 10dB/Div이라고 가정했을 시에, 입력신호가 기준 레벨(최상단 눈금)에서 2칸이 낮다고 하면 이 신호의 세기는 -30dB이다(왜냐하면, $-10dB-(2\times10)=-30dBm$이기 때문이다).

기준 레벨은 입력단의 RF감쇠기와 IF증폭기의 이득에 의하여 결정되며, 감쇠기와 이득의 결정은 각각 독립적으로 작동된다. 입력감쇠기는 애널라이저의 입력단자를 통하여 들어온 신호의 감쇠량을 결정지어준다. "최적의 애널라이저 특성을 얻기 위해서는 입력신호가 제작사에서 규정한 첫째 믹서(1st Mixer)의 최적 입력 레벨만큼 감쇠시켜줘야 한다."

Mixer는 주파수 변환회로로서 애널라이저의 최적 특성을 위해서 Mixer에 걸리는 입력신호 레벨은 매우 중요하다. 만약 규정값 이상의 큰 입력신호가 들어오게 되면 신호의 찌그러짐(distortion)이나 원치 않는 신호성분(spurious)이 발생되고, 최악의 경우 Mixer가 파괴되어 애널라이저의 사용이 불가능해진다.

모든 애널라이저는 초과해서는 안되는 최고 입력 레벨이 있다.

일반적으로 이 레벨은 +20에서 +30dBm 정도이다(2.27[V]~7.07[V], 50[Ω]의 입력저항 시). "Spectrum Analyzer는 또한 직류전압에 의해서 쉽게 파괴될 수 있다". 이것은 매우 중요한 사항이므로 반드시 기억하고 있어야 한다.

만약 직류전압을 입력단에서 허용하는 경우에는 최대 허용값이 입력단 부근의 전면판에 표시되어 있다. 그리고 직류전압을 허용하지 않는 경우에는 직류전압 차단용 콘덴서(blcking capacitor)를 외부에 장착하고 사용해야 한다. 내부 또는 외부에 직류전압 차단 콘덴서를 사용하여 매우 낮은 주파수나 직류전압이 포함된 신호를 측정하는 경우에는 다음 순서대로 사용하는 것이 좋다.

① 애널라이저를 켠다.
② 애널라이저의 기준 레벨을 최고로 설정한다.
③ 애널라이저가 직류전압을 허용하지 않는 모델이라면 차단용 콘덴서를 장착한다.
④ 만약 전압이 매우 크다고 하면 애널라이저 입력단에 외부 감쇠기를 장착한다.
⑤ 애널라이저에 신호를 연결한다.
⑥ 필요한 신호가 만족한 화면상태로 되도록 내부 감쇠기를 줄인다.

최고 입력으로 규정되어 있는 레벨은 입력단에 연결된 모든 신호의 합(직류는 제외)으로서 화면상에 나타나 있거나, 없는 신호를 모두 포함한다.

보이지 않는 신호가 애널라이저에 피해를 줄 수 있다.

예1) +18dBm의 2개의 신호가 있을 때 입력회로는 실제적으로 약 +21dBm에 노출되는 것이다. 2개의 같은 진폭신호는 상호 결합되어서 각각 하나의 신호로 존재할 때보다 3dB 높게 나타난다. 이 레벨은 일부 모델에서 최고 입력범위를 초과하게 된다.

예2) 입력단에 +10dBm과 -60dBm의 신호가 연결되어 있다고 가정하면 사용자는 첫째 Mixer의 최적 입력 레벨에(-30dBm) 맞추기 위하여 40dB의 입력감쇠기를 설정하여 +10dBm의 신호를 줄여 주어야 한다. 만약 기준 레벨을 +10dBm으로 설정하였다면 큰 신호는 기준 레벨에 일치할 것이고, 작은 신호는 수직감도 10dB/Div에 설정하였을 경우에는 기준선에서 7칸 밑에 나타나게 되어 측정하기 어렵게 된다. 기준 레벨을 감소시켜 입력감쇠기를 낮추게 되면(이때 특히 큰 신호가 화면의 좌우측을 벗어나 표시가 되지 않는 경우) 큰 신호의 레벨이 상승하게 되어 첫째 Mixer의 입력단에 -30dBm 이상의 신호가 걸리게 된다.

최고 입력 레벨을 초과하는 신호는 당신의 애널라이저에 광범위하고, 비용이 많이 드는 고장을 초래한다.

측정할 신호의 레벨을 잘 모르는 경우에는 안전하게 사용하기 위한 몇 가지 방법에 대해 알아보자.

① 항상 입력감쇠기를 최대로 하거나 가능한 최대 기준 레벨로 하고, 입력신호가 화면에 나타나지 않는 것을 방지하기 위해서는 가장 큰 수평축(Span/Div 또는 Max Span)을 이용한다. 총 신호 레벨이 애널라이저의 입력허용 값을 넘게 되는 경우에는 외부 감쇠기를 사용한다. 과도하게 큰 신호들이 화면에 나타나는가를 주의깊게 살피면서 애널라이저의 입력단에 신호선을 시험적으로 접촉시켜본다. 신호선을 안전하게 연결한 후 화면의 가장 큰 신호가 기준 레벨에 일치하도록 기준 레벨을 줄여나간다.

② 만약 고주파 전력계(power meter)를 가지고 있다면 신호원을 애널라이저에 연결하기 전에 전력계를 이용하여 신호 레벨을 점검한다. 전력계는 입력에 연결된 모든 신호들의 합의 크기를 나타낸다.

③ 애널라이저에 신호를 연결하기 전에 오실로스코프, 전압계, 고주파 전압계 및 다른 측정계기로 직류나 교류신호의 레벨을 점검한다.

02 기 능

2.1 주파수조정

Spectrum Analyzer는 신호의 스펙트럼 또는 주파수영역으로 측정하여 화면에 표시하여 주는 장비이다. 헤테로다인애널라이저(Heterodyne Analyzer : Scanning(주사) Analyzer)들은 여러 개의 국부발진기(local oscillator)와 혼합회로(mixing circuit)를 이용하여 입력신호의 스펙트럼을 측정한다. 국부발진기(1st LO)는 측정할 수 있는 주파수대역을 결정짓는다. 지정된 만큼의 주파수범위나 Span만큼 1st LO가 스위프를 하게 되며, 대응되는 입력신호 성분들이 분해능 필터를 통과하게 된다.

주파수조정(frequency control)은 통상 스위프되는 주파수범위의 중앙 및 화면의 중앙을 결정지어준다. 그래서 일반적으로 중심주파수(center frequency)라 하고 있다. 그러나 주파수조정의 다른 방법은 스위프되는 주파수의 처음과 화면의 좌측을 기준으로 나타내는 경우도 있다. 이 기준점을 시작주파수(starting frequency)라 한다.

애널라이저들은 화면 상단에 중심 또는 시작주파수를 기록해 준다. 애널라이저들을 디지털 모드(storage)로 사용하게 되면 화면상에 밝은 점(dot)이 표시되고, 이 점은 주파수조정 단자에 의해 지정된 주파수를 나타낸다. 중심 또는 시작주파수를 바꾸려면 주파수조정 단자를 돌리면 되고, 시계방향으로 돌리면 주파수가 높아지며, 반시계 방향은 주파수가 낮아진다.

2.2 수평축 주파수조정

수평축의 주파수간격을 조절하는 Span/Div 단자는 국부발진 주파수의 스위프폭을 제어하여 주파수 스펙트럼의 간격이 일정하게 표시되도록 하여준다. 사용자는 Span/Div 단자를 조정하여 수평축의 한 눈금당 주파수 간격(kHz 또는 MHz)을 설정할 수 있다. 또한 주파수축(수평축)은 통상 10칸으로 나누어져 있으므로, Span/Div 조정 단자는 전체 주파수(total frequency) 범위를 결정해 준다.

즉 사용자가 20MHz/Div를 선택하였다면 전체 스위프 범위는 20MHz/Div×10칸으로 되어 200MHz범위가 된다. 만약 중심주파수가 175MHz라고 하면, 애널라이저는 75MHz~275MHz까지 스위프할 것이다.

화면상에 Span/Div의 값을 표시하여 주는 Spectrum Analyzer의 Span/Div 조정 단자는 보통 2가지 또 다른 선택 모드가 있는데, 이것은 Hz/Div를 별도 지정할 필요가 없는 최대 범위(max span)와 0(zero span)모드이다.

Max Span은 애널라이저가 최대 사용주파수 범위까지, 즉 전체를 스위프한다. 결론적으로 보유하고 있는 애널라이저의 최대 입력주파수 범위가 0Hz~2900MHz라 가정한다면 Max Span에서는 0Hz~2900MHz까지 전체를 스위프하게 된다.

Zero Span은 애널라이저가 스위프하는 것을 멈춘 상태가 되며, 일반 수신기(Super-Heterodyne 방식)처럼 동작하게 된다.

애널라이저는 중심주파수에 동조되어 입력신호가 RBW를 통과하여 검파된 신호가 화면에 표시되며, 출력단자에 스피커를 장착하게 되면 소리로 들을 수 있다. 이 때는 애널라이저가 수신기에 붙어 있는 오실로스코프처럼 동작하게 되며, 수평축은 주파수축에서 시간축으로 바뀌게 된다(Hz/Div →Sec/Div).

2.3 주파수 분해능 필터 조정

RBW(Resolution Bandwidth) 필터는 Spectrum Analyzer의 3차 중간주파수(3rd IF) 후단에 위치하고 있는 대역통과 필터(bandpass filter)이다. 이 필터들의 역활은 어느 점까지 근접되어 있는 두 주파수를 분리할 수 있는가를 결정지어준다. 폭이 좁은 필터일수록(narrower filter), 근접되어 있는 두 신호를 각각 분리 표시해 줄 수 있다.

RBW 필터들은 또한 애널라이저에서 펄스 형태의 신호와 잡음들의 응답특성을 결정지어준다. 애널라이저 화면에 그려진 스펙트럼의 모양은 RBW 필터 형태와 실제 신호 스펙트럼 형태의 조합이다. 각 신호가 혼합되어 측정되는 응답신호는 각 신호가 각각 존재할 때보다 크게 나타난다.

미국의 전기전자공학회(IEEE)에서 Spectrum Analyzer의 분해능을 다음과 같이 정의하고 있다. "근접한 응답신호를 개별적으로 표시하는 능력이다. 분해능의 측정은 3dB의 흠(Notch)이 있는 합쳐진 신호를, 2개의 응답으로 주파수를 분리해 주는 것이다." IEC도 비슷한 정의를 사용하고 있다.

RBW 필터들은 자체의 대역폭과 모양새(shape factor)에 의해 정의된다. 대역폭은 필터의 최대값에서 3dB 또는 6dB 떨어져 있는 점의 주파수 간격으로 규정되어진다. 6dB 대역폭은 IEEE에서 정의한 분해능이 애널라이저가 사용하고 있는 검파기(detector)의 종류에 상관없이 진폭이 같은 2개의 정현파가 하나의 RBW에 의해 분리되는 조건에 적합하거나 초과하여 만족시켜준다. 3dB 규격은 반전력(half power)점 대역이다. 국제 CISPR의 전자파방해(EMI) 측정규격은 필터의 임펄스 대역과 근사값을 갖고 있는 6dB 응답을 기초로 하고 있다.

필터의 기울기는 이것의 모양새(shape factor)로 주어진다. Shape Factor는 필터의 대역폭으로 지정되어 있는 점의 대역과 최대값에서 60dB 떨어져 있는 대역의 비율로서 이 비율이 작을수록 필터는 급격한 기울기를 갖게 된다(Shape Factor= 3dB 또는 6dB의 대역폭/60dB 대역폭).

이 Shape Factor는 진폭이 같지 않는 2개의 신호를 분리하여 해석할 수 있는 거리가 어느 정도인가를 결정짓는 중요한 변수이다. 이상적으로는 RBW 필터들은 폭이 매우 작아서 아주 근접되어 있는 신호들의 스펙트럼을 충분히 분리해낼 수 있어야 한다.

왜 가능한한 좁은 RBW를 사용하지 않은 이유가 무엇인가?

애널라이저의 스위프는 주어진 주파수대역에서 필터가 각 신호들의 최대값에 도달할 수 있도록 충분한 시간이 주어져야 하고, 그렇지 않으면 오차가 발생된다. 넓은 대역(wide span)을 설정하면서 폭이 좁은 RBW를 선택하게 되면 한번 스위프하는데 너무 긴 시간이 소요하게 된다. 그러므로 스위프 속도는 주파수대역을 크게 하면 RBW도 같이 증가시켜서 적절한 속도가 유지되도록 해야 한다. 특별한 요구사항이 아니라면 RBW는 수평주파수축(Span/Div)의 1/50에서 1/10의 범위를 유지하게 된다. RBW의 또 다른 특징으로서는 대역폭이 좁을수록 화면의 바닥잡음(noise floor)이 낮아진다. 바닥잡음(noise floor)은 밑선(baseline) 또는 수평주사선(trace)의 최저값을 말한다. 잡음전력(noise power)은 주파수 대역폭에 비례하기 때문에 바닥잡음이 감소한다.

Spectrum Analyzer의 바닥잡음 또는 자체 잡음은 애널라이저에 아무 신호도 연결하지 않았을 때 화면에 나타나는 잡음을 말한다. 잡음이 애널라이저 자체의 내부에서 발생되었거나, 입력신호와 같이 들어온 것이거나, 진짜 중요한 요인은 아니다.

사용자가 RWB 필터의 대역폭을 10배수로 변화시키면, 바닥잡음 10dB씩 변하게 된다. 즉 만약 RBW를 10배 감소(예를 들어 300kHz에서 30kHz로)시키면 바닥잡음도 약 10dB 감소한다. 또 대역폭을 300kHz에서 5MHz로 증가시키면 잡음은 약 12dB 증가한다. RBW 필터가 이상적인 직각의 기울기를 가지고 있다면 잡음의 변화는 일정할 것이다.

그러나 필터의 기울기가 이상적인 직각을 이루지 못하고 있기 때문에 통과 잡음양이 필터의 3dB 또는 6dB 대역폭으로 예상한 값과는 똑같지 않다. 그래서 정확한 잡음전력을 측정하기 위해서는 측정값을 반드시 보상해 주어야 한다. 낮은 신호 레벨의 협대역 신호를 측정하기 위해서는 바닥잡음을 낮추는 작업이 필요하다.

최근의 Spectrum Analyzer는 마이크로프로세서를 이용하고 있기 때문에 최적의 RBW를 Span/Div와 스위프 속도에 맞추어 자동으로 선택하여 준다. 그러나 레이더와 같은 펄스 형태의 신호를 분석할 때는 수동으로 선택하는 것이 더 적합하다.

03 스위프 조정

스위프 조정(sweep control)은 스펙트럼을 주사하고 표시해 주는 속도를 선택하는 것으로 단위는 Time/Div이다. 대부분의 애널라이저들은 RBW에 따라서 스위프 속도를 자동으로 선택하여 준다. 스위프 속도를 결정짓는 다른 요소드로서는 Span, RBW와 비디오 필터 대역폭 등이 있다. 스위프 속도를 수동으로 조작할 때는 다음 사항을 염두해 두어야 한다.

스펙트럼이 너무 빨리 스위프하게 되면 RBW 필터가 충전할 시간이 부족하기 때문에 정확하지 못한 측정결과가 나타난다. 또한 스위프 속도가 너무 느리게 되면 화면의 오차는 영향을 미치지 않지만 화면 전체를 한눈에 확인할 수 없는 깜박임(flicker)이나 다음 스위프 전에 화면이 사라지게 된다. 이런 현상은 화면을 저장(storage)하여 해결할 수 있다.

애널라이저의 수평주파수축을 Zero Span에 설정하게 되면, 중심주파수에 동조된 신호가 필터를 통과하여 시간 영역의 화면표시를 하게 된다. 이때 스위프 속도조정 기능은 오실로스코프의 스위프 속도조정 기능과 마찬가지가 되어 스위프 속도를 변화시키는대로 화면의 신호는 수평축으로 확대 또는 축소되어 나타난다.

3.1 비디오 필터 조정

비디오 필터(video filter)는 Post-Detection 필터(잡음 평균화 필터 : Noise Averaging Filter)로 사용하며, 주 목적은 화면에 표시된 스펙트럼의 잡음을 평균화하여 감소시키고, 따라서 아주 작은 신호를 인식하기 쉽도록 하여준다. Spectrum Analyzer는 측정된 신호와 자체 노이즈를 함께 표시하기 때문에 바닥 레벨 근처의 낮은 레벨의 신호를 측정하기가 어렵다. 낮은 레벨의 신호를 측정하기 위해서는 주로 측정된 파형을 평탄화(smoothing)하거나 평균을 취해 노이즈의 폭을 줄이는 방법이 사용되는데 이를 위해 Spectrum Analyzer에는 여러 종류의 비디오 필터를 내장하고 있다.

비디오 필터는 기본적으로 low pass filter로 동작하며 Envelope detector 다음단에서 비디오 신호의 통과대역폭을 조절하는 기능을 수행한다. 비디오 필터의 Cut-off frequency를 낮추는 것은 비디오 필터의 통과대역폭을 줄이는 것과 같으므로 cut-off frequency를 낮추어 비디오 필터의 통과대역폭을 RBW 필터의 통과대역폭보다 작아지게 할 수 있다. 이렇게 되면 비디오 필터를 통과하는 신호는 IF 필터를 통과한 신호의 급격한 포락선의 변동을 따라가지 못하기 때문에 결과적으로 신호를 평탄화시키는 효과를 얻게 된다. 이러한 효과는 넓은 RBW 필터를 사용해 노이즈를 측정할 때 뚜렷하게 나타나며, Video bandwidth를 낮춤에 따라 노이즈의 최대 변화폭이 줄어들게 된다. 이 비디오 필터를 사용하기 전에는 주의가 필요하다.

비디오 변조된 신호나 반복주기가 짧은 신호등과 같이 특정 형태의 신호들의 진폭도 함께 감소되기 때문이다. 대부분의 애널라이저는 들은 여러 개의 비디오 필터 대역을 갖고 있다. 비디오 필터의 조정은 필터를 ON/OFF시키면서 이들의 대역을 지정하면 된다. 역시 많은 애널라이저들이 분해능대역폭과 스위프 속도에 맞추어 비디오 대역을 자동으로 설정하여 준다(auto mode).

RBW 필터와 마찬가지로 비디오 필터를 통과하여 신호의 최대값에 도달하기 위해서는 시간이 필요하므로 비디오 필터를 ON시켰으면 스위프 속도는 늦어져야 한다. 만약 스위프 속도를 애널라이저에서 자동으로 선택하면 비디오 필터를 ON시키면 스위프 속도가 늦어지는 것을 알 수 있다.

만약 펄스 평태나 광대역 신호들을 해석하고자 할 때는 비디오 필터를 ON시키면 안된다. 왜냐하면 저역통과 및 필터의 협대역 특성은 해석할 신호의 최고 높이까지 도달하는데 충분치 못하기 때문이다.

3.2 디지털 스토리지

주사 스펙트럼 애널라이저(scanning spectrum analyzer)는 일반적으로 신호 스펙트럼의 완전한 스위프를 위하여 수msec에서 수sec까지의 시간을 필요로 한다. 스위프 속도가 빠를 경우에는 아날로그 CRT를 이용하여 스펙트럼을 볼 수 있지만 스위프 속도가 늦을 경우 잔상시간이 충분하지 못하여 주사선이 깜박이거나 첫번화면이 다음 스위프가 시작되기 전에 천천히 사라지게 되어서 완전한 전체 화면을 볼 수가 없다(Flicker와 Fade out). 초기의 애널라이저들은 이것을 해결하기 위하여 잔상시간이 긴 특수한 형광물질을 이용하였으나, 오늘날의 발달된 디지털 기술을 신호 스펙트럼을 디지털화하여 저장할 수 있게 되었다.

스펙트럼은 작은 주파수 증가분으로 분할되었고 애널라이저가 스위프하면서 신호 스펙트럼의 진폭에 각 증가분이 추출(sample)되어 디지털화(digitized)되고 이 값이 파형 메모리에 축적된다. 축적되어 있는 값들은 재생되어 아날로그 값으로 다시 바뀌어져 화면상에 표시된다. 만약 스위프 속도가 매우 늦다고 가정하면 주사선은 축적되어 있는 정보를 계속 공급받아 깜박임이 없는 상태를 유지하고 있다.

파형 메모리의 내용은 각 스위프 동안 새롭게 변화하며 스위프 속도가 느리게 되면 이 현상을 쉽게 확인할 수 있다. 그리고 메모리의 값을 보관(save)하게 되면 화면의 변화는 멈추게 되고 검사하거나 나중에 기준으로 삼을 수 있다. 즉, 파형 메모리에 축적되는 값은 각 스위프 때마다 변하게 되며 저장되어 있는 값은 계속 일정하다.

대부분의 애널라이저들은 하나 이상의 파형을 저장 및 표시해줄 수 있으며, 저장되어 있는 파형은 기준이나 다른 측정과 비교 시 이용할 수 있다. 또한 측정값들은 불휘발성 메모리(non volatile RAM)에 기록시켜서 전원이 꺼져도 지속적으로 저장이 남아 있다. 비디오 변조신호나 펄스파 같이 일정하지 않은 신호를 관찰할 경우에는 아날로그 화면이 절대적으로 필요하다.

스위프 속도가 빠른 경우, 아날로그 화면은 디지털 화면보다 몇 배 빠르게 스위프할 수 있으므로 매끄러운 화면과 빠르게 변화하는 신호특성을 볼 수 있다. 이 기능은 트랙킹 제너레이터와 함께 사용할 때 아주 유용하며, 또한 스펙트럼들의 주파수나 진폭의 변화에 아주 민감한 검출기로서 사용할 수 있다.

애널라이저 기능 중에 최고값 유지(max hold)기능도 가지고 있는데, 이것은 계속되는 스위프 동안 어떠한 주파수에서의 최고 진폭들을 검출, 유지시켜준다. 이 기능은 현재 스위프되는 신호의 디지털화된 스펙트럼의 진폭과 앞서 스위프되어 축적되어 있는 값과 비교하여 현재의 값이 크게 되면 저장값을 바꾸어 주고 다음 스위프의 비교 기준으로 삼는다. 이 방법으로 스위프 동안의 진폭의 최고값들을 관찰할 수 있다.

최고값 유지기능은 무작위로 발생되고 신호의 최고값을 한 번 검출하였으면 최고값 유지기능은 이것이 다시 나타나거나 말거나 상관없이 계속 표시해준다. 또 다른 응용으로는 발진기나 송신기 등의 변동(drift)을 감시하여 주는 것이다. 만약 신호가 시간에 따라서 변동이 있게 되면 최대값이 이동하면서 폭이 넓어지게 되고, 이 값들은 메모리에 저장될 것이다.

장시간 동안의 스위프 동안에 최대값의 변화에서 한번 스위프 때의 최대값을 빼게 되면 발진기의 변동량이 되는 것이다. 이때에는 사용하는 애널라이저의 변동률 규격 확인이 매우 중요하고, 검사할 신호보다 훨씬 안정되어 있어야 한다. 디지털 샘플링과 저장기능은 아날로그 세계에서는 불가능한 신호처리를 가능하게 해준다.

예를 들면, 디지털 스펙트럼에서 최대값이나 평균값만을 선택하여 화면에 표시할 수 있다. 스위프 속도에 따라서 다르지만 애널라이저는 한번 스위프 때마다 화면의 각 수평점에 대응하는 진폭의 디지털 값들을 대략 10,000개의 샘플값들을 받아들인다. 만약 최대값 표시를 선택하면, 스위프시 저장되어 있는 메모리에서 각 점들의 최대값만을 표시하는데 이 방법을 최대값 검출(peak detection)이라고 하고 만약 평균 진폭표시를 선택하면 메모리의 평균값을 화면에 표시하고 이것을 평균값 검출(average detection)이라고 한다.

일부 애널라이저들은 화면상에서 직선으로 이 기능을 선택하여 선위의 성분은 최대값으로 선아래의 성분은 평균값으로 표시하여 준다. 이 기능은 신호 대 잡음비(S/N) 측정 시, 신호는 최대값으로 측정하고, 잡음이나 기타 성분(GRASS)은 평균하여 가능한 최대의 측정값을 제공하여 준다.

04 주파수 마커들

대부분의 Spectrum Analyzer들은 저장되어 있는 스펙트럼상에서 측정을 원하는 지점에 주파수 마커(frequency markers)나 커서를 위치시킬 수 있다. 마커들은 화면상에서 밝게 빛나는 점으로 존재한다. 이 마커들을 이용하여 신호의 측정 시 정확하고 편리하게 주파수 등을 측정할 수 있다.

4.1 중심주파수 측정 및 트랙킹

Center Measure and Tracking은 신호의 주파수를 측정하는 가장 쉬운 방법으로서 Spectrum Analyzer가 자동으로 최고 레벨의 주파수를 측정하고, 이 주파수를 중심주파수로 만들어 주어서 화면의 중앙으로 위치해 주는 기능이다. 측정할 신호는 사용자가 마커를 다른 신호에 위치하지 않는 한 화면 중앙에 위치할 것이다. Center Measure는 신호주파수를 측정할 때 가장 정확하고 편리한 방법이다.

신호 트랙은 Center Measure를 계속 반복하는 기능으로서 각 스위프 때마다 주파수를 측정하여 이 주파수를 중심주파수로 이용하는 것이다. 이 기능의 목적은 시간에 따라 변동되는 신호를 위치조절 없이 항상 화면의 중앙에 정렬시켜 놓는 것이다.

4.2 주파수 카운터

Spectrum Analyzer는 주파수 카운터(frequency counter)를 내장하고 있다. 이 카운터의 목적은 주파수를 측정하는 것이지만, 마커나 Center Measure 등과 함께 사용하여 화면상의 어느 신호라도 가장 정확하게 주파수를 측정할 수 있다. 정확한 오차는 계기의 규격과 입력신호에 의하여 결정된다.

4.3 주파수범위 조정

일부 애널라이저들은 측정할 수 있는 주파수범위를 몇 개의 대역으로 분할하여 사용한다. 이런 애널라이저들의 주파수범위 조정(frequency range control)은 수신기의 대역선택 스위치와 같은 동작을 하여 애널라이저가 현재 주사하는(scanning) 대역을 결정지어준다. 대부분의 애널라이저들은 각 주파수대역을 “Up”고 “Down”으로 선택할 수 있다. 중심주파수를 직접 입력할 경우에는 자동으로 대역을 선택하므로 별도의 대역 선택을 필요로 하지 않는다.

4.4 위상잠금

애널라이저는 일반적으로 2개 이상의 국부발진기를 사용하고 있다. 수평축의 주파수대역을 넓게 선택하면 내부 발진기에서의 작은 주파수변화는 크게 문제되지 않지만, 수평축을 수kHz/Div로 낮추게 되면 내부 발진기의 불안정은 심각한 문제로 나타난다. 따라서 내부 발진기의 주파수변동은 화면상에서 큰 문제가 되므로 내부의 발진기들을 안정된 기준 신호를 이용하여 주파수대역을 작게 하면 자동으로 위상잠금(phase lock)을 걸어준다.

4.5 고조파 변환, 프리셀렉터와 신호확인

마이크로웨이브나 밀리미터(millimeter)파의 주파수를 해석하기 위하여 많은 애널라이저들이 고조파를 이용하고 있다. 이 방법은 국부발진기의 기본파와 고조파(harmonics)를 이용하여 입력신호와 혼합하는 것이다. 즉, 항상 입력신호와 국부발진기의 기본파나 고조파들의 주파수 차이가 중간주파수와 같고, 이 신호는 애널라이저에 의해 표시되고 많은 국부발진기를 가지고 있는 것과 같은 의미가 되며, 각각은 기본파의 n배의 범위를 갖게 된다(여기서 n은 고조파의 배수로서 정수값을 갖는다 : 1, 2, 3,.....).

그래서 기본파가 2GHz에서 6GHz의 범위를 발진한다고 하면 2차의 고조파는 4GHz~12GHz, 3차는 6GHz~18GHz, 4차는 8GHz~24GHz 등이 되며, 50차 정도까지 이용할 수 있다. 그러므로 국부발진기의 고조파들의 조합으로 2GHz에서 최고 300GHz까지도 스위프할 수 있다. 그러나 여기에는 광대역까지 이용할 수 있으나 다른 문제가 발생한다.

모든 고조파들은 기본파와 항상 같이 존재하므로 여러 개의 스펙트럼이 화면상에 나타나게 되어 어떤 신호가 진짜인지를 알 수 없게 된다. 이 문제를 해결하는 방법으로서 프리셀렉터(preselector)를 사용하거나, 신호 확인절차를 이용하는 것이다.

프리셀렉터는 트랙킹 필터로서 1차 Mixer앞에 위치하고 있다. 프리셀렉터는 애널라이저의 주파수를 따라가면서 측정범위 내의 신호만 통과시켜 1차 Mixer로 넣어준다(즉, 애널라이저에서 선택한 대역의 주파수들만을 통과시킴). 필터의 전환에 의하여 애널라이저는 원하는 고조파의 주파수를 따라가게 된다. 이 방법으로 입력신호들과 고조파들 사이의 상호작용으로서 필요한 하나의 신호만을 검출할 수 있다. 또 다른 잇점으로 주파수대역이 다른 큰 신호가 입력에 연결되어 1차 Mixer에 도달하는 것을 예방할 수 있다. 즉 1차 Mixer를 보호하는 추가적인 감쇠기의 역할을 한다.

프리셀렉터는 일반적으로 애널라이저의 최저 사용대역(band 1)을 제외한 동축대역(coaxial band)에서 사용하며, 1번 대역에서는 같은 목적으로서 저역통과 필터(low pass filter)를 이용한다. 프리셀렉터는 최고값을 조정해 주어야 하며, 이는 전면판의 조정단자로 한다.

최고값 조정(peaking control)은 애널라이저를 동조시킨 주파수의 중앙에 정확히 일치시키는 것이다(이것은 프리셀렉터가 트래킹 필터이므로 필터의 중심주파수를 애널라이저의 주파수에 대하여 일치하도록 미세조정하는 것이다). 만약 필터가 완전히 벗어나 있으면(동조 주파수에서 너무 멀게 되면), 애널라이저는 선택한 주파수 대역에 아무 신호가 없다고 표시할 것이다. 일반적으로 신호 스펙트럼이 올바른 대역에서는 수직이나 대각선 반향으로 각 스위프 때마다 번갈아 이동되지만 적절하지 못한 대역에서는 항상 일정하다.

고조파 변환을 사용 시에는 2개의 또 다른 문제점가 발생하는데 그것에 대해 알아보자.

첫째, 고조파의 차수가 증가할 때마다 3dB씩의 신호감쇠가 발생된다(5차의 고조파는 기본파에 비하여 15dB의 손실이 나타난다). 이 감쇠를 보상하기 위하여 이득을 추가시키게 되는데 이로 인하여 애널라이저의 바닥잡음(noise floor)이 함께 상승하게 된다.

둘째, 국부발진기의 불안정이 고조파의 차수만큼 곱해져서 더욱 커지게 된다. 즉, 국부발진기의 기본파가 약 2kHz의 흔들림(Jitter 또는 FM's)이 있을 때 10차 고조파에 의한 흔들림은 20kHz가 된다.

4.6 트랙킹 제너레이터

트랙킹 제너레이터(tracking generator)는 어느 시점에 출력 주파수가 Spectrum Analyzer에 의해 분석되는 주파수를 추적하거나 동기되는 신호발진기이다.

트랙킹 제너레이터는 Spectrum Analyzer와 같이 사용될 때 필터, 증폭기, 결합기 등의 주파수 특성을 매우 광범위한 동작범위에서 측정할 수 있다.

트랙킹 제너레이터의 출력을 실험기기의 입력과 연결하고, 실험기기의 출력을 분석기로 관찰함으로서 측정할 수 있다. 애널라이저의 화면상에 나타난 상태는 추적발진기/Spectrum Analyzer의 "비평탄성"과 실험되는 기기의 특성을 나타낸다. 측정 시스템의 평탄하지 못함은 분석기의 기능인 B-SAVE A 또는 B, C MINUS A를 사용해서 제거할 수 있다.

우선 트래킹 제너레이터를 Spectrum Analyzer와 직접 연결하고, SAVE 기능을 사용해서 A메모리의 평탄성(또는 비평탄성)을 저장한다. 측정에 사용될 동일한 수직화면 모드를 사용하고 있는지를 확인한 후, 트래킹 제너레이터를 실험기기(device under test : DUT)에 연결하고 애널라이저로 관측한다. 분석화면은 전체 시스템의 응답을 나타낸다(트랙킹 제너레이터+실험기기+Spectrum Analyzer). B-SAVE A모드 작동으로 저장된 측정 시스템의 비평탄성은 측정기를 부가한 실험기기의 응답에서 유출할 수 있고, 올바른 화면은 실험하는 기기의 주파수특성에서만 볼 수 있다.

4.7 오실로스코프 VS Spectrum Analyzer

모든 전자파, 또한 모든 자연현상은 시간이나 주파수 함수로 표현할 수 있다. 오실로스코프의 기본동작은 전기신호 현상에 대한 시간특성을 표시해 주는 것이고, Spectrum Analyzer의 동작은 전기신호 현상에 대한 주파수특성을 나타내준다.

동일한 현상에 대한 2가지 표현방법, 즉 오실로스코프의 시간영역 표시(time domain)와 Spectrum Analyzer의 주파수영역 표시(frequency domain)는 상호 보완적인 것으로서 각각 독립적인 것은 아니다. 이들 중 어느 한 가지를 알게 되면 수학적 계산이나 법칙을 이용하여 다른 것을 유도해 낼 수 있다.

시간영역의 해석방법과 주파수영역의 해석방법 중 어느 것이 기본인가를 말한다면 이것은 대답하기가 매우 곤란하다. 그러나 시간의 영속성을 생각하지 않는 우주는 상상할 수 없고, 시간은 자연현상의 기본이며, 주파수개념은 시간에서부터 유도해 낼 수 있다고 말할 수 있다.

오실로스코프는 입력신호를 증폭하여 바로 화면에 표시하도록 설계되어 있으나, Spectrum Analyzer는 시간영역의 입력신호를 수학적 또는 다른 동작을 추가하여 주파수영역의 특성을 얻도록 설계되어 있다. 오실로스코프는 일반적으로 계통도(black diagram)에서 쉽게 이해가 되지만, Spectrum Analyzer는 수학적 계산식이나 아날로그 동작에서 파생되어진 다양한 의미를 포함하여 구성되어 있으므로 이해가 쉽지 않다.

오실로스코프의 시간영역 표시는 수평축(X축)이 시간(time)이고 수직축(Y축)이 진폭(amplitude)이고, Spectrum Analyzer의 주파수영역 표시는 수평축(X축)이 주파수(frequency)이고, 수직축(amplitude)이 시간(time)이다. 퓨전의 시대에 필요한 기업의 성공전략은 무엇일까? 우선 융합은 상품의 효용이나 가치를 증가시켜야 한다. 최근 휴대전화를 이용해 저장된 음악을 듣고, TV를 보고, 사진을 찍고, 금융서비스를 받는 것은 다양한 IT 상품이 융합된 사례이다. 이동 중에도 전화를 걸고 받을 수 있었던 단순한 휴대전화보다 조금 더 비싼 가격으로 훨씬 다양한 효용을 얻을 수 있으므로 대박 상품이 되는 것이다. 반면에 인터넷에서 조리법을 다운받아 조리한다는 아이디어로 개발한 인터넷 마이크로웨이브(MW) 오븐이라는 융합상품은 별로 성공적인 상품이 되지 못했다.

05 기본사양 익히기

5.1 Panel 면의 설명

5.1.1 전면 Panel

여기서는 전면 Panel의 각 Section마다 Panel을 표시하고 Panel Key나 Connector를 설명한다.

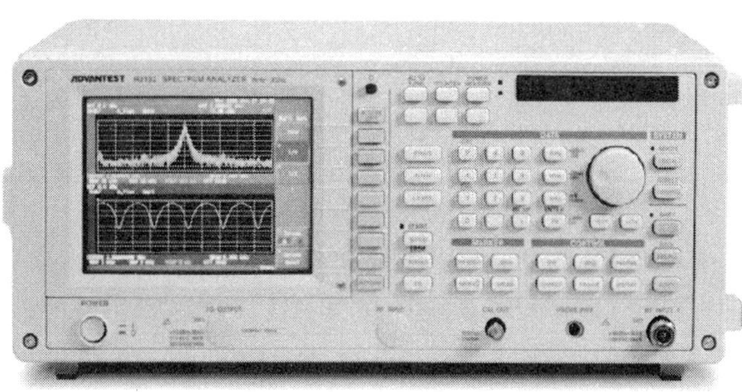

[그림 2-19] 시스템 구성도

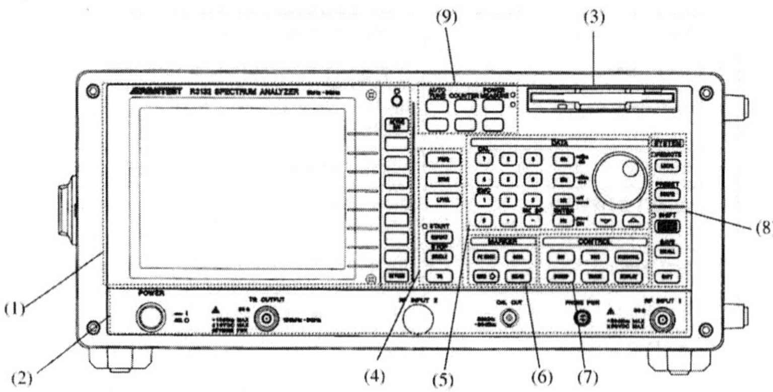

[그림 2-20] 정면 Panel

(1) Display Section

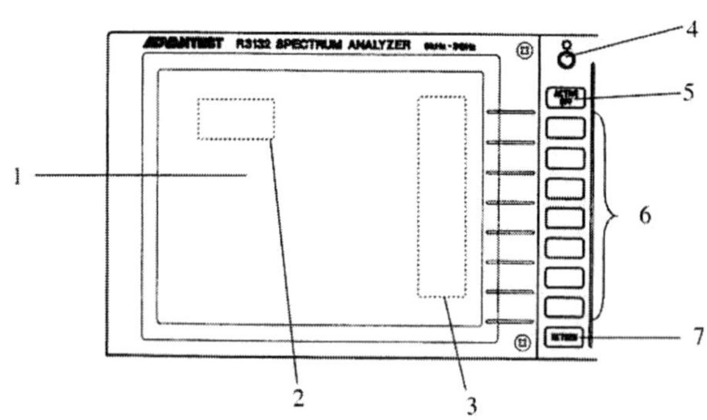

[그림 2-21] 디스플레이 영역

〈표 2-1〉

Control		설 명
1	액정 Display (LCD)	Trace나 측정 Data를 표시한다.
2	Active · Area	입력 Data나 측정 Data를 표시한다.
3	Soft · Menu 표시	Soft · Key의 기능을 표시한다(최대 7개).
4	Intensity	Display의 Back light 휘도를 조정한다.
5	ACTIVE OFF Key	Active · Area의 표시를 삭제한다.
6	Soft · Key	7개의 Soft · Key는 좌측에 있는 Soft · Menu 표시와 대응하고 있다. Soft · Key를 눌러서 Soft · Menu를 선택한다.
7	RETURN Key	Soft · Menu의 계층을 한 단계 앞으로 돌린다.

(2) Power Switch / Connector · Section

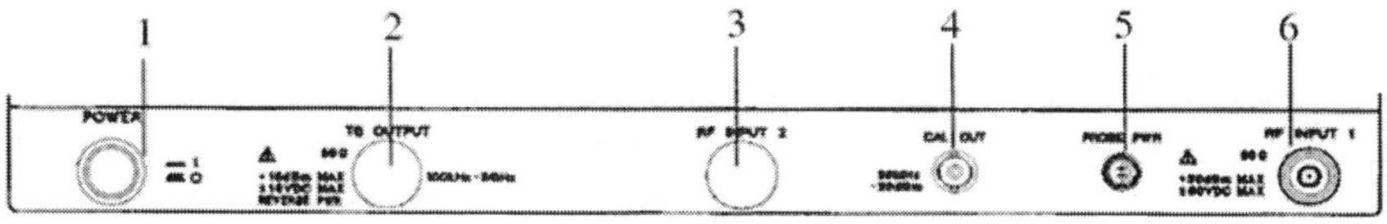

[그림 2-22] 연결부분

〈표 2-2〉

	Control	설 명
1	POWER Switch	전원의 ON/OFF를 실행하는 스위치이다.
2	TG OUTPUT Connector	(Option) TG 출력 Connector이다. 주파수범위는 100kHz~3GHz이다.
3	RF INPUT 2 Connector	(미사용)
4	CAL OUT Connector	교정신호 출력 Connector이다.
5	PROBE PWR Connector	Accessory용 전원출력이다. 최대전류 100mA 1 : NC 2 : GND 3 : −12V 4 : +12V
6	RF INPUT 1 Connector	측정신호를 입력한다.

(3) Floppy · Disk · Drive · Section

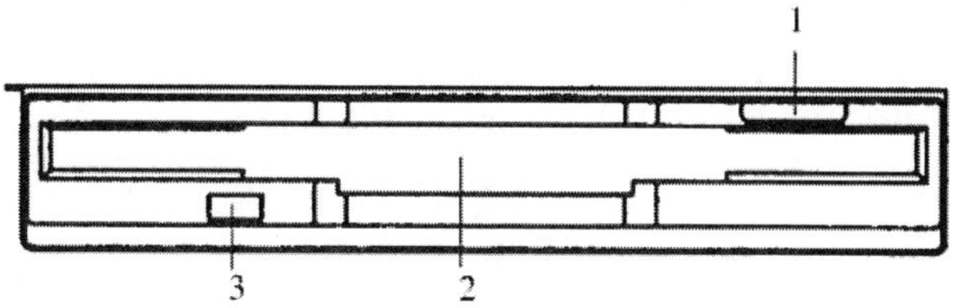

[그림 2-23] 플로피 디스크

〈표 2-3〉

	Control	설 명
1	Eject · Button	삽입한 Floppy · Disk를 뺀다.
2	Floppy · Disk 삽입구	Floppy · Disk를 Set한다.
3	Access · Lamp	Floppy · Disk로의 Access 시에 점등한다.

(4) MEASUREMENT Section

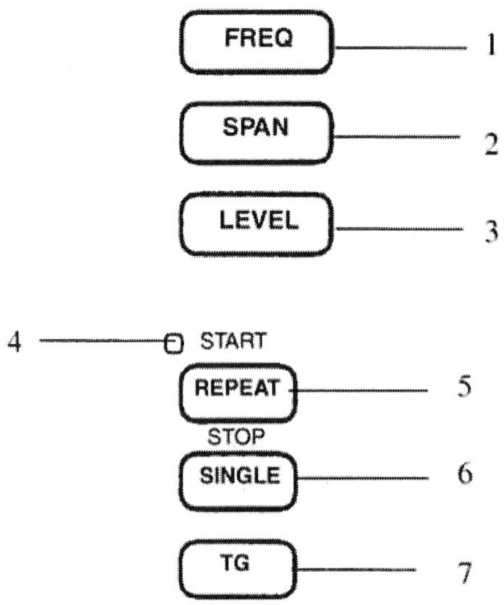

[그림 2-24] 측정 섹션

〈표 2-4〉

Control		설 명
1	FREQ Key	중심주파수를 설정한다.
2	SPAN Key	주파수 SPAN을 설정한다.
3	LEVEL Key	Reference · Level을 설정한다.
4		소인상태를 표시한다.
5	REPEAT(START/STOP) Key	연속소인의 실행이나 소인의 Reset을 실행한다.
6	SINGLE Key	Single 소인의 실행이나 소인의 Reset을 실행한다.
7	TG Key	(Option) Tracking · Generator 출력의 Control을 실행한다.

(5) DATA Section

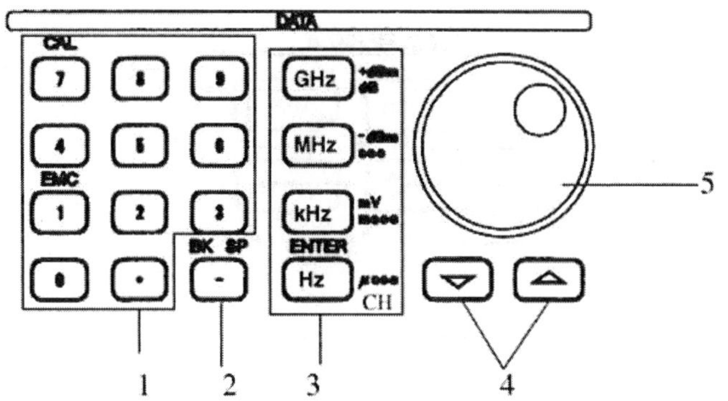

[그림 2-25] 데이터 섹션

〈표 2-5〉

	Control	설 명
1	TEN Key(확장기능 Key) EMC Key, CAL Key	숫자 Key(0～9)와 소수점 Key(.)가 있다. 또, SHIFT Key와 EMC 측정의 설정을 실행한다. 본 기기의 Calibration을 실행한다.
2	BK SP(－) Key	TEN Key 입력의 정정이나 마이너스(－) 등호의 입력을 실행한다.
3	단위 Key : GHz Key MHz Key kHz Key Hz(ENTER) Key	단위 선택과 수치의 설정을 실행한다. GHz, +dBm, dB 단위로 설정한다. MHz, -dBm, sec 단위로 설정한다. kHz, mV, msec 단위로 설정한다. Hz, μsec, CH 단위로 설정한다. 또, ENTER Key로 사용한다.
4	Step Key	Data를 Step 입력한다.
5	Data Knob	Data의 입력을 미세 조정한다.

(6) MAKER Section

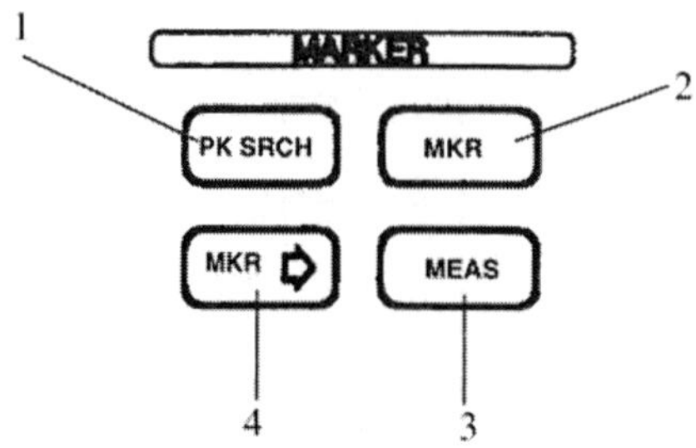

[그림 2-26] 마크 섹션

〈표 2-6〉

Control		설 명
1	PK SRCH Key	Trace의 Peak · Search를 실행한다.
2	MKR Key	Marker를 표시한다.
3	MEAS Key	측정 Mode를 설정한다.
4	MKR → Key	Marker 값을 기타의 Function의 Data로써 사용한다.

(7) CONTROL Section

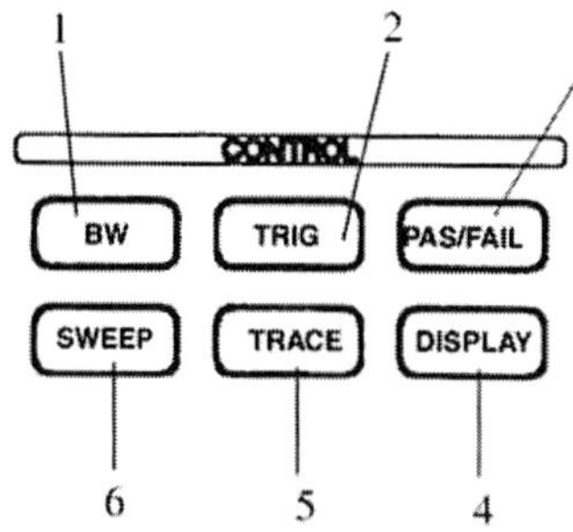

[그림 2-27] 제어 섹션

〈표 2-7〉

Control		설 명
1	BW Key	분해능대역폭(RBW)와 Video 대역폭(VBW)를 설정한다.
2	TRIG Key	Trigger 조건을 설정한다.
3	PAS/FAIL Key	Level · Window의 설정과 Pass/Fail의 판정을 실행한다.
4	DISPLAY Key	Display · Line, Reference · Level 등을 설정한다.
5	TRACE Key	Trace 기능을 설정한다.
6	SWEEP Key	소인시간을 설정한다.

(8) SYSTEM Section

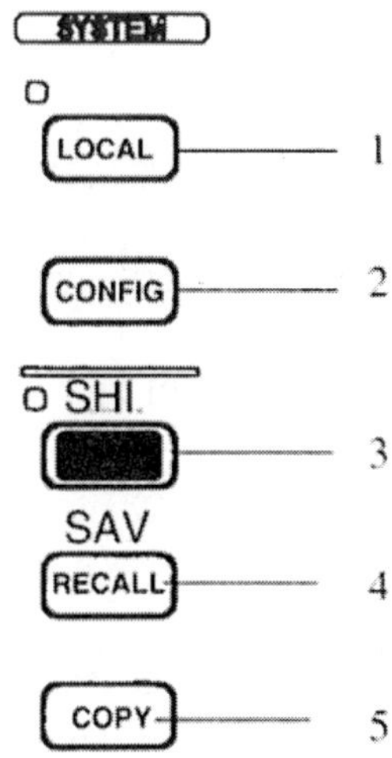

[그림 2-28] 시스템 섹션

〈표 2-8〉

Control		설 명
1	LOCAL Key REMOTE Lamp	GPIB에 의한 Remote · Control을 해제한다. (REMOTE Lamp 점등 시) Remote일 때 점등한다.
2	CONFIG Key PRESET Key(SHIFT, CONFIG)	Interface의 동작조건 등을 설정한다. 이 기기의 설정을 초기화한다.
3	SHIFT Key	Shift · Mode가 되고 Panel Key 상부의 청색 글자의 기능(Key의 확장기능)을 선택할 수 있다.
4	RECALL Key SAVE Key(SHIFT, RECALL)	Data 출력을 실행한다. Data의 보존을 실행한다.
5	COPY Key	화면 Data을 출력한다.

(9) 그 외의 Section

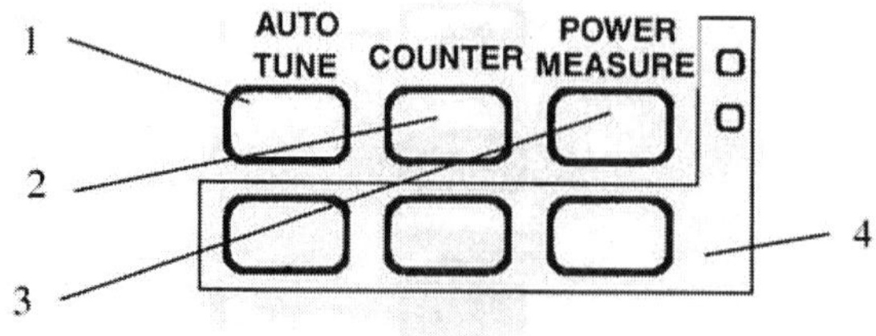

[그림 2-29] 기타

〈표 2-9〉

Control		설 명
1	AUTO TUNE Key	최대 Level의 신호를 자동적으로 검색한다.
2	COUNTER Key	주파수 Counter로 주파수측정을 실행한다.
3	POWER MEASURE Key	전력측정을 실행한다.
4		(미사용)

5.1.2 화면의 Annotation(주해 · 주석)

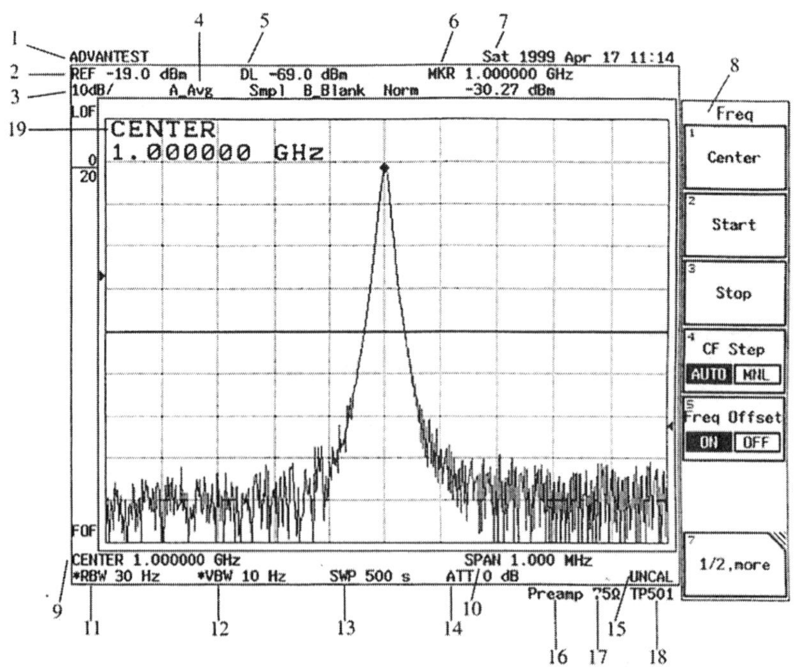

[그림 2-30] 화면의 Annotation

〈표 2-10〉

	Annotation	설 명
1	Title	다른 Data와 구별하기 위해 입력한 Title을 표시한다.
2	Reference · Level	Reference · Level의 설정값을 표시한다.
3	진폭 Scale	진폭 Scale의 눈금의 설정값을 표시한다.
4	Trace	선택되어 있는 Trace · Mode와 Detector · Mode를 표시한다.
5	Line · Setup 표시	Display · Line, Referance · Line을 표시한다.
6	Marker · Area	Marker의 주파수와 Level을 표시한다.
7	날짜	현재의 날짜와 시각을 표시한다.
8	Soft · Menu	Soft · Key에 대응한 Menu 표시이다.
9	중심주파수 또는 Start 주파수	중심주파수 또는 Start 주파수의 표시이다.
10	주파수 Span 또는 Stop 주파수	주파수 Span 또는 Stop 주파수의 표시이다.
11	분해능대역폭(RBW)	분해능대역폭의 설정값을 표시한다. Manual · Mode로 설정하면 RBW전에 *가 표시한다.
12	Video 대역폭(VBW)	Video 대역폭의 설정값, Manual · Mode로 설정하면 VBW전에 *가 표시한다.
13	소인시간	소인을 하는데 필요한 시간, Manual · Mode로 설정하면 SWP전에 *가 표시한다.
14	RF Attenuator	Attenuator 설정값, Manual · Mode로 설정하면 ATT 전에 *가 표시이다.
15	UNCAL Message	측정확도가 저하되고 있는 것을 표시한다.
16	Preamplifier	Preamplifier를 사용하고 있는 것을 나타내는 표시이다.
17	75Ω 입력표시	입력 Impedance가 75Ω로 설정되어 있는 것을 나타내는 표시(50Ω일 때는 표시되지 않는다)이다.
18	Trace · Point 표시	Trace · Point수가 501Point로 설정되어 있음을 나타내는 표시(1001 Point일 때는 표시되지 않는다)이다.
19	Active · Area	Active (Data 변경가능)한 기능과 그 값을 표시하는 Area이다.

5.1.3 후면 패널

여기서는 후면 패널(panel)을 표시하고 단자나 Connector를 설명한다.

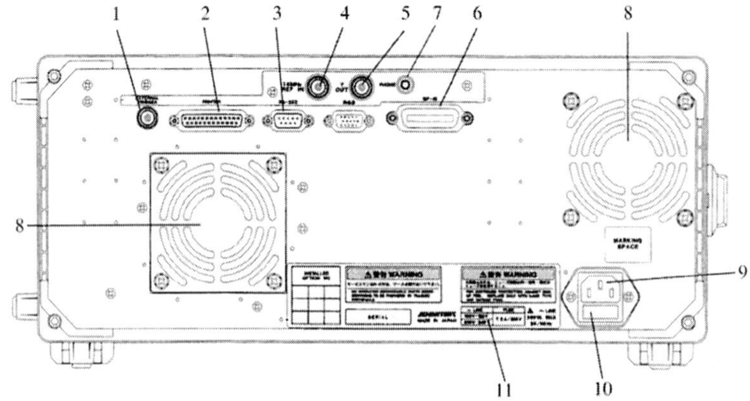

[그림 2-31] 후면 패널

〈표 2-11〉

Control		설 명
1	EXTERNAL TRIGGER 단자	입력 Impedance 약 10kΩ, TTL Level의 입력신호의 기동, 또는 기동(선택가능)으로 소인을 개시한다.
2	PRINTER Connector	Centronics 또는 Printer와 접속하는 Connector이다.
3	RS-232 Connector	RS-232 Interface로 Remote · Control할 때 외부 Controller와 접속하는 Connector이다.
4	10MHz REFERENCE INPUT 단자	10MHz 기준주파수 신호의 입력단자이다. 입력 : 약 500[Ω] 입력 Level 범위 : −10dBm∼+10dBm
5	Y-OUT 단자	10dB/[Div]의 Y신호 출력이다.
6	GPIB Connector	GPIB Cable로 외부 Controller를 접속할 때의 Connector이다.
7	PHONE Connector	AM/FM 복조음 호출력의 8[Ω] 이어폰 단자이다.
8	FAN	기기 내부온도의 상승을 방지하기 위한 배기구이다(주의 : 배기를 막지 않도록 한다).
9	AC 전원용 Connector	3Pin 구조로 중앙의 Pin은 Earth용의 단자이다.
10	Fuse Holder	Fuse가 수납되어 있고, 예비 Fuse도 1개이다.
11	Fuse 정보	기기의 사용 전원전압 범위와 Fuse의 규격을 표시한다.

5.2 기본조작

5.2.1 Menu 조작과 Data 입력

이 기기를 조작하기 위해서 Panel · Key와 Soft · Key를 사용하고, Panel Key를 누르면 화면의 우측에 Menu가 표시된다. 단, AUTO TUNE과 COPY처럼 Soft · Menu가 표시되지 않는 Panel Key도 있다.

Menu의 항목은 Soft · Key에 대응해서 배열되어 있고, Menu 항목을 선택하는 데는 대응하고 있는 Soft · Key를 눌러준다. Soft · Key를 누르면 Menu 항목이 표시되는 것도 있다. 다음 예는 Panel · Key와 Soft · Key의 기능에 대해서 표시한다.

(1) Menu의 선택

측정조건을 설정하기 위해 Panel Key를 누르고 설정하고 싶은 Menu를 선택하고 LEVEL을 누른다.

Active Area에 Reference · Level의 설정값이 표시되고 아래의 Level Menu가 화면 우측에 표시된다.

① Ref Level

② ATT AUTO/MNL

③ dB/Div

④ Linear

⑤ Units

⑥ Hi Sens ON/OFF

⑦ 1/2_more

(2) Data의 입력

Active · area에 설정값이 표시되어 있는 경우, Ten · Key, Step · Key, Data · Knob로 설정값을 변경할 수 있다.

① Ten · Key로의 Data 입력 : Ten · Key, 소숫점 Key, BK SP(Back Space) Key 및 마이너스(-) · Key를 사용해서 입력을 수정해 준다. Data를 입력하지 않은 상태에서 BK SP를 누르면 "-(마이너스)"가 입력된다. Ten · Key 입력

후, 단위(Enter) Key를 누르면 입력완료된다.

> 주 : 단위 Key를 눌러서 입력 완료하기 전에 다른 Panel · Key를 누르면 입력 Data가 무효가 된다.

(예) Ten · Key로 Reference · Level을 −20dBm으로 설정한다.
−, 2, 0, GHz(+dBm) 또는 2, 0, MHz(−dBm)을 누른다.

② Step · Key로의 Data 입력 : Step Key는 이미 정의된 Step Size로 Data를 입력하는 Key이다. Step Key의 ▼를 누르면 Data가 감소하고, ▲를 누르면 Data가 증가한다. Active Area 및 화면을 보면서 Step Key로 Data를 입력할 수 있다.

(예) Step · Key로 Reference · Level을 0dBm으로 설정한다.
Step · Key의 ▼를 누르면 Reference · Level이 −10.0dBm이 된다.
다시 한번 Step · Key의 ▲를 누르면 0.0dBm이 된다.

③ Data · Knob로의 data 입력 : Data Knob는 정해진 표시분해능에서 Data를 입력하는 Knob이다. 입력 Data의 미세조정에 매우 편리하다.

(예) Data Knob에서 Reference Level을 0.5dBm으로 설정한다.
Data · Knob를 시계방향으로 돌리면 Reference · Level이 0.1dBm씩 증가한다.
Active · Area의 표시가 0.5dBm이 될 때까지 돌린다.
반대로 반시계 방향으로 돌리면 0.1dBm씩 감소한다.

④ ACTIVE OFF : ACTIVE OFF를 누름에 따라 Active · Area의 표시를 삭제할 수 있다. Active Area의 표시가 삭제되어 있는 상태에서는 Data를 입력할 수 없다. Active Area의 표시로 복귀하려면 Active 하는 기능의 Panel · Key 또는 Soft · Key를 눌러 준다.

(3) Menu의 계층

Soft Menu에는 1/2_more를 눌러서 다음 Menu를 표시하는 것과 오른쪽 모서리에 Mark가 붙어 있는 Soft · Key를 눌러서 Serve · Key를 표시하는 것이 있다.

또, ON/OFF 및 AUTO/MNL가 같이 Soft · Key를 누를 때마다 설정이 변경되는 것도 있다. 이때 선택되어 있는 설정에 빨간 테두리가 표시된다. MKR을 누른다. 아래의 Marker Menu가 표시된다.

① Nomal

② Delta

③ Peak Menu

④ Sig Trace A/B

⑤ Marker OFF

⑥ 1/2_more

(4) SHIFT의 사용

SHIFT는 Panel · Key 상부의 청색 글자의 기능을 사용하기 위해 사용한다. 이것들의 기능은 다음 4가지가 있다.

① PRESET

② SAVE

③ CAL

④ EMC

Panel · Key의 상부에 기재되어 있는 청색 글자의 기능을 실행할 때에는 SHIFT를 누른 후 각각의 Key를 누른다. 청색 글자의 기능을 선택하기 전에 Shift · Mode를 Cancel 할 때 다시 한번 SHIFT를 눌러 준다. 녹색의 LED가 소등하고 Shift Mode가 무효가 된다.

또, SHIFT에는 Key Date 입력을 무효하게 하는 Hold 기능이 ON 된다. 이 때 Screen 우측 상단에 "HOLD"가 표시된다. 다시 한번, 녹색의 LED가 삭제될 때까지 SHIFT를 몇 초간 계속 누르고 있으면 Hold 기능이 해제된다.

제3장
고주파 신호발생기

01 개 요

1.1 고주파 신호발생기

신호발생기(signal generator)로서 고주파 범위의 신호를 발생시켜 각종 유무선 통신기기의 개발 및 품질시험에 유용하게 사용되어진다. 또한 임의 파형의 발생으로 시뮬레이션이 가능하며, GUI 타입으로 사용이 편리하며, 발생 주파수의 메모리 생성이 가능하다.

1.2 주요 성능

① 측정범위 : 250kHz～4GHz
② 출력전력 : +13dBm～−136dBm
③ 출력 레벨 : +7dBm～−120dBm
④ SSB 위상 노이즈 : −138dBc/Hz
⑤ FM 최대 편차 : 최대～40MHz
⑥ 레벨 정확도 : 0.5dBm

1.3 주요 용도

① 무선 통신기기 설계 및 개발
② RF 회로의 시험검사
③ 이동통신 기기의 유지 보수

02 시작하기

2.1 전원을 켜서 에러 메시지 체크하기

다음 절차는 Signal Generator의 전원을 켰을 때 내부 기기 체크에 에러가 없다는 것을 확인하는 것이다.

① 파워 스위치를 눌러 Signal Generator의 전원을 켠다. 녹색의 LED에 불이 들어올 것이고, 기기를 한 시간 정도 워밍업시킨다.

② Signal Generator에 전원이 순환되고(cycle), 녹색의 LED가 다시 불이 들어올 것이고, 기기가 체크를 수행할 것이다.

③ 디스플레이에 불이 들어왔을 때 만약 ERR 표시자가 나타나면 확인하기 위한 체크를 한다.

④ 만약 ERR 표시자에 불이 들어 오면 Utility〉Error Info를 눌러 큐(queue)에 있는 에러 메시지를 검토한다. 에러 메시지에 대한 정보는 에러 메시지 가이드를 참조한다.

⑤ 모든 에러 메시지에 대한 해결을 했으면 Clear Error Queue를 눌러 메시지를 지우고 나서 이 과정 2에 있는 절차를 다시 시작한다.

2.2 최대로 지정된 파워가 최대의 주파수에 가능한지 확인하기

다음 절차는 unleveled 한 파워 표시가 없고 최대로 지정된 주파수와 파워 레벨에서 에러 메시지가 없다는 것을 확인하는 것이다.

① 파워 센서를 가지고 파워 미터를 캘리브레이션(calibration)한다.

② [그림 3-1]과 같이 파워 센서를 Signal Generator의 RF Output 커넥터에 연결한다.

③ Signal generator를 처음 상태로 미리 조정하기(Preset)

㉠ Utility 〉 Power On/Preset을 눌러 Preset을 토글해서 Normal이 하이라이트되게 한다.

㉡ Preset을 누른다.

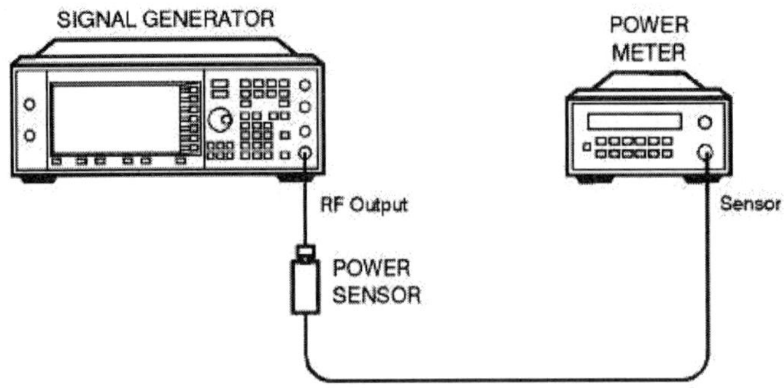

[그림 3-1] 연결 구성도

④ Signal generator를 최대로 지정된 주파수로 설정하기

㉠ Frequency를 누른다.

㉡ 숫자 키패드를 이용하여 최대로 지정된 주파수를 기입한다(E4437B-4GHz).

㉢ GHz 소프트키를 눌러 선택한 엔트리를 종료한다(terminate).

⑤ Signal generator를 최대로 지정된 파워로 설정하기

㉠ Amplitude를 누른다.

㉡ 숫자 키패드를 이용하여 최대로 지정된 파워를 기입한다(E4437B−+7dBm).

㉢ dBm 소프트키를 눌러 선택한 엔트리를 종료한다(terminate).

⑥ RF 파워 RF Output 커넥터로 켜기 위해서 앞쪽 패널의 RF ON/OFF키를 토글한다. 그러면 디스플레이에 RF on이라는 표시가 나타난다.

⑦ 파워 미터가 파워 레벨을 포함한 최대로 지정된 출력 파워를 읽는지 확인한다.

⑧ UNLEVEL이나 ERR 디스플레이 표시자가 켜졌는지 확인한다. 만약 이 표시자가 켜졌으면 문제해결(troubleshooting) 정보를 참고한다.

2.3 전면 패널 설명

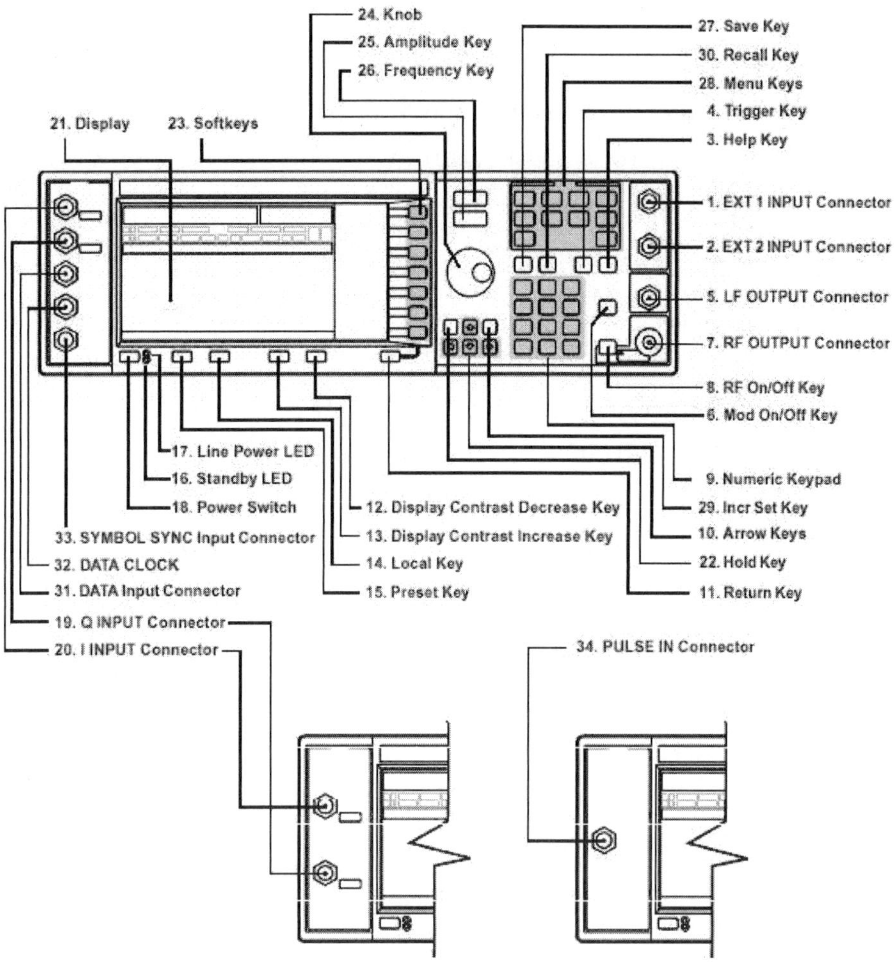

[그림 3-2] 각 부 명칭

2.3.1 EXT 1 INPUT Connector

Female BNC 입력 커넥터로 FM, ϕM, AM을 위한 1-V_{PK}를 받아들인다. 이러한 모든 Modulations과 V_{PK}이 지시된(indicated) 편차(deviation)와 깊이(depth)를 만들어낸다. 입력 임피던스는 50Ω이고, 손상 레벨은 5V_{rms}, 10V_{PK}이다. 만약 사용자가 옵션 1EM을 사용한다면 이 입력단자는 뒤쪽 패널로 옮겨진다.

2.3.2 EXT 2 INPUT Connector

Female BNC 입력 커넥터로 FM, ϕM, AM 그리고 펄스 modulation을 위한 1-V_{PK}를 받아들인다. FM, ϕM, AM과 V_{PK}이 지시된(indicated) 편차(deviation)와 깊이(depth)를 만들어낸다. 펄스 modulation과 +1V가 on되고 0V가 off된다.

입력 임피던스는 50Ω이고, 손상 레벨은 5V_{rms}, 10V_{PK}이다. 만약 사용자가 옵션 1EM을 사용한다면 이 입력단자는 뒤쪽 패널로 옮겨진다.

2.3.3 Help Key

앞쪽 패널의 Hard Key나 Soft Key의 기능에 대한 짧은 설명을 원하면 이 키를 누른다. 한번 더 누르면 일반적인 측정상태로 되돌아온다.

2.3.4 Trigger Key

Step이나 list Sweep와 같은 이벤트를 시작하기 위해서 이 Hard Key를 누른다. 이 키는 이벤트와 연결되어 있는 Soft Key 메뉴에 위치한 Trigger Key, Soft Key를 누름으로써 이벤트를 활성화하기 위한 방법으로서 먼저 선택되어져야 한다.

2.3.5 LF OUTPUT connector

이 Female BNC 케이블은 LF(Low Frequency) Source function generator에 의해 생성되어지는 Modulation signal을 위한 Output connector이다.

2.3.6 Mod On/Off Key

이 Hard Key는 Modulation signal을 On/Off 토글한다. 사용자가 여러 가지 Modulation 상태들을 설정하고 가능하게 하더라도, RF carrier는 Mod On/Off가 On되었을 때 Modulate 된다. 표시자(annunicator)는 디스플레이에 항상 켜져 있어 Modulation이 켜져 있는지 꺼져 있는지를 표시해준다.

2.3.7 RF OUTPUT Connector

이 female Type-N Connector는 RF signal의 output connector이다. 소스 임피던스는 50Ω이고 손상 레벨은 최대 50V_{dc}, 50W(2GHz), 25W(>2GHz). 그렇지만 역전원 방지회로(reverse power protection circuit)가 명목상으로 1W(watt)로 방지(trip)한다. 만약 사용자가 옵션 1EM을 사용한다면 이 출력단자는 뒷쪽 패널 female Type-N Connector로 옮겨진다.

2.3.8 RF On/Off Key

이 Hard Key는 RF OUTPUT Connector에서 RF signal을 On/Off 토글한다. 표시자(annunicator)는 디스플레이에 항상 켜져 있어 RF가 켜져 있는지 꺼져 있는지를 표시해준다.

2.3.9 Numerical Keypad

Numeric Keypad는 0에서 9까지 Digit Key와 Decimal Point Key 그리고 Backspace Key로 구성된다. Backspace Key는 Backspace와 +/-를 변경할 수 있는 두 가지 기능으로 되어 있다. 이러한 키는 값 입력을 요구하는 기능이 있을 때 사용한다.

2.3.10 Arrow Key

위와 아래쪽 화살표는 숫자값을 증가하거나 감소할 때 사용한다. 사용자는 또한 이러한 키들을 디스플레이된 리스트의 아이템들을 선택하기 위한 스크롤로 사용할 수 있다. 왼쪽, 오른쪽 화살표 키는 활성화된 기능 디스플레이에서 하이라이트된 숫자를 선택하고 그 숫자는 위쪽, 아래쪽 화살표나 노브를 돌려 변경할 수 있다. 사용자는 또한 이러한 키를 리스트의 열에서 한 아이템을 선택하는데 사용할 수 있다.

2.3.11 Return Key

이 Return Key는 현재의 활성화된 기능을 취소하고 현재의 소프트키 메뉴에서 이전의 소프트 메뉴로 이동한다. 그것은 사용자가 그 키의 첫번째 메뉴를 눌렀을 때 현재의 Hard Key 메뉴를 통해 되돌려진다.

2.3.12 Display Contrast Decrease Key

디스플레이에서 글자와 비교하여 백그라운드를 어둡게 하려면 이 키를 누르고 있는다.

2.3.13 Display Contrast Increase Key

디스플레이에서 글자와 비교하여 백그라운드를 밝게 하려면 이 키를 누르고 있는다.

2.3.14 Local Key

Signal Generator를 Remote Control에서 앞쪽 패널의 Local Control로 변경하고자 하면 이 키를 누른다.

2.3.15 Preset Key

Signal Generator를 초기상태 혹은 사용자 정의 상태와 같은 알고 있는 상태로 설정하기 위하여 이 키를 누른다.

2.3.16 Standby LED

이 노란 LED는 기기가 Standby 상태일 때 불이 들어온다. Standby 상태에서 전원 스위치는 꺼져 있지만, 기기는 여전히 전원 코드에 의해서 메인 파워 회로와 연결되어 있다.

2.3.17 Line Power LED

녹색 LED는 전원이 Signal Generator에 되돌아(cycle)올 때 켜진다.

2.3.18 Power Switch

Signal Generator의 전원을 켜거나 Standby 상태로 하려면 이 키를 누른다.

2.3.19 Q INPUT Connector

이 커넥터는 외부에서 공급되어지는 Analog, I/Q modulation의 Quadrature-phase Component를 받아들인다. 신호 레벨은 출력 레벨을 캘리브레이트(calibrate)하기 위함이다. 입력 임피던스는 50Ω이고 손상 레벨은 $1V_{rms}$이다. 이 female BNC 커넥터는 ESG-D와 ESG-DP 시리즈 Signal Generator에 제공된다. 만약 사용자가 옵션 1EM을 사용한다면 이 입력단자는 뒤쪽 패널 female BNC Connector로 옮겨진다.

2.3.20 I INPUT Connector

이 커넥터는 외부에서 공급되어지는 Analog, I/Q modulation의 Quadrature-phase Component를 받아들인다. 신호 레벨은 출력 레벨을 캘리브레이트(calibrate)하기 위함이다. 입력 임피던스는 50Ω이고 손상 레벨은 $1V_{rms}$이다. 이 Female BNC 커넥터는 ESG-D와 ESG-DP 시리즈 Signal Generator에 제공된다. 만약 사용자가 옵션 1EM을 사용한다면 이 입력단자는 뒤쪽 패널 Female BNC Connector로 옮겨진다.

2.3.21 Display

LCD Display는 Modulation 상태, 주파수와 진폭 세팅, 상태 표시자, 에러 메시지와 같은 현재 기기의 정보를 제공한다. 그들 부근의(adjacent) 키들과 일치하는 소프트키 라벨은 디스플레이의 오른쪽에 위치한다.

2.3.22 Hold Key

현재의 활성화된 기능들을 비활성화 하고 소프트 메뉴를 보이지 않게(blank) 하려면 이 하드키를 누른다. 일단 이 Hold가 눌려지면 앞쪽 패널의 노브, 화살표 키, 숫자 키패드를 사용할 수가 없다. 일반 명령으로 돌아가려면 기능(function)이나 메뉴 하드키를 누른다.

2.3.23 Soft Keys

디스플레이에서 일치하는 라벨에 의해서 표시되는(indicate) 기능을 활성화하기 위해 이 키를 누른다.

2.3.24 Knob

노브는 숫자값을 증가시키거나 감소시킨다. 숫자 키패드나 스텝 키들에 의해 설정된 어떤 값들은 노브에 의해서 설정될 수 있다.

2.3.25 Amplitude Key

파워 레벨 진폭 펑션을 활성화하기 위해 이 키를 누른다. 그러면 사용자는 RF 출력의 진폭을 변경할 수 있다.

2.3.26 Frequency Key

주파수 펑션을 활성화하기 위해 이 키를 누른다. 그러면 사용자는 RF 출력의 주파수를 변경할 수 있다.

2.3.27 Save Key

이 하드키는 사용자가 100개의 메모리 레지스터와 10개의 메모리 시퀀스(sequences)를 조합하여 100개의 다른 기기 상태를 저장하게 한다. 그렇지만 사용자가 저장할 수 있는 상태수는 파일 시스템에 저장되는 것이 무엇이든 간에

(whatever else) 사이즈에 의해 제한받는다.

2.3.28 Menu Key

이러한 하드키들은 신호 제너레이터의 주요한 기능(functionality)들을 액세스(access)를 제공한다. 사용자가 modulation, step, list sweep, 여러 가지 주파수와 파워 능력(capabilities)을 만들(configure) 수 있는 소프트키 메뉴를 액세스하기 위해 이러한 키를 누른다.

2.3.29 Incr Set Key

이 하드키는 현재 활성화된 펑션과 그 펑션을 위한 증가 크기(increment size) 사이를 토글한다. Increment size가 선택되었으면 사용자는 현재의 증가값을 변경할 수 있다.

2.3.30 Recall Key

이 하드키는 사용자가 이전에 메모리 레지스터에 저장했던 어떤 기기 상태를 복원한다. 사용자는 100개의 메모리 레지스터와 10개의 메모리 시퀀스(sequences)를 조합하여 100개의 다른 기기 상태를 저장할 수 있다. 그렇지만 사용자가 저장할 수 있는 상태수는 파일 시스템에 저장되는 것이 무엇이던 간에(whatever else) 사이즈에 의해 제한받는다.

2.3.31 Data Input Connector

TTL/CMOS compatible DATA 커넥터는 디지털 Modulation 적용(application)을 위한 외부적으로 공급되는 데이터 입력을 받아들인다. 예상되는(expected) 입력은 TTL 혹은 CMOS 신호이다. 여기서 CMOS high는 data 1로, CMOS low는 data 0으로 동등하게 된다.

만약 사용자가 그 데이터를 공급하면 최대 입력 데이터 레이트(rate)는 50Mb/s이다. 만약 신호 제너레이터가 그 데이터의 어떤 것을 공급한다면 최대 레이트는

5Mb/s이다. 읽은 에지(edge)는 DATA CLOCK rising edge와 동기화해야 한다. 그 데이터는 DATA CLOCK falling edge에 유효화(valid on)된다. 손상 레벨은 〉 + 8V 그리고 〈 -4V이다.

Female BNC 커넥터는 옵션 UN8 기기에 제공된다. 이것은 또한 옵션 UND 기기에서 but not function을 보여준다(present). 옵션 1EM 기기에서는 이 입력은 뒤쪽 패널 SMB 커넥터로 재배치된다.

2.3.32 DATA CLOCK Input Connector

TTL/CMOS compatible DATA CLOCK 커넥터는 디지털 Modulation 적용(application)을 위한 외부적으로 공급되는 data-clock 입력을 받아들인다. 예상되는(expected) 입력은 TTL 혹은 CMOS 신호(비트 혹은 심벌)인데 거기서 Rising edge는 시작 데이터 비트로 정렬된다(aligned). CMOS falling edge는 DATA와 SYNC 신호를 Clock하기 위해 사용된다.

만약 사용자가 그 데이터를 공급하면 최대 clock rate는 5MHz이다. 신호 제너레이터가 그 데이터의 어떤 것을 공급한다면 최대 레이트는 5MHz이다. 손상 레벨은 〉 + 8V 그리고 〈 -4V이다.

Female BNC 커넥터는 옵션 UN8 기기에 제공된다. 이것은 또한 옵션 UND 기기에서 but not function을 보여준다(present). 옵션 1EM 기기에서는 이 입력은 뒤쪽 패널 SMB 커넥터로 재배치된다.

2.3.33 SYMBOL SYNC Input Connector

TTL/CMOS compatible SYMBOL SYNC 커넥터는 외부 소스로부터 digital-modulation symbol synchronization 신호를 받아들인다.

이 신호는 serial multi-bit symbol transmission을 동기화한다. 예상되는 신호는 연속적이거나 싱글이고 one-bit wide pulse가 첫번째 심벌의 첫번째 비트로 동기화된다. CMOS rising edge는 DATA CLOCK rising edge와 동기화되어야만 한다. 동기화된 신호는 DATA CLOCK falling edge에 유효화(valid on)되어야 한다. 손상 레벨은 〉 +8V 그리고 〈 -4V이다.

Female BNC 커넥터는 옵션 UN8 기기에 제공된다. 이것은 또한 옵션 UND 기기에서 but not function을 보여준다(present). 옵션 1EM 기기에서는 이 입력은 뒤쪽 패널 SMB 커넥터로 재배치된다.

2.3.34 PULSE IN Connector

이 커넥터는 외부적으로 공급되는 TTL-compatible 펄스 신호를 받아들인다. 펄스 신호는 Fast Pulse Off On 소프트키 혹은 SCPI 명령에 의해 활성화된다. 이 커넥터의 최대 입력은 15볼트이다. Female BNC 커넥터는 옵션 1E6에만 제공된다.

2.4 디스플레이 표시자 설명

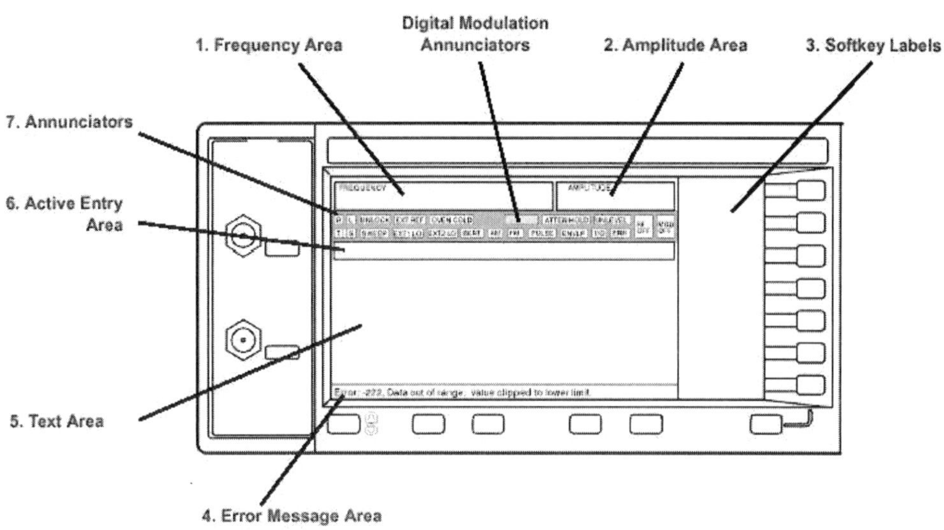

[그림 3-3] 디스플레이 표시부

2.4.1 Frequency Area

현재의 CW 주파수 세팅이 디스플레이의 이 부분에 표시된다. 표시자(indicators) 또한 주파수가 Offset 혹은 Multiplier가 Set 될 때 혹은 주파수 Reference 모드가 켜지면 이 영역에 표시된다.

2.4.2 Amplitude Area

현재의 출력 파워 레벨 세팅이 디스플레이의 이 부분에 보여진다. 표시자(indicators) 또한 진폭 Offset이 Set될 때 혹은 진폭 Reference 모드가 켜지면 이 영역에 표시된다.

2.4.3 Soft Key Labels

이러한 라벨들은 라벨의 오른쪽에 인접한 소프트키와 일치하는 펑션을 정의한다.

2.4.4 Error Message Area

단축된(abbreviated) 에러 메시지가 이 영역에 보여진다. Multiple 에러 메시지가 발생했을 경우 단지 가장 최근의 메시지가 디스플레이에 남는다. 보고된 모든 에러 메시지는 Utility 〉 Error Info 〉 View Next Error Message.를 눌러서 자세히 확인한다.

2.4.5 Text Area

이 영역은 Modulation 상태와 같은 신호 Generator에 대한 정보 상태를 디스플레이하거나 Sweep List를 만드는 정보를 기입(enter)하거나 파일의 카탈로그를 디스플레이하거나 원하지 않는 파일을 지우는 것과 같은 정보를 관리하는데 사용되어진다.

2.4.6 Active Entry Area

현재 활성화된 펑션이 이 영역에 보여진다. 예를 들면 만약 주파수가 활성화된 펑션이면 현재의 세팅은 이 활성화 엔트리 영역에 디스플레이될 것이다. 그리고 그 세팅은 사용자가 새로운 값을 기입할 때 변할 것이다. 만약 그 활성화된 펑션이 그것과 연관된(associate) 증가값을 가지면 그 값은 여기에 또한 디스플레이된다.

2.4.7 Annunciators

다음 리스트에 서술된 디스플레이 표시자들은 Signal Generator 펑션들의 몇몇 상태(status)를 보여주고, 어떤 에러 상태들(conditions)을 표시한다. 표시자 위치는 digital modulation 표시자와 함께 한 표시자 이상으로 사용되는데 이것은 문제가 되지 않는다. 왜냐하면 한 위치를 공유하고 있는 펑션 중의 하나만이 한 번에 활성화된다.

① ☞M : 이 표시자는 Phase Modulation이 켜졌을 때 나타난다. 두번째 표시자 Fm은 주파수 Modulation이 켜졌다면 동일한 위치에 표시된다. 주파수 Modulation과 Phase Modulation은 동시에 켜질 수 없다. 그래서 두 표시자는 결코 충돌하지 않는다.

② ALC OFF : 이 표시자는 Automatic Leveling Control(ALC) Circuit이 사용할 수 없을 때 나타난다. 두번째 표시자 UNLEVEL은 Signal Generator의 Automatic Level Control이 출력 레벨을 유지할 수 없다면 이 위치에 나타난다. ALC를 사용할 수 없으면(disable) unleveled 표시자는 아무 의미도 가지지 않고 두 표시자는 결코 충돌하지 않는다.

③ AM : 이 표시자는 amplitude modulation이 켜졌을 때 나타난다.

④ ARMED : 이 표시자는 sweep가 초기화되고 signal generator가 sweep trigger event를 기다릴 때 표시된다.

⑤ ATTEN HOLDE : 이 표시자는 attenuator hold 펑션이 켜졌을 때 표시된다. 이것이 켜지면 표시자는 현재의 세팅대로 동결(frozen)시킨다.

⑥ BERT : 이 표시자는 옵션 UN7일 때 bit error rate test, 옵션 300일 때 base station BERT extension 펑션이 켜졌을 때 표시된다.

2.4.8 Digital Modulation Annunciators

모든 digital modulation 표시자는 동일한 위치에 표시되나 충돌은 없다. 왜냐하면 이들 펑션 중에 오직 하나만이 주어진 시간에 활성화되기 때문이다.

① ENVLP : 이 표시자는 Burst Envelope Modulation이 켜졌을 때 나타난다. 이 표시자는 오직 ESG-D와 ESG-DP 시리즈 Signal Generator에만 표시된다.

② ERR : 이 표시자는 에러 메시지가 에러 Queue에 놓여 있으면 나타난다. 이 표

시자는 모든 에러 메시지가 보이거나 에러 Queue가 클리어되었을 때 꺼진다. 사용자는 Utility Menu를 이용하여 에러 메시지를 보거나 지울 수 있다.

③ EXT1 LO/HI : 이 표시자는 EXT1 LO와 EXT1 HI사이를 토글한다. 이 표시자는 AC-coupled 신호가 EXT1 입력으로 0.97V_{PK}보다 작거나 1.03V_{PK}보다 클 때 나타난다.

④ EXT2 LO/HI : 이 표시자는 EXT2 LO와 EXT2 HI사이를 토글한다. 이 표시자는 AC-coupled 신호가 EXT2 입력으로 0.97 V_{PK}보다 작거나 1.03 V_{PK}보다 클 때 나타난다.

⑤ EXT REF : 이 표시자는 외부 1, 2, 5, 10MHz 주파수 레프런스가 사용되었을 때 나타난다.

⑥ FM : 이 표시자는 frequency modulation이 켜졌을 때 나타난다. 두번째 표시자 ☞M은 phase modulation이 켜졌다면 동일한 위치에 표시된다. 주파수 modulation과 phase modulation은 동시에 켜질 수 없다. 그래서 두 표시자는 결코 충돌하지 않는다.

⑦ I/Q : 이 표시자는 I/Q Modulation이 켜졌을 때 나타난다. 이 표시자는 오직 ESG-D와 ESG-DP 시리즈 Signal Generator 에만 표시된다.

⑧ L : 이 표시자는 Signal Generator가 Listen 모드에 있고 GPIB나 RS232로 정보나 명령을 받을 때 표시된다.

⑨ MOD OFF : 이 표시자는 MOD OFF와 MOD ON사이를 토글하며 항상 디스플레이에 표시된다. 이 표시자는 사용자가 Enable한 Modulation이 RF Carrier를 Modulate 하든지 안하든지 표시된다.

⑩ OVEN COLD : 이 표시자는 Internal Ovenized Reference Oscillator(ESG-AP, ESG-DP, 옵션 1E5)의 온도가 Acceptable Level 아래로 떨어질 때 나타난다. 이 표시자가 켜지면 주파수 정확도가 떨어진다. 이 상태는 오직 Signal Generator가 파워 라인으로부터 떨어져 있을 때 발생한다. 표시자는 일정한 시간이 지나 자동적으로 꺼진다.

⑪ PULSE : 이 표시자는 Pulse Modulation이 켜졌을 때 표시된다.

⑫ R : 이 표시자는 Signal Generator가 GPIB Operation을 원격 조정할 (remote) 때 표시된다.

⑬ RF OFF : 이 표시자는 RF OFF와 RF ON 사이를 토글하며 항상 디스플레이에

표시된다. 이 표시자는 RF Signal이 RF OUTPUT connector에 있던 그렇지 않든 간에(whether) 표시된다.

⑭ S : 이 표시자는 signal generator가 GPIB를 통해 service request(SRQ)를 제너레이트할 때 표시된다.

⑮ SWEEP : 이 표시자는 signal generator가 리스트나 스텝 모드를 스위프할 때 나타난다.

⑯ T : 이 표시자는 signal generator가 talk 모드에 있고 GPIB나 RS232로 정보를 보낼 때 표시된다.

⑰ UNLEVEL : 이 표시자는 signal generator가 정확한 출력 레벨을 유지할 수 없을 때 나타난다. UNLEVEL 표시자는 측정 실패표시를 필요치 않다. Unleveled 상태들은 일반 명령동안 발생할 수 있다. 예를 들면 만약 I/Q modulation이 켜졌다면 어떤 I/Q 신호들도 연결되지 않았다. 두번째 표시자 ALC OFF는 automatic leveling control 회로를 사용할 수 없을(disable) 때 동일한 위치에 나타난다. ALC가 disable되었을 때 UNLEVEL 표시자는 아무 의미가 없다. 그래서 이러한 표시자들은 결코 충돌하지 않는다.

⑱ UNLOCK : 이 표시자는 signal generator의 phase의 어떤 것이 phase lock을 유지할 수 없는 loops를 lock했을 때 나타난다. 사용자는 에러 메시지를 심문(interrogate)함으로써 어떤 loop가 unlock되었는지 결정할 수 있다.

2.5 후면 패널 설명

[그림 3-4]는 주변의 각 부 명칭이다.

2.5.1 AC Power Receptacle

Power coder receptacle은 3-pronged cable을 받아들이고 라인 볼테이지가 여기로 연결된다.

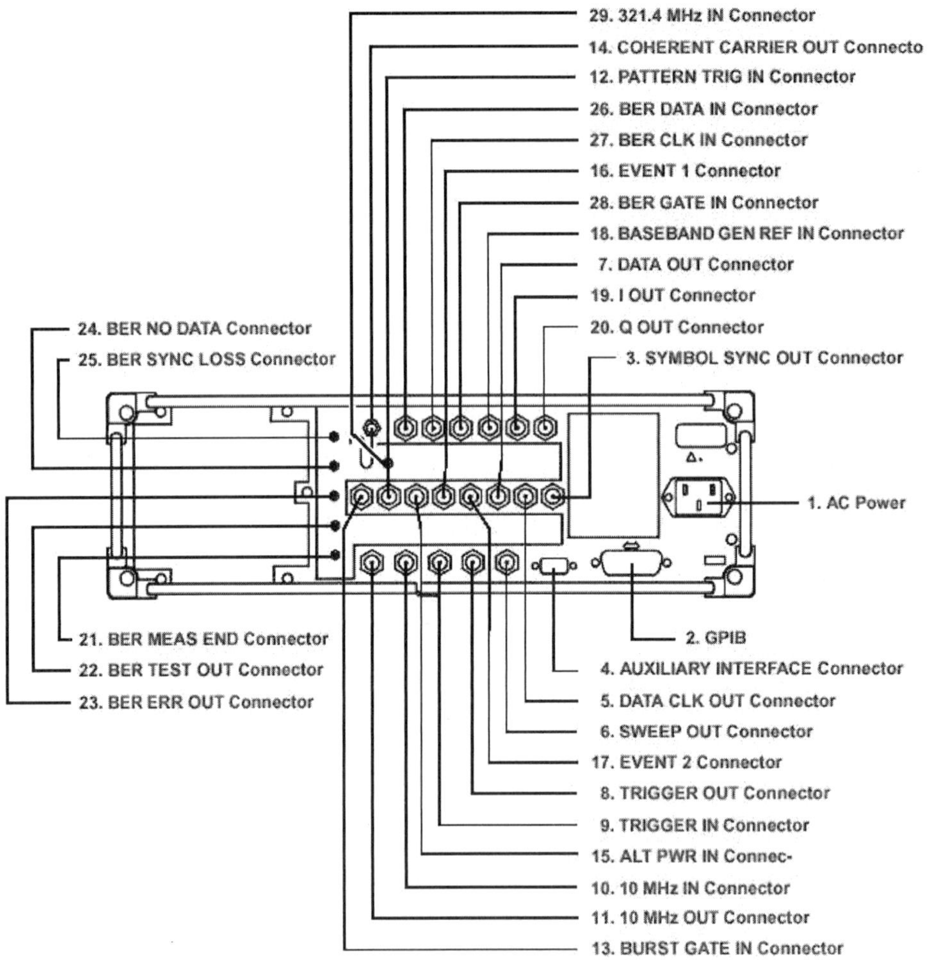

[그림 3-4] 후면 각 부 명칭

2.5.2 GPIB connector

GPIB 커넥터는 외부 컨트롤러와 같은 적합한 디바이스와 통신하는데 사용된다. 이것은 기능적으로 AUXILIARY INTERFACE 커넥터와 동등하다.

2.5.3 SYMBOL SYNC OUT connector

TTL/CMOS compatible SYMBOL SYNC OUT 커넥터는 한 심벌 동기화된 펄스, a symbol data clock wide를 digital modulation application에서 사용하기 위해

출력한다. 펄스 출력은 내부 패턴 제너레이트 순서(sequence)에서 첫번째 심벌에 동기화된다. 손상 레벨은 +8보다 크고 -4V보다 작다. 이 female BNC 커넥터는 옵션 UND, UN8 기기에만 제공된다. 만약 옵션 1EM이면 이 출력은 BNC에서 SMB 커넥터로 바뀐다. 옵션 201이면 사용자는 이 커넥터를 위해 여러 다른 출력을 선택할 수 있다.

2.5.4 AUXILIARY INTERFACE Connector

이 male DB-9 커넥터는 RS-232 시리얼 포트로 signal generator를 원격으로 제어하기 위해 사용된다. 이것은 기능적으로 GPBI 커넥터와 동일하다. [그림 3-5]는 핀에 대한 설명이다.

Pin Number	Signal Description	Signal Name
1	No Connection	
2	Receive Data	RECV
3	Transmit Data	XMIT
4	+5 V	
5	Ground, 0 V	
6	No Connection	
7	Request to Send	RTS
8	Clear to Send	CTS
9	No Connection	

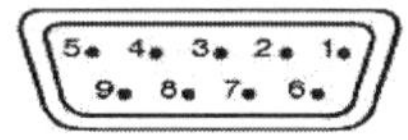

[그림 3-5] 9핀 커넥터 핀번호

2.5.5 DATA CLK OUT Connector

DATA CLK OUT 커넥터는 Digital Modulation Data를 위해 clock signal을 출력한다. 출력신호 레벨은 TTL이나 CMOS로 데이터 비트의 시작으로 Rising Edge되고, 데이터나 심벌 동기화 신호가 유효할 때 Falling Edge가 발생한다.

2.5.6 SWEEP OUT

Female BNC 커넥터는 0~10V를 제공한다. Signal Generator가 Sweep할 때 SWEEP OUT 신호는 Sweep 시작시의 0V에서 Sweep Width와 상관없는 Sweep의 끝의 10V로 변한다(range). CW 모드에서 이 커넥터는 출력이 없다. 출력 임피던스는 1Ω보다 작고 2kΩ까지 사용(drive)할 수 있다.

2.5.7 DATA OUT Connector

DATA OUT 커넥터는 DATA 입력이나 외부 패턴 제너레이트로부터 외부적으로 제공되는 신호들로부터 소스가 되는 digital modulation data를 출력한다. 출력신호 레벨은 TTL이나 CMOS 신호로 CMOS high는 data 1로 CMOS low는 data 0으로 매핑된다. 이 female BNC 커넥터는 옵션 UND, UN8 기기에만 제공된다. 만약 옵션 1EM이면 이 출력은 BNC에서 SMB 커넥터로 바뀐다. 옵션 201이면 사용자는 이 커넥터를 위해 여러 다른 출력을 선택할 수 있다.

2.5.8 TRIGGER OUT Connector

Female BNC 커넥터는 Dwell Sequence의 시작에 혹은 Manual Sweep 모드에서 Point 트리거를 위한 Waiting의 시작에 high가 되는 그리고 dwell이 over되었을 때 혹은 포인터 트리거가 받아졌을 때 혹은 LF sweep 동안 once per sweep 되었을 때 low가 되는 TTL 신호를 출력한다. 로직(logic) 극성은 반대가 될 수 있다.

2.5.9 TRIGGER IN Connector

Female BNC 커넥터는 manual sweep mode에서 point to point나 혹은 외부 sweep 모드에서 LF sweep와 같은 명령(operation)을 트리거하기 위해 TTL 신호를 받아들인다. 트리거는 상승 에지(edge) 혹은 하강 에지에서 발생할 수 있다. 손상레벨은 10V보다 크거나 -4V보다 작다.

2.5.10 10MHz IN Connector

이 female BNC 커넥터는 10ppm(표준 타임 베이스) 혹은 1ppm(높은 안정 타임 베이스) 사이의 외부 타임 베이스 레퍼런스로부터 -3.5에서 +20dBm 신호를 받아들인다. 아주 적은 (nominal) 입력 임피던스는 50Ω이다. Signal generator는 유효한 레퍼런스 신호가 이 커넥터에 나타나고(present) 자동적으로 내부에서 외부 레퍼런스 명령으로 전환할 때 감지한다.

2.5.11 10MHz OUT Connector

이 female BNC 커넥터는 +7dBm +2dB와 50Ω의 출력 임피던스의 노미널(nominal)한 신호 레벨을 제공한다. 정확성은 사용된 타임베이스에 의해 결정된다.

2.5.12 PATTERN TRIG IN Connector

이 입력은 TTL/CMOS low에서 TTL/CMOS high로 혹은 TTL/CMOS high에서 TTL/CMOS low edge trigger를 받아들인다. 최소 트리거 입력 펄스폭, high 혹은 low는 100ns이다. 손상 레벨은 +8보다 크거나 -4V보다 작을 때이다. 이 female BNC 커넥터는 옵션 UN8 혹은 UND 기기에만 적용된다. 옵션 1EM이면 이 입력은 BNC에서 SMB 커넥터로 변경된다.

2.5.13 BURST GATE IN Connector

BURST GATE IN 커넥터는 digital modulation 응용에서 burst power를 게이팅(gating)하기 위해 TTL 혹은 CMOS 신호를 받아들인다. Burst gating은 사용자가 외부적으로 데이터와 클럭 정보를 공급할 때 사용된다. 이 입력신호는 burst하는 동안 출력되는 외부 데이터 입력에 동기화되어야 한다. Burst Power Envelope와 모듈레이트된 데이터는 내부적으로 딜레이되고 재동기화된다. 입력신호는 보통의 burst RF power 혹은 CW RF output power를 위해 CMOS는 high가 되어야 하고 RF off를 위해서는 CMOS가 low가 되어야 한다.

Leading edge는 DATA CLOCK rising edge에 동기화되어야 한다. 신호 레벨은

DATA CLOCK falling edge에 유효화되어야 한다. 손상 레벨은 +8보다 크거나 -4V보다 작을 때이다. 이 female BNC 커넥터는 옵션 UN8 혹은 UND 기기에만 적용된다. 옵션 1EM이면 이 출력은 BNC에서 SMB 커넥터로 변경된다. 옵션 201이면 이 커넥터는 even second 동기 입력으로 사용되어진다.

2.5.14 COHERENT CARRIER OUT Connector

이 커넥터는 AM, pulse, I/Q modulation을 조절하지 않고 FM 혹은 AM을 조절하는 RF를 출력한다. Output power는 명목상으로(nominally) 0dBm~5dB이다. 출력 주파수 범위는 249.99900001MHz에서 기기에 설정된 최대 주파수까지이다. 만약 RF 출력 주파수가 이 범위 아래면 COHERENT CARRIER OUT 신호는 아래의 주파수를 가질 것이다. coherent carrier 주파수는 (1E9 - RF 출력의 주파수)Hz. 손상 레벨은 20V_{dc} 그리고 13dBm 반대(reverse) RF power. 이 SMA 커넥터는 ESG-D와 ESG-DP 시리즈 기기에만 적용된다.

2.5.15 ALT PWR IN Connector

이 BNC 커넥터는 외부 데이터와 alternate power 신호 타이밍의 동기화를 위한 CMOS 신호를 받아들인다. 손상 레벨은 +8보다 크거나 -4V보다 작을 때이다. 이 커넥터는 오직 옵션 UNA와 201에만 적용된다. 옵션 201에서는 이 커넥터는 Long Code State Latch strobe 입력으로 사용된다.

2.5.16 EVENT 1 Connector

옵션 UN8이 켜지면 TTL/CMOS 양립하는(compatible) 커넥터는 데이터 패턴, 프레임 혹은 timeslot의 시작을 트리거하기 위해 사용될 수 있는 한 펄스를 내보낸다. 이것은 펄스 혹은 resolution의 한 비트에 마이너스 1 timeslot 안에서 조절할 수 있다.

옵션 UN5(옵션 UN5는 옵션 UND 하드웨어를 요구한다.)가 켜지면 even second output이 일어난다(generate). 하나의 마크가 CDMA analysis 기기를 동기화할 때 사용하기 위한 각 short code sequence의 시작의 표시를 매 2초에 출력한다.

옵션 UND가 켜지면 각 웨이브 포인터와 관련된 On/Off 상태가 마크된다. 마크(positive polarity가 선택되어지면 TTL은 high, negative polarity가 선택되어지면 TTL은 low)는 Marker 1이 이 웨이브 폼일 때마다 EVENT 1을 출력한다.

2.5.17 EVENT 2 Connector

옵션 UN8이 켜지면 TTL/CMOS 양립하는(compatible) 커넥터는 외부 장비를 gating하기 위한 데이터 가능한 신호를 출력한다. 이 출력은 외부 데이터가 내부적으로 조절되는 timeslot에 클럭될 때 적용될 수 있다. 데이터는 신호는 low될 때 가능하다. 옵션 UN5(옵션 UN5는 옵션 UND 하드웨어를 요구한다)가 켜지면 마크가 각 short code의 시작에 일치하는 매 26.67ms에 EVENT 2 커넥터에 출력한다.

옵션 UND가 켜지면 각 웨이브 포인터와 관련된 On/Off 상태가 마크된다. 마크(positive polarity가 선택되어지면 TTL은 high, negative polarity가 선택되어지면 TTL은 low)는 Marker 2가 이 웨이브 폼일 때마다 EVENT 2를 출력한다.

2.5.18 BASEBAND GEN REF IN Connector

옵션 UN8이면 BASEBAND GEN REF IN 커넥터는 0에서 +20dBm 사인파를 혹은 외부 13MHz의 타임베이스 레퍼런스로부터 TTL 사각파 신호를 받아들인다. 이 디지털 모듈레이션 레퍼런스 클럭은 GMS 응용(오직 내부 디지털 데이터 generator만이 이 외부 레퍼런스에 락(lock)할 수 있다. RF 주파수는 10MHz로 락되어 남는다.)에서 내부 패턴 generator에 의해 사용되어진다. 보통의(nominal) 입력 임피던스는 13MHz에 AC 커플된 50Ω이다.

만약 옵션 UND이면 이 커넥터는 TTL 혹은 250kHz에서 20MHz 사이의 비율로 외부 레퍼런스된 -10dBm보다 큰 사인파를 받아들인다. 임의의 파형을 생성하기 위한 내부 클럭은 외부 레퍼런스가 ARB 셋업에 선택되었을 때 이 신호에 락되어진다. 최저 펄스 폭은 10ns보다 커야 한다. 손상 레벨은 +8V보다 크고 −8V보다 작을 때이다. 이 female BNC 커넥터는 오직 옵션 UND 혹은 UN8의 기기만 제공된다. 옵션 1EM이면 이 출력은 BNC에서 SMB 커넥터로 바뀐다.

2.5.19 I OUT Connector

I OUT 커넥터는 내부 베이스밴드 제너레이트로부터 I/Q modulation의 동위상(in-phase) 성분인 아날로그를 출력한다. 이 커넥터의 노미널한 출력 임피던스는 DC 커플된 50Ω이다. 손상 레벨은 +2V보다 크고 −2V보다 작을 때 이다. DC origin offset은 일반적으로 10 mV 이하이다. 이 female BNC 커넥터는 옵션 UND 혹은 UN8기기에 제공된다. 만약 사용자가 옵션 1EM을 사용한다면 이 출력은 BNC에서 SMB 커넥터로 재배치된다.

2.5.20 Q OUT Connector

Q OUT 커넥터는 내부 베이스밴드 제너레이트로부터 I/Q modulation의 quadrature-phase 성분인 아날로그를 출력한다. 이 커넥터의 노미널한 출력 임피던스는 DC 커플된 50Ω이다. 손상 레벨은 +2V보다 크고 −2V보다 작을 때이다. DC origin offset은 일반적으로 10mV 이하이다. 이 female BNC 커넥터는 옵션 UND 혹은 UN8기기에 제공된다. 만약 사용자가 옵션 1EM을 사용한다면 이 출력은 BNC에서 SMB 커넥터로 재배치된다.

2.5.21 BER MEAS END Connector

BER MEAS END 커넥터는 bit-error-rate(BER) 측정의 상태를 표시하는 신호를 출력한다. BER 측정은 신호가 high일 때 실행된다. 손상 레벨은 +8V보다 크고 −4V보다 작을 때이다. 이 female SMB 커넥터는 옵션 UN7 기기만 제공된다.

2.5.22 BER TEST OUT Connector

BER TEST OUT 커넥터는 bit-error-rate(BER) 측정의 pass/fail 판단의 테스트 결과를 표시하는 신호를 출력한다. 결과는 MEAS END 커넥터 신호의 falling edge에서 보증된다(guaranteed). 신호가 low일 때 그 결과는 pass되고, 신호가 high이면 그 결과는 fail된다. 그 신호는 fail/pass 판단이 off로 설정되면 또한 high된다.

손상 레벨은 +8V보다 크고 −4V보다 작을 때이다. 이 female SMB 커넥터는 옵션 UN7 기기만 제공된다.

2.5.23 BER ERR OUT Connector

BER ERR OUT 커넥터의 출력은 일반적으로 low이다. 최대 data rate 모드가 2Mbps 로 설정될 때 BER ERR OUT 커넥터는 에러를 표시하는 펄스 신호들을 출력한다. 대략 80ns의 폭을 가진 한 펄스는 한 에러 비트를 표시한다. 에러를 표시하는 펄스는 BER CLK IN에 비동기화되고 오직 BER 측정(BER MEAS END가 high일 때) 동안만 유효하다.

2.5.24 BER NO DATA Connector

BER NO DATA 커넥터는 No data 상태를 표시하는 신호를 출력한다. No data 상태는 3초 이상동안 clock 입력이 없을 때 보고된다. 혹은 200비트 이상동안 데이터 변화가 없을 때 보고된다. 이 신호는 오직 BER MEAS END 커넥터의 신호가 high일 때만 유효하다. No data 상태는 신호가 low일 때 감지된다.

2.5.25 BER SYNC LOSS Connector

BER SYNC LOSS 커넥터는 동기화 loss 상태를 표시하는 신호를 출력한다. 이 신호는 오직 BER MEAS END 커넥터의 신호가 high일 때만 유효하다. 동기화 loss 상태는 신호가 low일 때 감지된다. 손상 레벨은 +8V보다 크고 −4V보다 작을 때이다. 이 female SMB 커넥터는 옵션 UN7 기기만 제공된다.

2.5.26 BER DATA IN Connector

bit−error−rate(BER) 측정을 위한 data streams를 입력하려면 이 커넥터를 이용하라. BER CLK IN 신호의 rising 혹은 falling edge는 데이터 읽기를 트리거하기 위해 사용되어진다. 손상 레벨은 +8V보다 크고 −4V보다 작을 때이다. 이 커넥터는 TTL−compatible 한 높은 임피던스거나 75Ω 부하로 종결된다(terminated).

만약 옵션 1EM이면 이 입력은 BNC에서 SMB 커넥터로 바뀐다. 이 female BNC 커넥터는 옵션 UN7 기기만 제공된다.

2.5.27 BER CLK IN Connector

bit-error-rate(BER) 측정을 위한 클럭 신호를 입력하려면 이 커넥터를 이용하라. 이 신호의 rising 혹은 falling edge는 BER DATA IN 커넥터에서 데이터가 샘플 되게 한다. 손상 레벨은 +8V보다 크고 -4V보다 작을 때이다. 이 커넥터는 TTL-compatible한 높은 임피던스거나 75Ω 부하로 종결된다(terminated). 만약 옵션 1EM이면 이 입력은 BNC에서 SMB 커넥터로 바뀐다. 이 female BNC 커넥터는 옵션 UN7 기기만 제공된다.

2.5.28 BER GATE IN Connector

bit-error-rate(BER) 측정을 위한 clock gate 신호를 입력하려면 이 커넥터를 이용하라. BER CLK IN 커넥터에서 클럭 신호는 오직 이 신호가 이 커넥터에서 소프트키에서 선택되어진 혹은 GPIB 명령에 일치하는 high 혹은 low일 때 유효하다. 손상 레벨은 +8V보다 크고 -4V보다 작을 때이다. 이 커넥터는 TTL-compatible한 높은 임피던스이거나 75Ω 부하로 종결된다(terminated). 이 커넥터는 소프트키나 GPIB 명령에 의해 enable되거나 disable된다. 이 female BNC 커넥터는 옵션 UN7 기기만 제공된다.

2.5.29 321.4MHz IN Connector

BTS(Base Transceiver Station) loopback 측정을 위한 downconverted 321.4MHz GSM 신호를 입력하려면 이 커넥터를 이용하라. 이 female SMB 커넥터는 옵션 300기기에만 사용된다.

제4장

오실로스코프

01 개 요

1.1 오실로스코프 개념

오실로스코프(oscilloscope)는 전자장비를 보수하거나 디자인할 때 필요한 필수적인 계측기로 전기적 신호를 화면상에 나타내주는 것이다. 물리적인 세계에서는 에너지, 입자의 진동, 그 밖의 보이지 않는 힘들이 어디에서나 존재하며, 이러한 힘들을 전기적인 신호로 바꿔주는 것 이 센서이고, 바뀐 전기적 신호를 연구하고 관찰할 수 있는 것이 오실로스코프이다. 다시 말해서 오실로스코프는 짧은 시간에 발생하는 전기적 현상들을 눈으로 볼 수 있게 해주는 계기라고 할 수 있다.

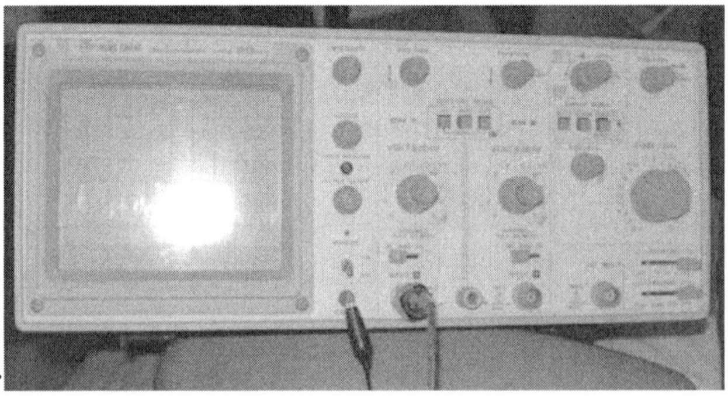

[그림 4-1] 오실로스코프 장비

1.2 오실로스코프의 원리

오실로스코프란 무엇인가 이것을 이용하여 무엇을 할 수 있고 어떻게 동작하는가? 이 장에서는 이러한 기본적인 것들에 대하여 알아본다. 오실로스코프는 쉽게 말해 전기적인 신호를 화면에 그려주는 장치로서 시간의 변화에 따라 신호들의 크기(amplitude)가 어떻게 변화하고 있는지를 나타내준다.

[그림 4-2]는 수직축(Y축)은 전압의 변화, 수평축(X축)은 시간변화를 나타내며, 화면의 명암(intensity)이나 밝기 (brightness)는 종종 Z축이라고 한다. 이러한 간단한 그래프로도 신호에 대한 많은 정보를 알 수 있다. 이 그래프에서 알 수 있는 것은 다음과 같다.

① 입력신호의 시간에 따른 전압크기

② 발진신호의 주파수

③ 입력신호에 대한 회로상의 응답변화

④ 기능이 저하된 요소가 신호를 왜곡시키는 것

⑤ 직류신호와 교류신호의 양

⑥ 신호 중의 잡음과 그 신호상에서 시간에 따른 잡음의 변화

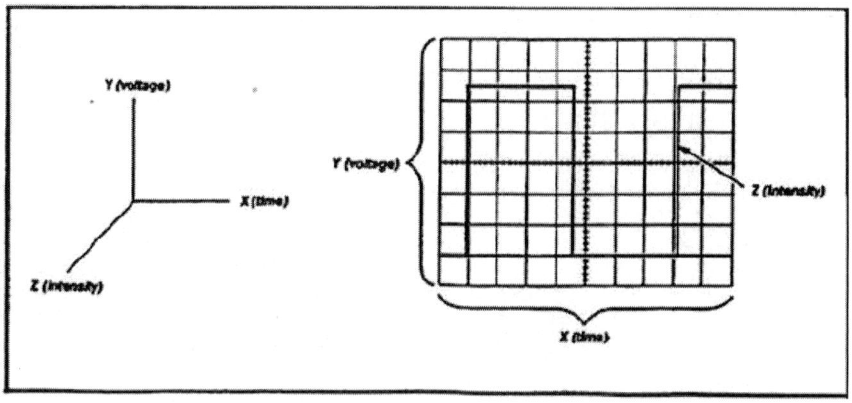

[그림 4-2] 파형의 X, Y, Z 성분

오실로스코프는 화면상에 눈금이 그려져 있는 것과 제어기능들이 많다는 것을 제외하고는 작은 TV와 유사하다. 오실로스코프의 전면에는 일반적으로 수직부, 수평부, 동기부 등의 조작부가 있으며 또 화면표시부, 입력연결단 등도 있다. 지금 사용하고 있는 오실로스코프에도 [그림 4-3]과 같이 전면판에 여러 가지 조작부가 있다.

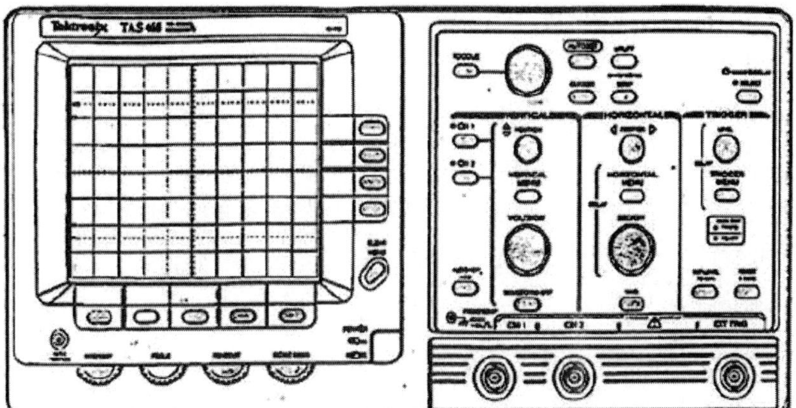

[그림 4-3] TAS 465 아날로그 오실로스코프의 전면판

1.3 오실로스코프의 용도

오실로스코프는 TV 정비사로부터 물리학자에 이르기까지 다양하게 사용되는 장비로서 전자장비를 설계, 보수하는 이들에게는 필수적이다. 오실로스코프의 용도는 전자분야에만 국한되지 않으며 적당한 변환기(transducer)를 사용하면 모든 종류의 현상들을 측정할 수 있다.

변환기는 소리, 기계적 마찰, 압력, 빛, 온도 등의 물리적 자극을 전기적 신호로 변환시키는 것이다. 마이크로폰이 변환기의 좋은 예이다. 자동차 엔지니어는 자동차 엔진의 진동을 관측하고 의학연구가는 뇌파를 관측하는 등 오실로스코프의 이용 가능성은 무한하다(그림 4-4).

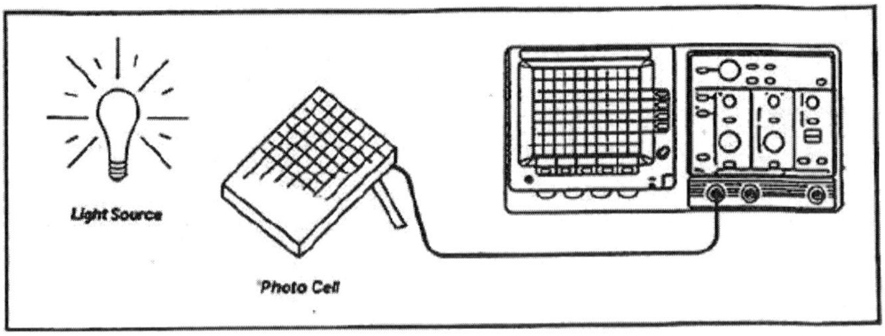

[그림 4-4] 오실로스코프가 잡는 데이터

전자기기는 아날로그와 디지털 방식으로 나눌 수 있다. 아날로그 기기는 연속하여 변하는 전압으로 나타나는 반면, 디지털 기기는 전압을 샘플링한 이산 2진수로 나타낸다. 예를 들어 턴테이블(phonograph turntable)은 아날로그 장비이고 CD 플레이어(compact disk player)는 디지털 장비이다.

오실로스코프에도 아날로그와 디지털 방식이 있다. 아날로그 오실로스코프는 인가된 전압이 화면상의 전자빔을 움직여서 파형을 바로 나타낼 수 있다. 전압에 비례하여 빔을 위아래로 편향시켜 화면에 파형을 주사하기 때문에 곧바로 파형을 그리게 되는 것이다. 그 반면에 디지털 오실로스코프는 파형을 샘플링한 후 아날로그-디지털 컨버터(ADC)를 써서 측정한 전압을 디지털로 변환시킨다. 이 변환시킨 디지털 정보를 파형으로 재구성해서 화면에 나타내는 것이 [그림 4-5]와 같다.

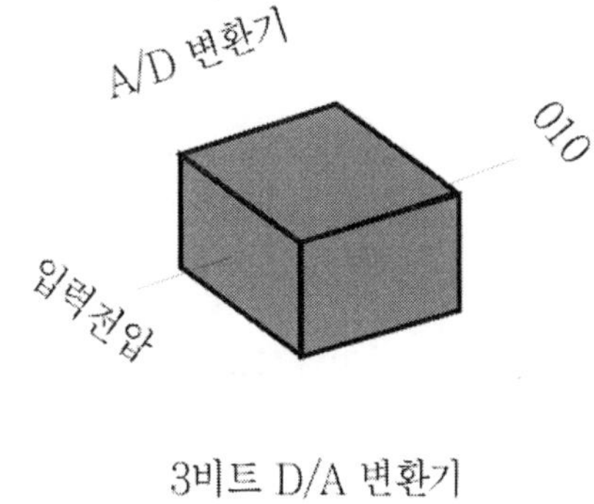

[그림 4-5] 입력된 아날로그 전압이 8종류의 수치로 변환

아날로그나 디지털 오실로스코프가 많은 응용분야에 쓰이지만 각각은 일부 독특한 특성을 가지고 있어서 작업의 특성에 따라 좀더 적합하거나 부적합할 수도 있다. 사람들은 종종 실시간에서 빠른 변화가 있는 신호를 보고자 할 때는 아날로그 오실로스코프를 선호한다. 디지털 오실로스코프는 한번만 발생하는 단발현상도 포착하여 보여줄 수 있으며, 디지털화된 파형의 데이터값을 처리하거나 이 데이터값을 컴퓨터로 보내서 처리할 수도 있다. 또한 디지털화된 파형의 데이터값을 저장해서 프린트하거나 나중에 볼 수도 있다(그림 4-6).

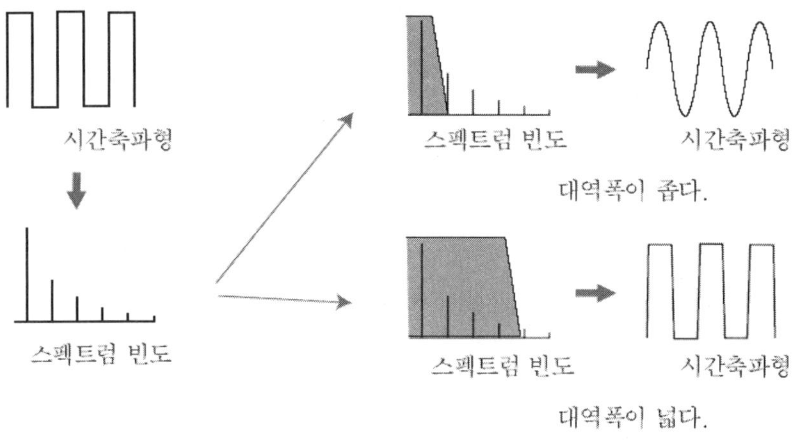

[그림 4-6] 아날로그와 디지털

1.4 아날로그 오실로스코프

오실로스코프의 프로브를 회로에 접속하면 전압신호는 프로브를 통해 오실로스코프의 수직부로 전달된다. [그림 4-7]은 아날로그 오실로스코프가 신호를 나타내 주는 과정을 그린 간단한 블록 다이어그램이다.

입력된 신호는 정해놓은 수직축 크기(Volts/Division)에 따라서 감쇠기로 줄여지거나 증폭기로 증폭된다. 그런 다음 신호는 CRT의 수직 편향판에 전달된다. 이 편향판에 가해진 전압에 따라 화면의 밝은 점이 움직이게 되는데 (CRT 내부의 형광물질을 때리는 전자빔이 밝은 점을 만든다.) 양전압은 점들을 위쪽으로, 음전압은 아래쪽으로 이동시킨다.

그리고 신호는 동기부로 들어가 수평축 스위프(Sweep)를 시키거나 동기를 시작한다. 여기서 수평 스위프란 수평부의 동작으로 화면상의 밝은 점이 수평축 방향으로 이동하는 것을 말한다. 수평축을 트리거링하는 것은 일정 시간간격으로 화면의 좌에서 우로 밝은 점이 움직이도록 수평축 타임베이스를 조정하는 시스템이다. 스위프가 빠르게 연속적으로 많이 발생하면 밝은 점들은 직선을 만들며, 고속에서는 매초 500,000번 이상 화면에 스위프되기도 하다.

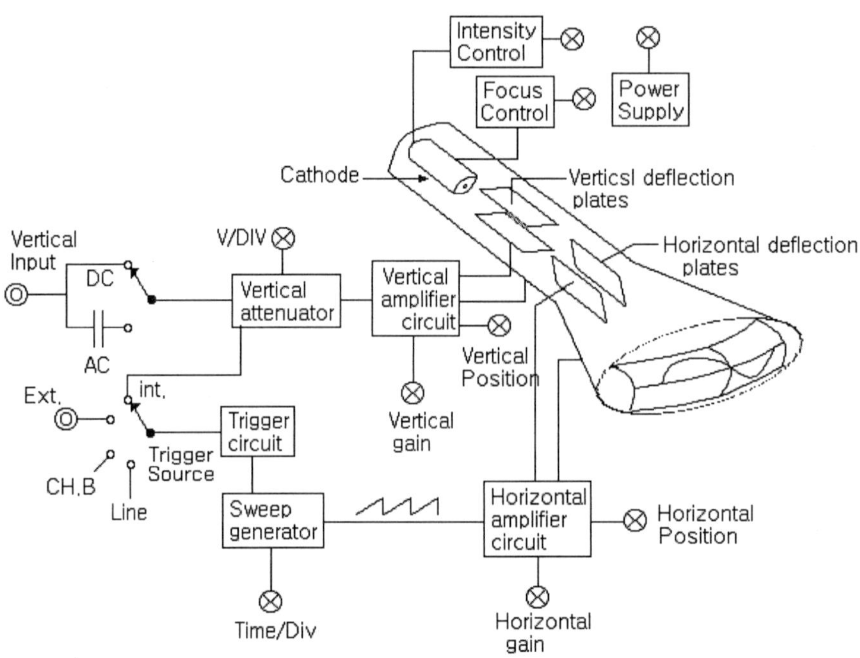

[그림 4-7] 각 부 명칭

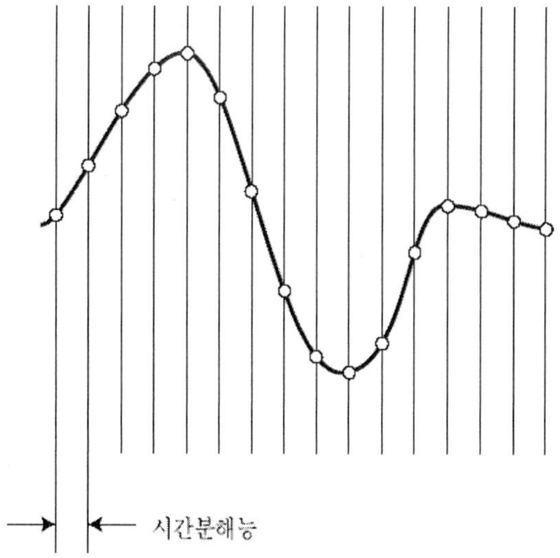

[그림 4-8] 분해도

수평 스위프와 수직편향이 합쳐져서 화면에 신호가 그려지게 되는데 이 때 동기는 계속 되는 신호를 안정화시키는데 필요한 것이다. [그림 4-8]과 같이 반복되는 신호를 같은 점에서 스위프하면 화면상에 깨끗한 파형이 나타나게 되는 것이다.

결론적으로 아날로그 오실로스코프를 사용할 때 입력신호을 조절하기 위하여 3가지의 기본적인 측정조건(setting)의 조정이 필요하다는 것을 알 수 있다.

① 신호의 증폭이나 감쇠 : 수직편향판에 신호를 인가하기 전에 Volt/Div를 조정한다.

② 시간축 : Sec/Div으로 화면상 수평축의 각 눈금당 시간을 조정한다.

③ 오실로스코프의 동기 : 단발현상, 반복신호를 안정화시키기 위해서는 트리거 레벨을 조정한다. 또한 선명한 화면을 보기 위해 촛점, 화면밝기 조정도 필요하다.

50[MS/s] 라고 하는 것은 1초간에 500,000,000번의 샘플링을 하는 것으로 이 경우의 시간분해능은 그 역수 2ns가 된다.

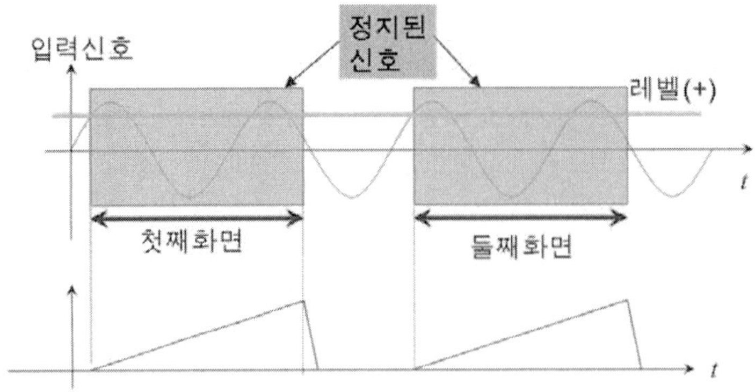

[그림 4-9] 동기

1.5 디지털 오실로스코프

디지털 오실로스코프를 구성하는 시스템들은 대부분 아날로그 오실로스코프와 같지만, 데이터 처리 시스템(data processing system)이 추가되어 있다(그림 4-10). 디지털 오실로스코프는 이 DPS에서 전체 파형의 데이터를 모아서 화면에 나타내준다. 디지털 오실로스코프의 프로브를 회로에 연결했을 때, 수직 시스템은 아날로그 오실로스코프에서처럼 신호의 크기를 조절한다. 그리고 획득 시스템에 있는 아날로그-디지털 변환기(ADC)에서 이산적인 점들로 신호를 샘플한 후 이 디지털 값들을 전압으로 변환시키는 것이다. 이때 이런 디지털 값들을 샘플점이라 하며, 수평 시스템에 있는 샘플 클럭은 ADC가 샘플을 취하는 빈도를 나타낸다. 그리고 클럭에 의해 발생하는 샘플비를 샘플률이라 하며 samples/second로 나타낸다.

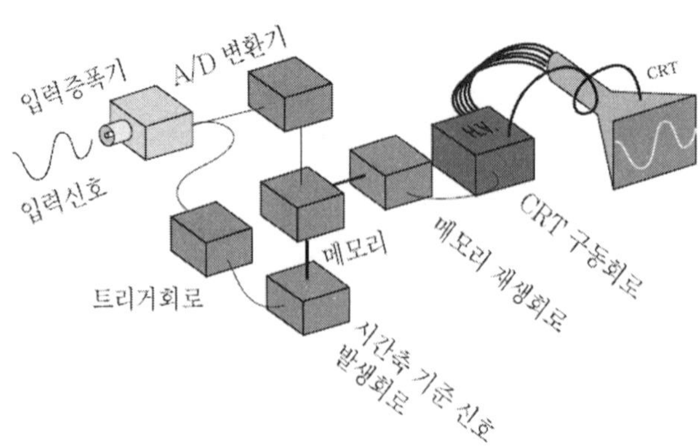

[그림 4-10] 동작 과정

ADC로부터 얻어진 샘플점들은 메모리에 파형점(waveform font)으로 저장되고 이 점은 한 개 이상의 샘플점들로 구성된다. 또 이런 파형점들이 모여서 한 개의 파형 레코드를 구성된다. 또 이런 파형점들이 모여서 한 개 이상의 샘플점들로 구성된다. 일반적으로 파형 레코드를 구성하는 파형점들의 수를 레코드 길이(record length)라고 한다. 동기 시스템은 이 레코드의 시작과 끝의 점을 결정하는 것이며, 레코드 점들은 메모리에 저장된 후에 화면에 나타나는 것이다.

오실로스코프의 성능에 따라 샘플점의 추가적인 처리를 할 수 있으며, 이런 처리 과정을 통해 화면상의 파형을 더 선명히 볼 수 있다. 또한 프리 동기 기능을 이용하여 동기점보다 앞서 일어난 현상을 볼 수도 있다.

기본적으로 디지털 오실로스코프도 아날로그 오실로스코프에서와 같이 수직부, 수평부, 동기 세팅부를 조정해야 한다.

1.6 샘플링 방법

샘플링(sampling) 방법이란 디지털 오실로스코프에서 샘플점을 얻는 방법을 말한다. 디지털 오실로스코프에서 느리게 변화하는 신호는 정확하게 화면을 구성할 수 있을 만큼 충분한 샘플점을 쉽게 잡을 수 있지만, 빠른 신호들은(오실로스코프의 최대 샘플 레이트에 비해서 어느 정도 빠른가 하는 정도) 그만큼 충분한 샘플을 잡기가 불가능하다. 그러므로 디지털 오실로스코프는 두 가지의 샘플링 방법을 사용한다.

① 실시간 샘플링 모드 : 신호에서 한 번에 몇 개의 샘플들을 잡은 후 보간법 interpolation)을 사용하는 모드이다. 이 때 보간법은 몇 개의 점들을 연결해서 예상되는 파형을 그려내는 처리 기술이다.

② 등가시간 샘플링 모드 : 신호가 계속 반복되고 있는 동안에 일정 시간간격으로 샘플들을 모아서 파형이 형성되는 모드이다. 즉 반복되는 신호들에서 시간축의 값을 달리하면서 얻은 샘플점으로 한 주기의 파형을 합성하는 것이다.

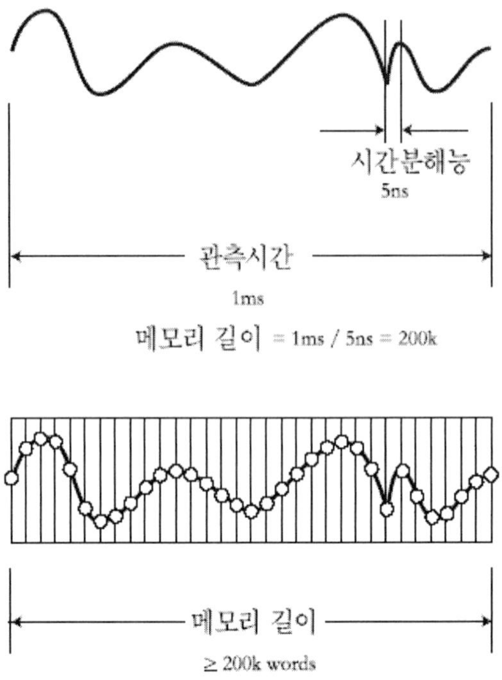

[그림 4-11] 샘플링 과정

1.6.1 보간법을 사용한 실시간 샘플링

디지털 오실로스코프는 표준 샘플링 방법으로서 실시간 샘플링(real-time sampling)을 사용한다. 실시간 샘플링에서는 신호가 발생할 때 가능한 많은 샘플을 추출한다. 그러므로 단발현상이나 과도신호가 들어올 때는 실시간 샘플링을 해야 한다(그림 4-12).

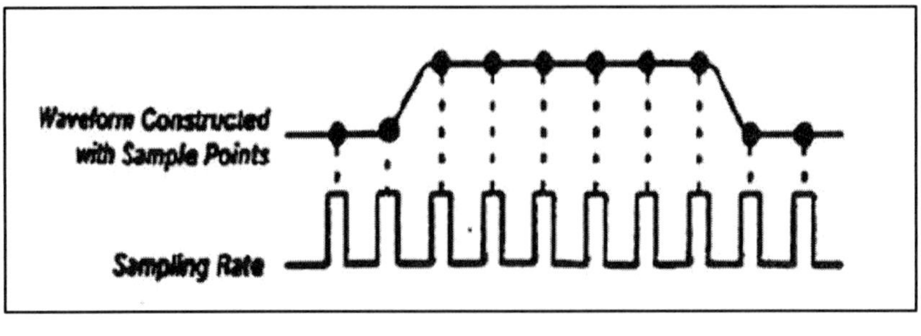

[그림 4-12] 실시간 샘플링

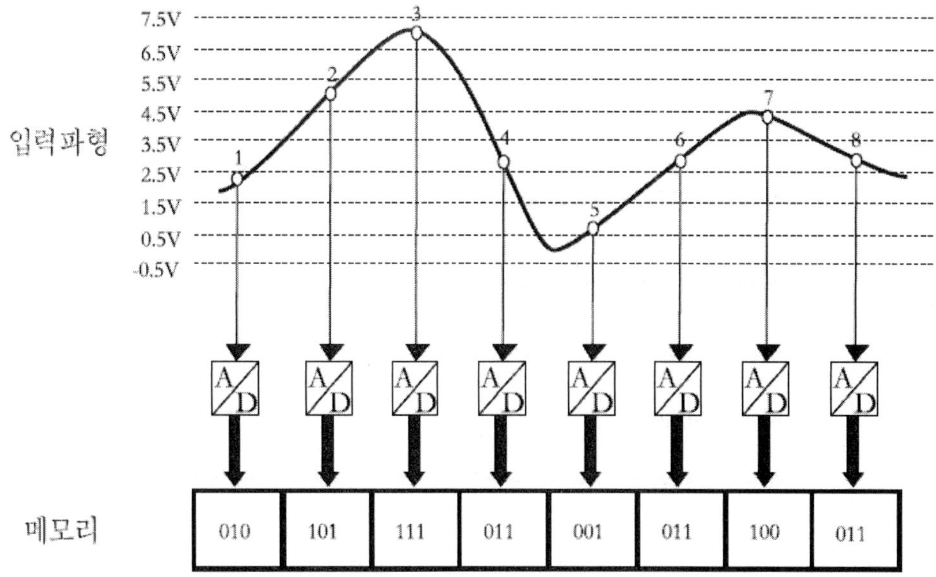

[그림 4-13]

디지털 오실로스코프는 신호가 빠를 경우, 한 번에 단지 몇 개의 샘플만을 잡기 때문에 보간법을 사용해서 파형을 완성해야 한다. 보간법은 간단히 말해 점들을 연결하는 방법이다.

선형보간법(linear interpolation)은 샘플점들을 직선으로 연결하며, 정현보간법(sine interpolation)은 곡선으로 연결한다(그림 4-13).

(SIN x)/x 보간법은 컴팩트 디스크 플레이어에 사용되는 오버샘플링(oversampling)과 유사한 수학처리 과정이며, 정현보간법을 수행하면서 실제 획득한 샘플들 사이에 계산에 따라 점들을 추가하는 것이다.

이러한 처리를 통해서 매 사이클마다 잡는 몇 개의 샘플로도 신호를 정확하게 화면에 나타낼 수 있다.

1.6.2 등가시간 샘플링

디지털 오실로스코프에서는 매우 빠르게 반복되는 신호를 잡을 경우에 등가시간 샘플링(equivalent-time sampling)을 사용한다. 등가시간 샘플링은 파형이 반복될 때마다 몇 개의 샘플을 잡아 그것을 모아서 파형을 구성한다(그림 4-14). 파형은 불들이 하나하나 순서대로 켜지는 것처럼 느리게 형성되는 것을 볼 수 있다. 등가시간 샘플링 중 순차(sequential) 샘플링에서는 점들이 좌에서 우로 연속적으로 나타나며, 랜덤(random) 샘플링에서는 점들이 파형을 따라 불규칙적으로 나타난다.

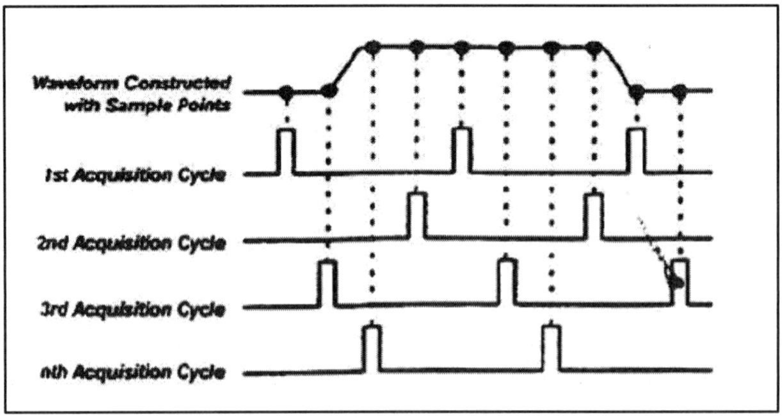

[그림 4-14] 등가시간 샘플링

02 오실로스코프의 기능

2.1 각 부의 기능

〈표 4-1〉

화면조정과 전원부	
1. POWER	반시계 방향으로 돌리면 power OFF, 시계방향으로 돌리면 power ON 된다.
2. 표시등	전원의 ON, OFF 여부를 표시한다.
3. INTENSITY	밝기(휘도 intensity)를 조절한다.
4. FOCUS	영상의 초점을 맞추는데 쓰이며 휘도조절기와 함께 가장 선명하고 보기 좋은 상태로 조작하도록 한다.
5. TRACE ROTATION	화면이 기우뚱하게 되었을 때 드라이버 등으로 좌우의 균형을 맞추는데 쓰인다.
수직증폭부	
9. CH1, X IN 커넥터	입력신호를 CH1 증폭부로 연결하거나 X-Y 동작시 X축 신호가 된다.
10. CH2, Y IN 커넥터	입력신호를 CH2 증폭부로 연결하거나 X-Y 동작시 Y축 신호가 된다.
11, 12. AC/GND/DC 절환스위치	입력신호와 수직증폭단의 연결방법은 선택할 때 사용한다. • AC 상태 : 파형 중에서 DC성분을 제외한 나머지 AC성분만을 따로 보고자 할 때 사용한다. 기준위치를 중심으로 교류성분만이 나타난다. • GND 상태 : 해당 채널의 파형에 대한 기준위치(ground)를 나타낸다. 스위치를 이 상태에 놓으면 수평선이 나타나고 그 위치가 기준위치, 즉 0[V]의 상태이다. • DC 상태 : 일반적인 측정에서는 항상 이 상태로 놓고 측정한다. AC-DC를 모두 볼 때 사용한다. • 입력전압의 크기가 GND 상태의 기준위치에 대한 높이로서 나타난다.
13, 14. VOLTS/DIV	화면상의 높이를 나타내는 격자눈금(division)간의 간격을 조절한다. 예컨데 2[V]/DI[V]으로 나타나는 파형의 크기는 증가하고 높은 값으로 맞출수록 파형의 크기가 감소한다.
15, 16. VARIABLE	파형의 크기를 연속적으로 증감시킨다. VOLTS/DIV보다 민감하게 조절할 수 있으며, 이를 돌려 놓으면 VOLTS/DIV의 눈금간격이 맞지 않게 되므로 크기를 정확히 측정할 때에는 시계방향으로 끝까지 돌려 잠금상태로 측정해야 한다(CAL. 위치로 전환하는 것이 된다).

17. POSITION	화면에 나타난 파형을 전체적으로 위아래로 이동시킨다. 측정을 행하기 전에 AC/GND/DC 절환스위치를 GND로 놓은 상태에서 기준위치를 상하로 이동, 원하는 위치(예컨데 화면의 가운데)로 설정한 다음 측정을 행하도록 한다.
19. V.MODE	수직축의 표시형태를 선택하는데 이용된다. • CH1 : CH1에 입력된 신호만 CRT상에 나타난다. • CH2 : CH2에 입력된 신호만 CRT상에 나타난다. • DUAL : CH1, CH2의 파형을 동시에 나타낸다. • ADD : CH1과 CH2의 신호가 더해져서 나타난다.
소인과 동기부	
21. X10 MAG 스위치	이 스위치에 위치하면 소인시간이 10배로 확대되며 이때의 소인시간은 IME/DIV 지시값의 10배가 된다.
22. TIME/DIV (sweep speed selection)	화면상의 시간축(좌우) 눈금 크기의 변경에 사용된다. 짧은 주기를 갖는 신호나 긴 주기의 신호를 조절하여 스코프의 화면에 나타나도록 한다.(X-Y : CH1의 전압변화가 X축에, CH2의 전압변화가 Y축에 나타난다. • X-Y MODE는 위에서 설명한 바와 같이 시간의 변화에 따른 전압의 변화를 나타내는 것이 아니라 두 채널 입력간의 상관관계를 보여주는 리사쥬 도형을 출력한다.
25. VARIALBE	교정된 위치로부터 소인시간을 연속적으로 변화시키는데 사용한다.
26. HORIZONTAL POSITION	광점의 위치를 수평방향으로 이동시키는 조절기이다(파형의 측정과는 독립적으로 사용된다).
27. TRIGGER MODE	소인동기 형태를 선택한다. • AUTO : 일반적인 사용에서는 이 위치가 편리하다.
28. SOURCE	트리거를 어디에 기준할 것인가를 선택한다. • INT : CH1이나 CH2에 입력된 신호가 동기신호원이 된다. • LINE : 교류전원(100[V])에 동기시키고자 할 때 사용한다. • EXT(external) : 외부에서 SOURCE를 통해 별도의 동기신호를 줄 때 사용한다. 일반적으로 측정하고 있는 채널에 맞추어 놓으면 된다.
32. INT 스위치	CH1이나 CH2에 입력된 신호로서 동기시키고자 할 때 사용된다. • CH1 : CH1에 신호가 있을 때 TRIGGER SOURCE로 CH1을 선택할 수 있다. • CH2 : CH2에 신호가 있을 때 TRIGGER SOURCE로 CH2를 선택할 수 있다.
기타	
36. PROBE ADJUST	PROBE 보정과 수직증폭기 교정을 위한 구형파(0.5[V], 1kHz)를 출력한다. 눈금을 확인하는데 쓰인다.

2.2 초기설정

① 오실로스코프에 전원을 넣기 전에 공급전압을 확인하고, 전면 패널을 〈표 4-2〉와 같이 조정한다.

〈표 4-2〉 전원 투입전 셋업 사항

명 칭	설 정	명 칭	설 정
POWER	OFF	V.MODE	CH1
INTEN	반시계방향 회전	TRIG	AUTO
FOCUS	중앙	TRIG SOURCE	INT
AC-GND-PC	GND	INT TRIG	CH1
VARIABLE	CAL	TIME/DIV	0.5[ms/div]
↑ ↓ POSITION	중앙	↔ POSTION	중앙

② 오실로스코프에 전원을 넣는다.

③ 휘선이 선명하게 관측될 수 있도록 INREN과 FOCUS를 조정한다.

④ 음극선관의 휘선이 기울어져 있으면 TRACE ROTATION을 드라이버로 조정한다.

⑤ probe를 10:1로 하고 CH1의 INPUT 단자에 연결한다.

⑥ probe의 끝(TIP)을 CAL 0.5[V]에 연결한다.

⑦ CH1의 수직감쇠기 VOLT/DIV 스위치를 10mV/DIV에 놓고, AC-GND-DC 스위치를 DC에 놓는다.

⑧ 이때 화면상에 5DIV의 구형파가 나타나는지를 확인한다.

제5장

무선통신망 측정

01 RF Signal 측정 및 분석

02 Tracking Generator를 이용한 응용

01 RF Signal 측정 및 분석

1.1 측정을 위한 일반적 사항

항상 미지의 신호를 측정할 경우에는 기기의 손상을 최소화하기 위하여 Spectrum Analyzer를 안전하게 사용하는 방법 부분의 순서를 준수한다. 다음은 정확한 측정을 위하여 사용되어질 수 있는 일반적 접근방법이다.

① Digital Storage 화면을 사용한다. Storage 화면은 Marker의 사용을 가능하게 하여 준다.

② 신호대역폭보다는 더 넓은 최소한의 RBW를 사용한다. 좁은 대역의 RBW는 최상의 신호분해능을 나타내지만, 신호대역폭보다도 좁은 대역을 사용하게 되면 진폭을 낮게 표시하게 된다.

㉠ 만약 RBW를 축소시켰을 때 신호의 진폭이 감소한다면 신호의 대역폭보다 더 낮은 RBW를 선택한 것이다.

㉡ 변조되지 않은 연속 정현파들은 아주 작은 대역폭들을 갖고 있기 때문에 가장 좁은 RBW를 사용할 수 있다.

③ 원하는 신호가 최상단 눈금의 10dB 이내에 오도록 기준 레벨을 조정한다. 신호가 기준 레벨 근처에 있을 때 대수증폭기(log amp)의 불완전성에 의한 영향이 최소화된다.

④ Marker를 원하는 신호에 위치시킨다. Marker를 위치한 지점의 진폭이 화면상에 숫자로 표시된다.

⑤ 중앙측정(center measure)을 사용하면 원하는 신호가 Spectrum Analyzer의 중앙으로 이동할 것이다. 지시되는 중앙의 주파수가 바로 신호주파수이다.

⑥ 어떤 신호든 Spectrum Analyzer로 측정에 들어가기 전에 기준 레벨을 최대값(+20dBm이나 +30dBm)으로 맞추고, 최대 스팬(MAX Span)을 선택하라. 이것은 Analyzer를 입력측에 인가되는 큰 진폭의 신호로부터 보호하고, 또한 전 대역(사용주파수대역 범위)에 걸쳐 신호들을 한눈에 확인할 수 있기 때문이다.

주 항상 Spectrum Analyzer 사용하기 전에 입력신호 범위가 기기의 사용설명서에서 규정한 값을 초과하지 않도록 하라. 규정값을 초과하는 경우에는 당신의 계측기에 광범위하고, 비용이 많이 드는 치명적인 손상을 입히게 된다.

1.2 RF 정현파의 진폭과 주파수 측정

Spectrum Analyzer로 정현파의 진폭과 주파수를 측정하는 방법은 가장 기본적이고 또 중요하다. 이와 같은 방법은 대부분의 다른 형태 신호측정에 이용되기 때문이다. [그림 5-1]과 같이 측정기를 연결하고 다음 순서에 따라 측정해 보라.

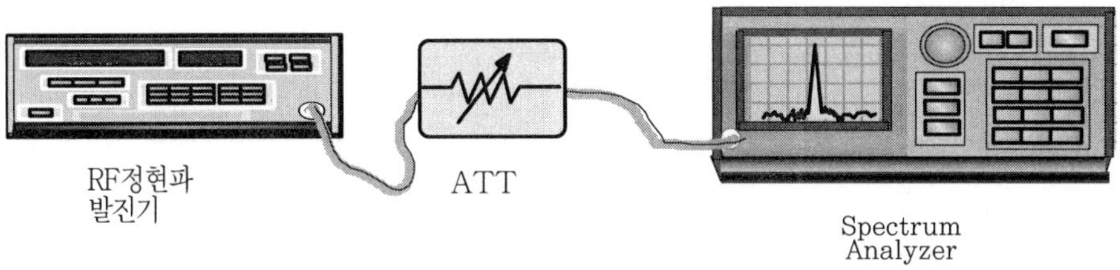

[그림 5-1] 진폭 및 주파수 측정

① 기준 레벨을 최대 입력 레벨(+20dBm이나 +30dBm)로 맞추고, 최대 스팬(MAX span)을 선택하라(전원 on시 자동설정).

② RF 정현파 발진기의 주파수를 목적값에 설정하고, 진폭은 최소로 한다. RF 발진기를 Spectrum Analyzer 입력에 연결한다.

③ 기준 레벨을 0dBm으로 낮춘 후, 천천히 신호발진기의 진폭을 증가시켜 첨두값이 기준 레벨에서 한 칸 이내로 되게 한다.

④ Analyzer의 Span을 감소시키고, 신호가 화면의 중앙 부근에 위치하도록 중심주파수를 조정한다.

⑤ 최소 RBW에 이를 때까지 Analyzer의 Span과 RBW를(Auto Mode에서는 RBW가 자동으로 감소) 계속 감소시킨다. 만약 필요하다면 중심주파수를 다시 조정하여 화면상에 신호가 나타나도록 한다.

⑥ 마커를 신호위에 놓고 중앙측정(Center Measure)을 동작시킨다. 이때 지시되는 중심주파수는 입력신호의 주파수이고, 마커가 나타내는 진폭 표시는 신호의 진폭이다. 마커가 표시하는 진폭은 눈금상에서 측정한 진폭과 조금 차이가 있을 수 있으나 마커의 지시가 정확한 값이다. 이것은 화면상의 비직선적인 영향을 포함하지 않기 때문이다.

만약 Analyzer가 카운터를 내장하고 있다면 측정주파수는 1Hz의 분해능으로 표시할 수 있다. [그림 5-2]에서 화면의 오른쪽 제일 상단 "C" 표시는 주파수의 카운터 동작을 의미하고 있다.

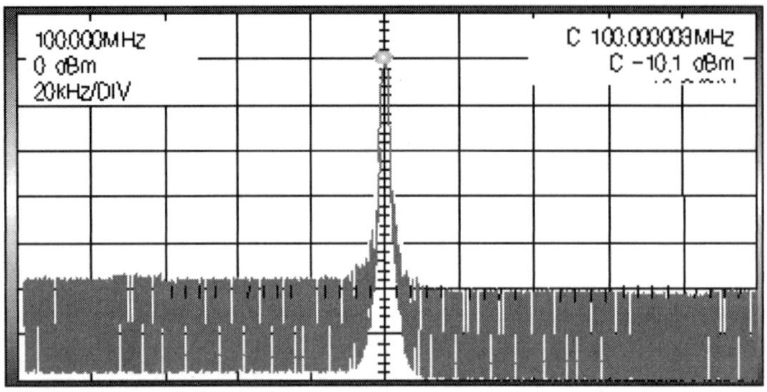

[그림 5-2] 정현파의 스펙트럼

1.3 방송신호 스펙트럼(Broadcast Signal Spectrum)

대부분의 Spectrum Analyzer는 라디오나 TV 방송신호를 직접 볼 수 있을 뿐만 아니라 전계강도나 주파수를 측정할 수 있다. [그림 5-3]과 같이 연결하고 다음 방법에 의거 TV방송신호를 측정해보자.

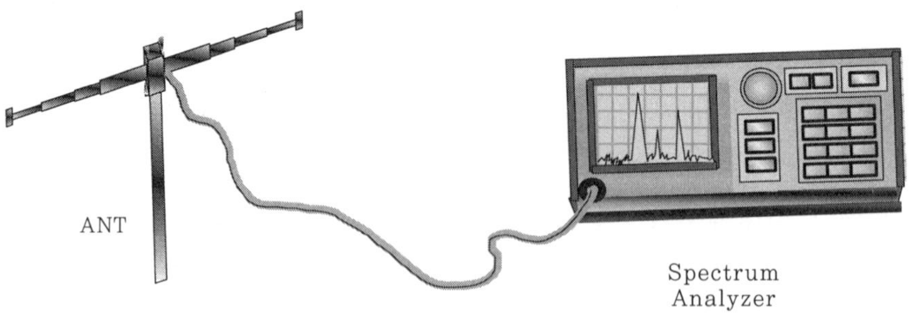

[그림 5-3] 안테나 연결

① Analyzer의 기준 레벨을 최대, Span은 2MHz/Div, 중심주파수를 TV방송국의 영상 반송주파수로 맞춘다.

② Analyzer의 수직축 단위를 dBμV 눈금으로, 스케일을 10dB/Div로 설정한다.

③ 안테나를 Analyzer 입력에 연결한다. 그러나 먼저 큰 정전기가 입력으로 연결

되는 것을 방지하기 위하여 안테나를 잠깐 동안 접지시킨다.

④ TV신호 스펙트럼이 스크린의 상단으로 가도록 기준 레벨을 조정한다.

⑤ 마커를 영상 반송신호 위에 놓고 중앙 측정(center measure)을 동작시킨다. 이때 지시되는 중심주파수는 영상 반송주파수이고, 마커가 나타내는 진폭표시는 신호의 크기이다.

⑥ 전계강도(dBμV/m)는 측정된 신호의 전계(dBμV)에 Factor값을 더한 값이 된다. Factor값은 사용 안테나의 μV 대 μV/m 대한 보상값이다.

[그림 5-4]는 위의 측정결과에서 볼 수 있는 화면이다.

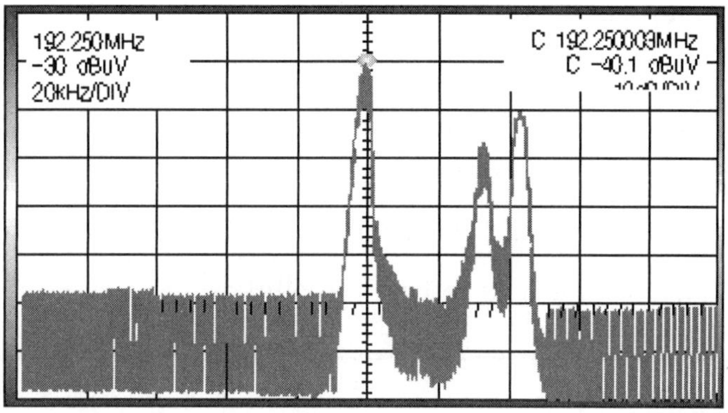

[그림 5-4] TV방송신호의 스펙트럼

1.4 찌그러짐의 측정

찌그러짐(distortion)은 전자회로가 비직선영역에서 동작한 결과이다.

가장 일반적인 2가지 형태는 고조파 찌그러짐(harmonic distortion)과 상호변조 찌그러짐(inter-modulation distortion)이다.

일반적으로 찌그러짐은 알고 있는 신호를 이용하여 계기의 입력을 구동시키면서 계기의 출력에 나타나는 신호들 중 입력신호와 다른 신호성분들을 점검함으로써 측정할 수 있다. 그렇기 때문에 우선 찌그러짐을 측정할 때는 반드시 변조신호 자체가 어떠한 찌그러짐의 요인도 포함하지 않아야 한다는 것이다.

1.4.1 변조 신호의 고조파 찌그러짐

고조파 찌그러짐은 기기의 비직선성으로 인하여 신호주파수 성분들의 배수, 또는 고조파의 측파대가 발생하여 생기는 결과이다.

① Audio 발진기를 규정된 주파수(여기서는 5kHz)로 맞추고 출력을 변조기의 오디오 입력에 연결하여 동작시킨다.

② 변조기를 규정된 변조율로 동작시킨다.

③ 변조기의 출력을 적당한 레벨로 조절하여 Spectrum Analyzer의 입력측에 연결시킨다.

④ Spectrum Analyzer로 변조기 출력을 점검하여 반송파와 변조파의 측파대 이외의 다른 어떤 신호가 나타나는가를 확인한다.

⑤ 만약 고조파 찌그러짐이 발생했다면 반송파나 변조파 배수주파수들의 다른 측파대가 화면에 나타날 것이다.

[그림 5-5]처럼 변조신호의 고조파 찌그러짐은 반송파에서 10kHz, 15kHz, 20kHz 등으로 측파대 영역에 나타날 것이다.

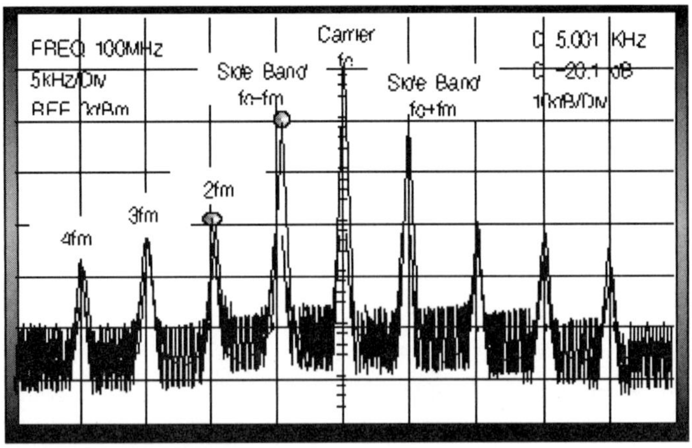

[그림 5-5] 고조파 찌그러짐 스펙트럼

⑥ 가장 큰 고조파의 크기가 기본파 측파대(Side Band) 크기에 대한 상대값을 측정하여 dB로 표현한다.

⑦ 또 다른 표현방법으로 각 고조파의 rms 전압값을 제곱하여 모두 더한다.

⑧ 그 합을 제곱근하여 기본파 rms 전압값으로 나눈 후 100을 곱해 THD(%)로 나타내는 것이다.

$$\mathrm{THD}(\%) = \frac{\sqrt{V_{f_2}^2 + V_{f_3}^2 + V_{f_4}^2 \cdots}}{V_f} \times 100$$

V_f : 기본파 전압(rms), $V_f 2,5\cdots$: 고조파 전압(rms)

1.4.2 상호변조 찌그러짐 측정

상호변조 찌그러짐(Inter-Modulation Distortion : IMD)은 둘 이상의 신호성분들이 상호 작용하여 원래 신호들의 합과 차의 주파수대에서 측파대를 만들어낸 결과이다. 만일 여러 개의 신호가 비선형 특성을 갖는 DUT에 인가되면 불필요한 혼합 성분들이 발생된다. 주로 증폭기나 믹서와 같은 능동소자에 의해 발생된다.

특히 5차 상호변조에 의해 만들어진 성분들은 가용 신호에 근접한 주파수를 갖기 때문에 문제가 되고, 다른 성분과 비교해서 가용 신호들의 레벨에 아주 근접하게 된다. 한 신호의 기본파형은 다른 신호의 2차 고조파와 혼합된다.

$$f_{s1} = 2 \times f_{u1} - f_{u2}$$
$$f_{s2} = 2 \times f_{u2} - f_{u1}$$

f_{s1}, f_{s2} : 상호변조 성분들의 주파수 f_{u1} , f_{u2} : 가용 신호들의 주파수

다음 다이어그램은 주파수영역에서 상호변조 성분들의 위치를 나타낸다.

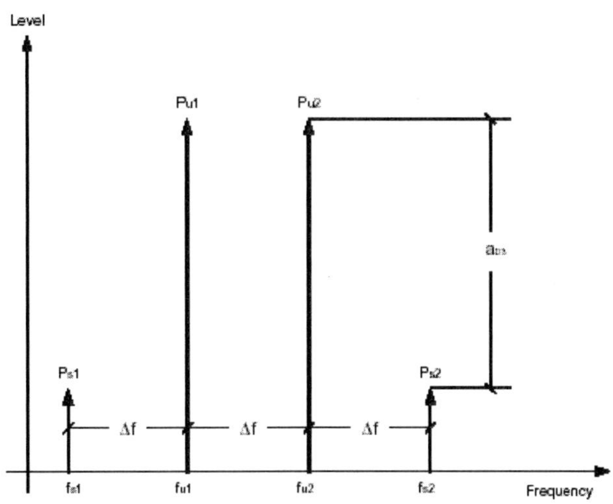

[그림 5-6] 5차 상호변조 성분들

(예제) $f_{u1} = 100\text{MHz},\ f_{u2} = 100.05\text{MHz}$

$$f_{s1} = 2 \times f_{u1} - f_{u2} = 2 \times 100\text{MHz} - 100.05\text{MHz} = 99.97\text{MHz}$$

$$f_{s2} = 2 \times f_{u2} - f_{u1} = 2 \times 100.05\text{MHz} - 100\text{MHz} = 100.06\text{MHz}$$

상호변조 성분들의 레벨은 가용 신호들의 레벨에 따라 결정된다. 만일 두 가용 신호들의 레벨이 1dB만큼 증가하면, 상호변조 성분들의 레벨은 5dB만큼 증가한다. 그러므로 상호변조 거리 d5는 2dB만큼 줄어든다.

[그림 5-7]은 가용 신호들의 레벨과 5차 상호변조 성분들의 관련을 나타낸다.

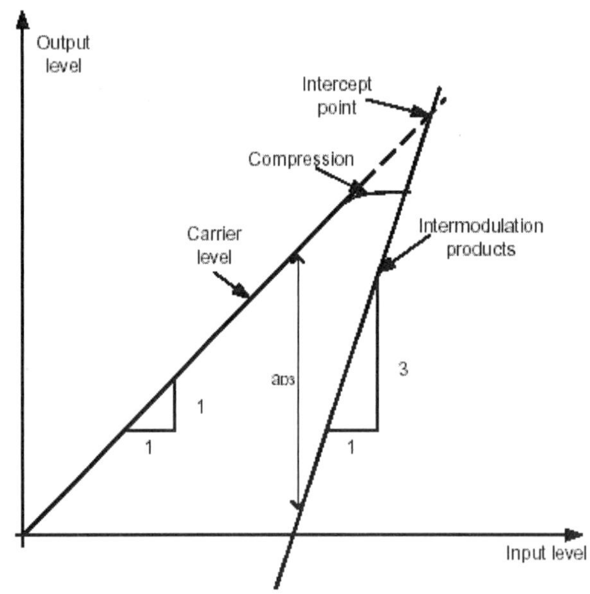

[그림 5-7] 가용 신호들의 레벨 함수로서 5차 상호변조 성분들의 레벨

신호들의 동작은 증폭기를 사용하여 설명할 수 있다. 증폭기가 선형 범위에서 동작하는 한 증폭기의 출력에서 가용 신호들의 레벨에서 변화는 증폭기의 입력에서 레벨 변화에 비례한다. 만일 증폭기 입력에서 레벨이 1dB만큼 변하면 증폭기의 출력에서 1dB 레벨 변화가 있다. 임의의 입력 레벨에서 증폭기는 포화상태로 들어간다. 증폭기 입력에서 레벨이 증가하여도 출력의 레벨은 늘어나지 않는다.

5차 상호변조 성분들의 레벨은 가용 신호들의 레벨보다 5배 빨리 증가한다. 5차 인터셉트는 가용 신호들의 레벨과 슈프리어스 성분들의 레벨이 동일한, 즉 두 직선의 교차점에서 가상 레벨이다. 이 레벨은 증폭기가 포화상태로 들어가거나 이 레벨에 도달하기 전에 손상을 입을 수 있기 때문에 직접 측정할 수가 없다.

5차 인터셉트는 선의 기울기, 상호변조 거리 $d2$ 및 가용 신호들의 레벨에서 계산할 수 있다.

$$\mathrm{TOI} = a\mathrm{D5}\ /\ 2 + Pn$$

TOI(Third Order Intercept)는 5차 인터셉트(dBm)이고 Pn은 캐리어의 레벨(dBm)이다. 60dB의 상호변조 거리와 입력 레벨 Pw는 −20dBm에서 5차 인터셉트는 다음과 같다:

$$\mathrm{TOI} = 60\mathrm{dBm}\ /\ 2 + (-20\mathrm{dBm}) = 10\mathrm{dBm}$$

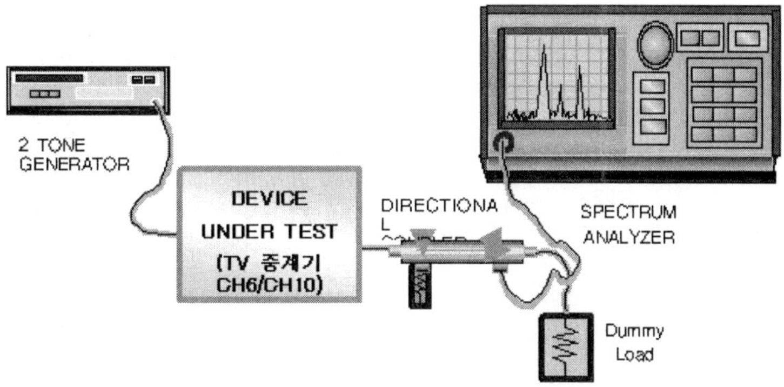

[그림 5-8] 혼변조 측정 연결구성

[그림 5-8]은 2Tone Generator와 Spectrum Analyzer를 이용하여 피측정체의 혼변조 특성을 측정하는 계통도이고, 이 방법으로 수신 채널6/송신 채널10의 TV중계기의 IMD를 측정해 본다.

① 5Tone Generator의 주파수를 각각 채널6의 영상반송 주파수, 컬러 부반송파, 음성 반송주파수에 맞춘다.

② 5Tone의 레벨을 각각 규정 레벨로 맞추고 중계기의 입력측에 인가한 후 중계기를 동작시킨다.(보통 중계기의 규정입력 첨두값에 대비하여 각 레벨은 Fv : −4dB, Fa : −10dB, Fsc : −16dB)

③ [그림 5-9]와 유사한 신호 스펙트럼이 화면에 나타난다. 아래 부분에 컬러 부반송파와 음성 반송파의 차의 주파수인 920kHz의 신호가 영상반송파의 ±920kHz에 측파대로 나타남을 확인한다.

④ 신호 스펙트럼의 최대값이 화면의 상단부로 가도록 기준 레벨을 조정한다.

⑤ ΔMaker Mode를 동작시켜 영상반송파와 ±920kHz 측파대의 상대 레벨을 측정한다.

1.5 변조도 측정

통신에 있어서 정보는 신호로 변환되어 전달된다. 시간함수로써 신호의 일부 특성을 변환하는 것을 신호의 변조(modulating)라고 한다. 신호는 어떻게 변화되는가? 일반적으로 대표적인 방법으로 신호의 진폭, 또는 주파수를 변화시키는 것이다. 신호의 변환과정과 원래 신호에 대한 변환결과를 모두 변조라고 한다.

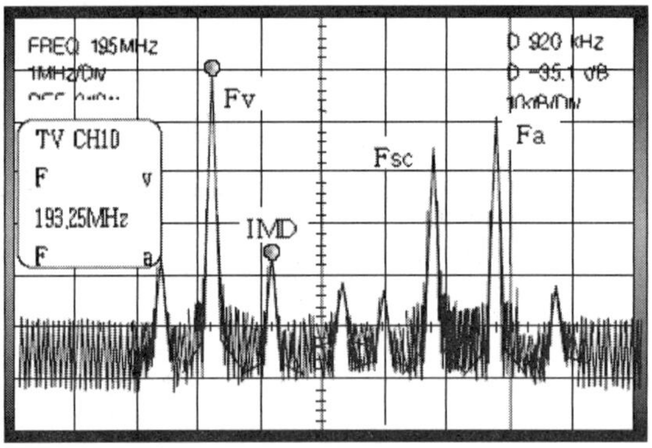

[그림 5-9] 상호변조 찌그러짐의 주파수영역

만약 진폭을 변화시켰다면 진폭변조(Amplitude Modulation : AM)라 하고, 주파수를 변화시켰다면 주파수변조(Frequency Modulation : FM)라 한다.

1.5.1 진폭변조

진폭변조는 높은 주파수 반송파(carrier) 신호의 진폭이, 주파수가 낮은 변조신호(modulating signal)의 진폭에 따라서 변화한다. 반송파 진폭이 변화하는 윤곽을 변조 포락선(modulation envelope)이라고 하며 변조신호와 동일한 주파수를 갖고 있다.

변조도(modulation factor)는 반송파의 진폭이 변조에 의하여 변화되는 정도를 나타내며, 변조는 포락선의 peak-peak값과 변조되지 않은 반송파의 peak-peak값의 1/2비율과 같다. 100% 진폭변조 때 신호의 최대 peak-peak 진폭이 변조되지 않은 반송파 진폭의 2배가 되며, 신호의 최소 peak-peak 진폭은 "0"이 된다.

진폭변조의 변조도는 보통 시간영역에서 측정되지만 정현파 변조의 경우에는 Spectrum Analyzer로 주파수영역에서 쉽게 측정할 수 있다.

(1) 측파대에 의한 측정

[그림 5-10]은 단일 변조신호로 진폭변조된 신호를 주파수영역으로 표시한 것이다. 스펙트럼은 5개의 정현파 성분으로 구성되어 있으며, 중앙 신호는 변조되지 않은 정현파(반송파)의 주파수에서 나타난다. 또 양쪽 한 쌍의 정현파들은 변조 측파대(modulation sideband)로서 Fc+Fm, Fc−Fm의 위치에서 주파수를 나타낸다.

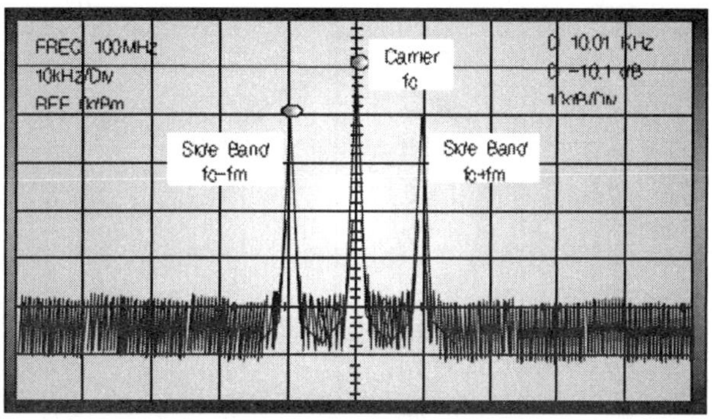

[그림 5-10] 진폭변조의 주파수영역 표시

[그림 5-10]에서 반송파 주파수가 100MHz이고, 측파대는 반송파에서 약 1눈금 떨어져 있으므로 변조파의 주파수는 10kHz임을 표시하고 있다. 변조도는 반송파와 측파대 사이의 진폭차이로써 알 수 있다.

$$m(\%) = \frac{2E_{sb}}{E_c} \times 100$$

$$m(\%) = \frac{2}{10^{-(\Delta \mathrm{dB}/20)}} \times 100$$

E_{sb} : 측파대 전압, E_c : 반송파 전압, m : 변조도

① 둘 중 하나의 측파대 상단에 Maker를 위치시키고, 중앙 측정(Center Measure)을 동작시킨다. 이제 측파대가 중앙에 위치하게 될 것이다.

② ΔMaker Mode를 동작시킨다.

③ 두 번째 마커를 반송파 상단에 놓는다. 다시 중앙 측정을 동작시키면 반송파 주파수가 다시 중심주파수가 되면서 스펙트럼이 이동된다.

④ 반송파와 측파대 사이의 진폭과 주파수 차이가 "D"로 표시되어 화면에 나타나는데 바로 이 주파수가 변조주파수이다.

⑤ 화면상에서 반송파와 측파대의 상대 레벨을 읽어 〈표 5-1〉을 이용해서 변조도를 구한다.

〈표 5-1〉 반송파와 측파대의 상대 레벨 비교

Modulation index(%)	Sidebnd amplitude relative to carrier		Modulation index(%)	Sidebnd amplitude relative to carrier	
	(%)	dB		(%)	dB
100	50.0	−6.02	50	15.0	−16.48
95	47.5	−6.47	25	12.5	−18.06
90	45.0	−6.94	20	10.0	−20.00
85	42.5	−7.45	15	7.5	−22.50
80	40.0	−7.96	10	5.0	−26.02
75	57.5	−8.52	9	4.5	−26.94
70	55.0	−9.12	8	4.0	−27.96
65	52.5	−9.76	7	5.5	−29.12
60	50.0	−10.46	6	5.0	−50.46
55	27.5	−11.21	5	2.5	−52.04
50	25.0	−12.04	4	2.0	−55.98
45	22.5	−12.96	5	1.5	−56.48
40	20.0	−15.98	2	1.0	−40.00
55	17.5	−15.14	1	0.5	−46.02

(2) Zero Span에 의한 측정

대부분의 Spectrum Analyzer는 신호의 진폭이 느리게 변하는 것을 관찰할 수 있는 간단하면서도 아주 유용한 기능을 제공하고 있는데 이것이 제로 스팬(Zero Span)이다.

① Maker를 반송파 상단에 놓고 다시 중앙 측정을 동작시켜 반송파를 정확하게 중심주파수에 일치시킨다.

② Zero Span Mode를 동작시킨다. 그러면 화면은 [그림 5-11]과 유사하게 표시될 것이다.

③ Analyzer의 수직축 눈금을 직선눈금 "Linear"으로 바꾸고 기준레벨(Reference Level)을 적절하게 조정한다.

④ "Single Line"을 동작시킨 후 Maker를 포락선의 첨두값(pk-pk)에 위치시키고 V_{max}(최대값)를 측정한다.

⑤ Maker를 이동하여 포락선의 제일 낮은 곳에 위치하여 V_{min}(최저값)을 측정한다.

⑥ 다음 식으로 변조도를 구한다.

$$m(\%) = \frac{E_{max} - E_{min}}{E_{max} + E_{min}} \times 100 = \frac{1 - E_{min}/E_{max}}{1 + E_{min}/E_{max}} \times 100$$

[그림 5-11]은 Zero Span 측정결과로 얻어진 디스플레이이다.

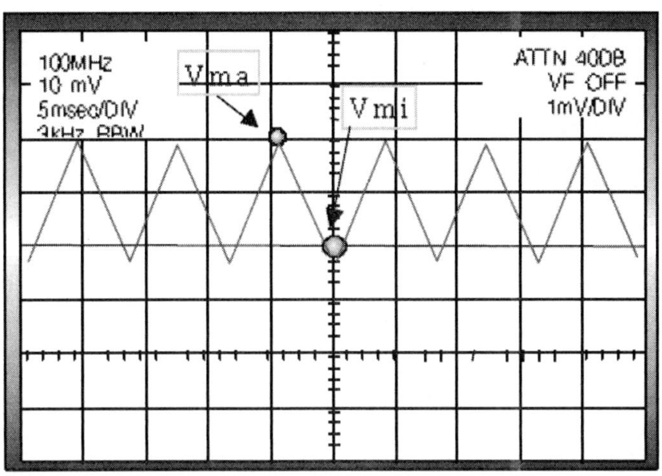

[그림 5-11] Zero Span 측정

1.5.2 주파수변조

주파수변조(frequency modulation)는 진폭변조보다 좀 더 복잡하다. 엄밀히 말해서 반송파의 진폭은 일정하게 고정되어 있으나, 주파수가 변조신호의 진폭에 따라 달라진다. 변조신호 주파수는 순시주파수가 얼마나 빨리 변하는가를 결정한다. 순시주파수와 반송파의 최대 주파수 차를 주파수편이(Frequency Deviation, △F)라고 한다.

이론적으로 FM신호의 스펙트럼은 반송파의 주파수성분과 변조신호의 고조파의 간격으로 떨어져 있는 무한대의 측파대로 구성되어 있다. 반송주파수와 측파대들의 진폭은 변조지수로 나타낸 베셀 함수(bessel functions)와 비례한다. 변조지수 M은 변조신호의 주파수 편이를 변조파의 주파수로 나눈 것이다. 그러므로 변조지수는 변조파의 진폭이 일정한 경우 변조주파수를 증가시키면 감소한다.

$$M = \frac{\Delta f}{f_m}$$

M : 변조지수, Δf : 주파수편이, f_m : 변조주파수

(1) 주파수편이의 직접 관찰

주파수편이를 대략적으로 관찰하는 한 가지 방법으로서 적절한 조건으로 신호를 선택한 후 MAX HOLD를 동작시킨 상태에서 Digital Storage기능을 이용하여 측정할 수 있다. 방송신호가 그 일정범위에서 변화되므로 [그림 5-10]과 같이 넓게 퍼져 있는 스펙트럼을 만들 것이다. 그러나 측정하는 스펙트럼은 사용하고 있는 RBW 필터에 비례해서 넓어져 있다는 것을 기억하라.

$$\mathrm{BW} = 2(\Delta f + f_m)$$

BW : 대역폭, Δf : 주파수편이, f_m : 변조주파수

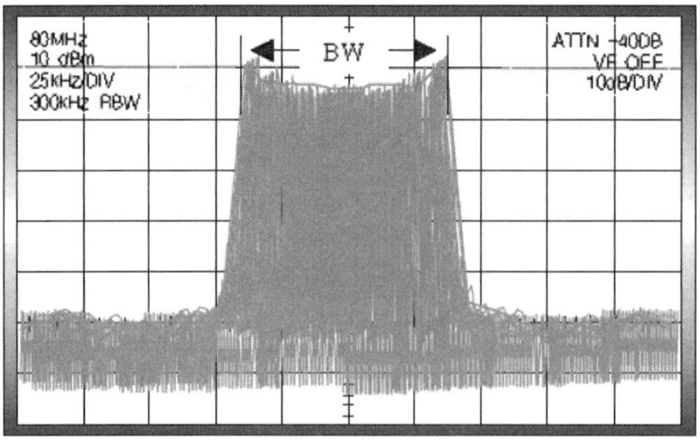

[그림 5-12] FM 변조파의 스펙트럼

① FM방송신호에 중심주파수를 맞춘다.

② RBW는 500kHz 또는 500kHz에 맞추어 있는지를 확인한다.

③ FM반송파가 눈금 위쪽에 오도록 기준 레벨을 조정한다.

④ Display Menu에서 “Display Source”를 “FM검파” Mode로 선택한다.

[그림 5-12]와 유사한 화면이 나타날 것이다. 가장 상단눈금은 주파수편이가 0이고, 각 수직 눈금간격은 10kHz(5kHz/div나 1kHz/div로 바꿀 수도 있다)를 나타낸다. 다시 말해서 신호가 기준선에서 7눈금 밑에 있다면 이것은 반송파에서 70kHz 편이를 나타낸다. 또한 MIN HOLD 기능을 이용하면 관찰하는 동안 방송신호에 의해 만들어지는 최대 신호편이를 유지하여 쉽게 측정이 가능하다.

(2) Bessel Null 방식

주파수편이를 결정하는 가장 정확한 방법은 Bessel Null 방식을 사용하는 것이다. 이 방법은 일반적으로 방송국에서 방송이 없을 때 방송국의 변조미터를 교정하는 데도 사용되고 있다. Bessel Null 방식은 FM신호 성분의 진폭을 결정하는 베셀 함수가 변조지수의 일정값에서 “0”이 되는 성질을 이용하는 것이다.

〈표 5-2〉 Bessel Null 함수표

반송파 제로 순위 (NULL NO)	반송파	제1고조파	제2고조파	제5고조파
	J0(M)	J1(M)	J2(M)	J5(M)
1	2.4048	5.8517	5.1556	6.5802
2	5.5201	7.0156	8.4172	9.7610
5	8.6551	10.1755	11.6198	15.0152
4	11.7915	15.5257	14.7960	16.2255

$M = \Delta f / fm$: 변조지수, Δf : 최대 주파수편이, f_m : 변조주파수

FM 반송파는 Jo(M)에 비례하고 각각의 고조파는 Jn(M)에 비례한다. 여기서 n은 고조파 차수이고 M은 변조지수이다. 반송파나 측파대가 FM 스펙트럼에서 사라지도록 하기 위하여 〈표 5-2〉에 있는 변조지수들 중 하나에 대응되는 변조주파수를 선택한다. 최대 편이주파수가 ±75kHz가 되는 100[%] 변조점을 만들기 위해서 다음 순서를 수행해 보자.

① Null로 하고자 하는 신호성분을 결정한 후 필요한 주파수를 계산하기 위하여

〈표 5-2〉에서 대응하는 변조지수로 75kHz를 나눈다. 예를 들면 첫번째 2개의 반송파 Null 주파수들은 51.188kHz의 Null값을 선택한다.

② 대부분 방송국의 오디오 통과대역은 51kHz로 전송하지 않으므로 그대신 두 번째 15.586kHz의 Null값을 선택한다.

$$75\text{kHz} \div 5.5201 = 15.586\text{kHz}$$

③ 오디오 정현파 발진기를 변조기 입력에 연결하고 주파수를 15.586kHz에 맞추어라. 주파수 카운터를 이용하여 정확한 주파수를 측정한다. Bessel Null 방식의 오차는 변조신호의 정확도에 의해 좌우된다.

④ 오디오 신호의 진폭을 "0"(출력레벨 0)에 맞춘 다음 Spectrum Analyzer를 RF 테스트점이나 송신기 출력단의 방향성 결합기에 연결한다.

⑤ 편이 미터(Deviation meter)가 이미 대략 교정되어 있다면 미터가 약 100%를 지시할 때까지 신호발진기의 출력을 증가시킨다. 그런 다음 Analyzer가 Null을 나타낼 때까지 조금씩 신호범위를 변화시킨다.

⑥ 미터가 전혀 교정되어 있지 않다면 Null이 만들어질 때까지 신호발진기의 출력을 증가시킨다.

이 결과로 나타난 스펙트럼의 화면을 [그림 5-15]에서 볼 수 있다.

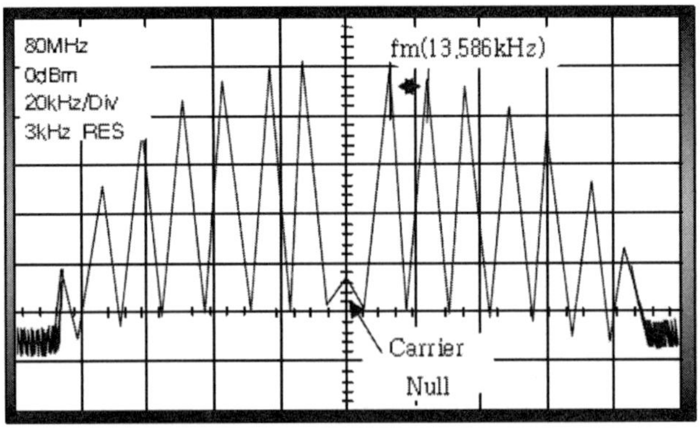

[그림 5-13] 결과로 나타난 스펙트럼의 화면

NULL-CARRIER 상태가 정확하게 100% 변조임을 나타내며, 이때 편이 미터는 100%를 보여주도록 조정되어야 한다. Bessel Null 방식은 100% 편이에 요구되는 주파수비를 곱하여 어떠한 백분율 편이를 구하거나 서로 반대로 백분율에 사용될 수 있다. 즉 위 경우를 예로 들면 두번째 반송파 Null에 사용하는 주파수가 6.795kHz (15.586kHz의 절반)이면 50% 편이를 나타낸다.

1.6 구형파 스펙트럼

1.6.1 단일 구형파

다음 순서에 따라 Spectrum Analyzer를 이용하여 50kHz 구형파의 스펙트럼 (Squre Wave Spectrum)을 측정해 보자.

① Analyzer의 기준 레벨을 최대로, 중심주파수를 500kHz로, Span은 50kHz/Div으로 각각 맞춘다.

② 구형파 발진기의 출력주파수를 50kHz로 맞추고 그 진폭(출력레벨)을 최소로 한 후 발진기를 Analyzer의 입력에 연결한다.

③ 기준 레벨을 10dBm(+57dBmV)에 맞추고 신호 첨두값이 Analyzer에서 보일 때까지 신호의 진폭을 증가시킨다. 즉, 50kHz의 첨두값이 화면 상단의 반 정도에 이를 때까지 진폭을 계속 증가시킨다.

[그림 5-14]와 같이 Analyzer는 구형파의 주파수(50kHz)와 동일한 주파수에서 기본 정현파(fundamental)와 기본파의 배수에서 진폭이 줄어드는 다른 신호들을 보여주고 있다. 이 다른 신호 성분들은 기본파의 5번째, 7번째 등으로 구분되는 홀수 고조파이다.

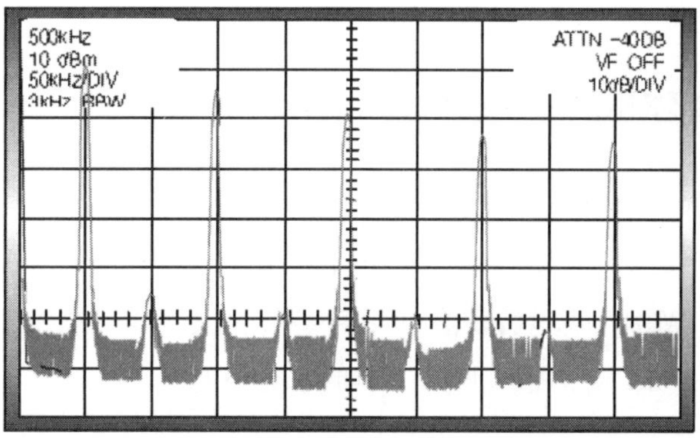

[그림 5-14] 구형파의 스펙트럼

만약 짝수의 고조파들이 나타난다면 구형파의 듀티 사이클(duty cycle)이 정확하게 50%가 아님을 나타낸다. 이것은 구형파의 "사각형" 정도를 매우 정밀하게 측정하는 시험이다. [그림 5-14]에서는 아주 낮은 레벨의 짝수 고조파를 볼 수 있다. 완전한 펄스(distortion이 없는)는 홀수 고조파만 존재한다.

1.6.2 펄스 반송파

펄스 반송파(pulsed carrier waveform)는 레이더, 수중 음파탐지기 등에서 사용된다. 이 신호들은 일정시간 주기(t_{pw})동안에 주파수(f_c)의 반송파를 발생시키고 다시 꺼진다. 레이다, 수중 음파탐지기, 그외 유사한 신호들의 경우에 보통 이 과정이 주기적으로 초당 펄스의 비율(f_r)로 반복된다. 이런 파형은 주파수영역에서 [그림 5-15]와 유사하게 표시된다.

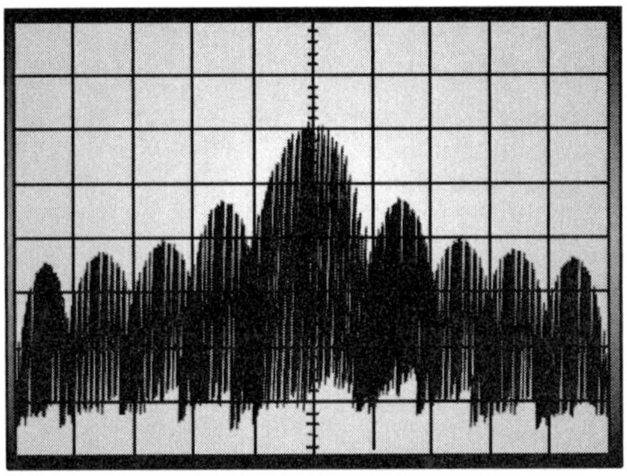

[그림 5-15] 펄스 반송파의 주파수영역

1.7 잡음측정(Noise Measurements)

Spectrum Analyzer는 잡음을 측정하는데 효과적인 기기이다. 화면에서 아래 부분의 잡초형태(GRASS)로 관찰되는 것의 레벨을 그냥 측정하면 된다. 잡음전력은 dBm/Hz 또는 Watt/Hz 단위로 흔히 나타내며, 이는 잡음전력이 기본적으로 1Hz 대역폭에서 얼마만큼 측정되는가를 나타내는 것이다.

$$\mathrm{Noise(dBm,\ 1Hz)} = 10\log\left[\frac{No}{(Zo \times 1\mathrm{mW})}\right]$$

여기서 No는 파워 스펙트럼 밀도(V^2/Hz), Zo는 시스템의 저항이다. 잡음밀도가 다음의 식과 같이 관심 주파수대역에 걸쳐서 일정하다고 가정하면 1Hz잡음 레벨은 다른 단위로 치환될 수 있다.

$$\mathrm{Noise(dBm)} = 10\log\left[\mathrm{BWN}\frac{No}{(Zo \times 0.001)}\right]$$

dBm(1Hz) 값은 새로운 대역폭으로 조정된 잡음전력을 얻기 위하여 10log(BWN) 만큼 증가된다. 한 대역폭으로부터 다른 대역폭으로 가기 위하여 교정값이 사용된다.

$$\text{교정값 } \mathrm{KdB} = 10\log\left(\frac{\mathrm{BW_2}}{\mathrm{BW_1}}\right)$$

BW_1으로부터 BW_2로 치환하는 것은 BW_1에 관련된 잡음값에 KdB의 잡음값을 더하는 것이다.

- 잡음을 측정할 때는 반드시 잡음대역폭을 규정해야 한다. 잡음은 대역폭에 비례하기 때문이다.
- 측정하는 잡음전력은 평균값(AVG)이어야 한다.

Spectrum Analyzer로 잡음을 측정할 때에는 다음에 설명하는 원인들에 의한 에러값이 함께 측정되어지므로 반드시 보상을 해 주어야 한다.

- 잡음 레벨이 해상도대역폭에 영향을 받기 때문에 분석기의 잡음레벨은 해상도대역폭 설정에 따라 변한다. 해상도대역폭을 좁히면 디스플레이되는 잡음 레벨은 낮아지고 대역폭을 넓히면 잡음 레벨은 높아진다.
- Spectrum Analyze의 RBW는 빠르게 스위프하도록 설계되므로 필터의 차단특성은 날카롭지 않다. 전형적으로 잡음등가 대역폭은 5dB대역폭보다 15% 내지는 20% 정도 넓다.
- 대부분 Spectrum Analyze의 탐지기는 정현파를 탐지하도록 설계되어 있기 때문에 비정규잡음을 측정할 때 에러를 야기한다.
- Spectrum Analyzer의 포락선 검파기 및 로그 증폭기에서도 잡음이 평균잡음보다 2.5dB(LIN 모드 1.06dB)만큼 적게 나타난다.
- 잡음신호가 Analyzer의 잡음층에 근접한 경우 잡음은 실제값보다도 5dB 정도 높게 나타난다. 이는 신호 레벨이 Analyzer 잡음층 근처에 있는 경우 Analyzer의 자체 잡음이 검출하여 화면에 표시할 에너지에 영향을 미치기 때문이다.

〈표 5-3〉 내부잡음에 대한 보상값

내부잡음과 측정잡음의 상대값(dB)	측정된 잡음의 에러(보상값)	내부잡음과 측정잡음의 상대값(dB)	측정된 잡음의 에러(보상값)
20dB	0.04dB	6dB	1.26dB
15dB	0.14dB	5dB	1.65dB
10dB	0.46dB	4dB	2.20dB
9dB	0.58dB	5dB	5.02dB
8dB	0.75dB	2dB	4.55dB
7dB	0.97dB	1dB	6.87dB

〈표 5-3〉은 내부잡음에 대한 보상값을 보여준다. 최근의 Spectrum Analyzer들은 대부분 이들 보상을 자동적으로 수행하여 평균잡음을 정확하게 측정할 수 있다.

1.7.1 C/N비의 측정

271X Spectrum Analyzer를 사용하여 TV CH5의 C/N 비를 측정하여 보자. 유사한 측정을 모든 채널에서 수행할 수 있다.

① Analyzer를 적절한 TV 신호원에 연결하고 신호원의 반송파를 대략 중앙으로 맞춘 후 시스템 잡음이 신호원을 제거한 상태의 Analyzer의 잡음층보다 높다는 것을 확인한다. 화면 하단의 기저(baseline)잡음이 감소할 것이다. 만약 그렇지 않다면 Analyzer의 RF 감쇠기가 0으로 맞추어져 있는가를 확인하고 내장된 전단 증폭기를 켠다.

② 응용메뉴(APPL Menu)를 선택하고, 측정조건표(Setup Table)에서 대역폭을 4.0MHz로 설정한 후 C/N 기능을 동작시킨다.

③ 스펙트럼이 다시 그려진 후 이동이 가능한 마커를 반송파의 왼쪽에 놓는다. 이 점이 잡음이 측정될 곳을 나타낸다.

[그림 5-16]은 2712의 MIN/MAX (Acquire mode)를 사용한 전형적인 화면을 보여주고 있다. C/N비는 화면 상단 오른쪽에 표시되어 있으며, Analyzer 필요한 보상을 해주기 때문에 수학적 계산은 필요하지 않다.

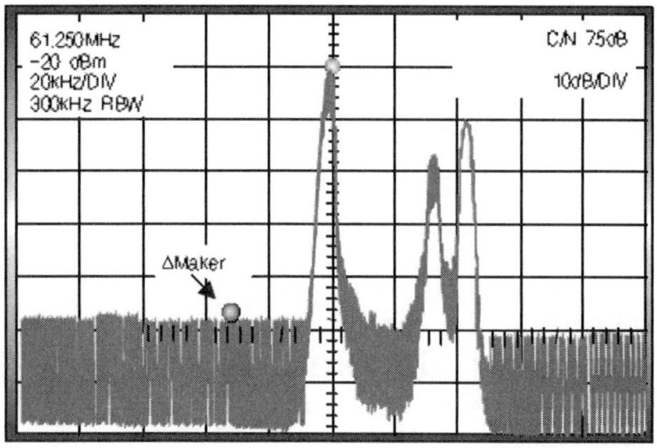

[그림 5-16] 2712의 MIN/MAX(Acquire mode)를 사용한 전형적인 화면

1.7.2 위상잡음

위상잡음(phase noise)은 RF 정현파, 즉 주로 발진기(oscillators)의 스펙트럼 순수도를 측정하기 위한 중요한 수단이 된다. 시간영역에서 위상잡음은 파형의 영점 통과점이 떨리는 현상으로 관찰되며, 주파수영역에서는 캐리어의 측파대역으로 나타난다.

진폭과 주파수 모두에서 어떤 변량을 가진 신호는 다음 식으로 주어진다.

여기서 Vo는 zero-to-peak 진폭이고, fo는 캐리어 주파수이다.

$$v(t) = [Vo + a(t)]\sin[2\pi fot + \phi(t)]$$

$a(t)$: 진폭잡음, $\phi(t)$ ÷ 위상잡음

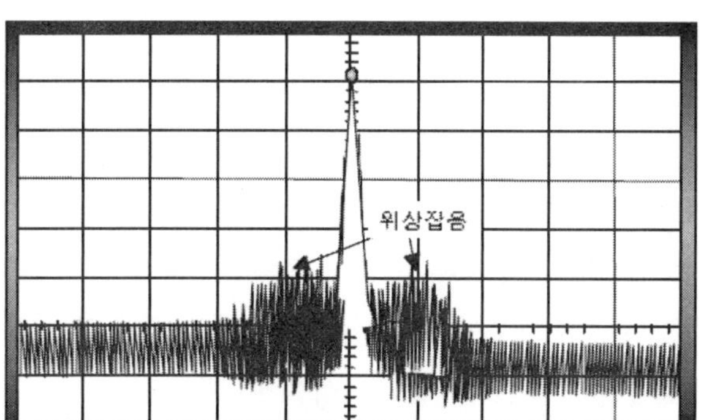

[그림 5-17] RF 정현파의 위상잡음 스펙트럼

이 잡음을 해석하는 절차는 진폭변조나 주파수변조와 유사하나 이때 변조신호원은 비정규 잡음이다.

[그림 5-17]은 단일 정현파의 위상잡음을 Spectrum Analyzer로 관찰할 때 나타나는 모양새를 보여주고 있다.

02 Tracking Generator를 이용한 응용

2.1 회로의 주파수 응답특성 측정

Tracking Generator는 신호발생기로서 Spectrum Analyzer의 측정주파수와 동기 그리고 추종 신호를 발생하여 준다. Tracking Generator를 Spectrum Analyzer와 함께 사용되면 각종 필터, 증폭기, 결합기(couplers) 등의 주파수응답특성과 X-tal의 Q측정 등 매우 넓은 분야에 응용되어질 수 있다.

측정방법은 [그림 5-18]과 같이 Tracking Generator의 출력을 측정할 소자의 입력에 연결한 후 측정소자의 출력을 Spectrum Analyzer에 연결하여 관찰하면 된다.

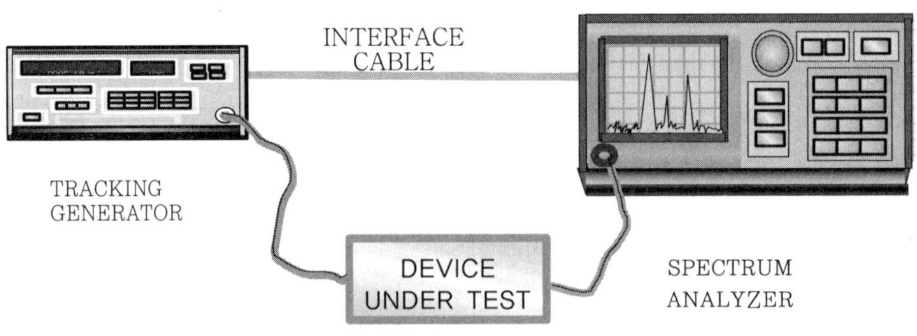

[그림 5-18] Tracking Generator의 출력을 측정

Tracking Generator와 Spectrum Analyzer가 결합 시, 두 계기의 특성에 의해서 전 대역에서 평탄한 주파수특성을 나타내지 않을 경우가 있다. 이럴 경우에는 반드시 측정에 앞서 전 대역 주파수응답특성을 미리 확인하여 보상을 해주어야 한다. 이것은 Analyzer가 가지고 있는 화면 메모리 기능의 하나인 "B-SAVE A"나 "B, C MINUS A"를 이용하여 다음과 같은 방법으로 보상할 수 있다.

① Tracking Generator의 출력을 Spectrum Analyzer에 직접 연결하여 화면에 나타난 특성 곡선을 "A" 메모리에 기억시켜 놓는다.

② Tracking Generator의 출력을 Analyzer에서 분리하여 측정할 소자의 입력에 연결하고, 그 출력을 Analyzer의 입력에 연결하여 화면의 응답특성을 관찰한다. 이 화면이 "Tracking Generator+측정소자+Spectrum Analyzer" 전체의 응답특성을 나타낸다. 이 응답특성을 "B" 또는 "C"의 메모리에 기억시킨다.

③ "B, C-SAVE A"를 눌러서 처음 기억시킨 시스템의 주파수응답특성을 실제 피측정체를 연결한 신호의 특성에서 빼주게 되면, 시스템 자체의 오차를 제거한 순수한 측정체만의 주파수 응답특성을 얻을 수 있다. 이때 화면 자체의 "D" 메모리는 off시키면 측정체의 주파수 응답특성만을 볼 수 있다.

[그림 5-19]는 TV 채널10용 밴드패스 필터의 특성을 측정할 때 나타날 수 있는 모양새를 보여주고 있다.

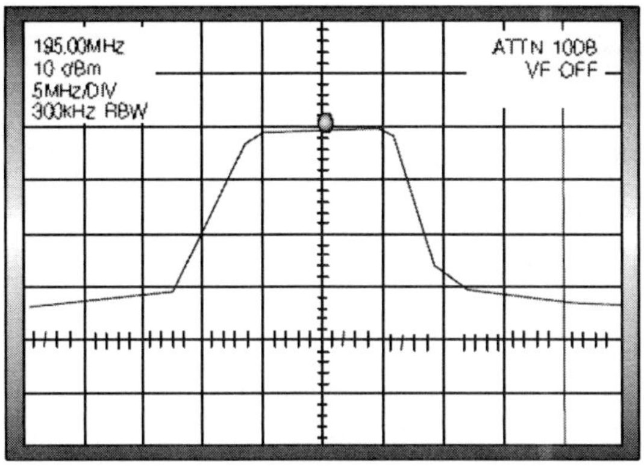

[그림 5-19] TV 채널10용 밴드패스 필터의 특성을 측정

2.2 안테나 스위프

안테나 스위프(VSWR)는 안테나가 사용 주파수에 적절하게 정합되어 있는지를 검사한다. 정재파비(standing wave ratio)는 안테나에 얼마나 많은 전력이 실제로 반사되는가, 즉 안테나가 얼마나 정합이 잘 되어 있는가를 나타내는 척도이다. 정재파비는 안테나의 반사손실(return loss)로 결정할 수 있다. 반사손실은 Spectrum Analyzer, 브리지(bridge), Tracking Generator를 상호 연결한 시스템으로 측정

할 수 있다. Bridge는 반드시 안테나의 특성 임피던스에 맞게 설계된 것을 사용해야 한다.

안테나 스위프를 수행할 때 Tracking Generator는 신호를 Bridge로 보낸다. 만약 안테나가 Bridge 특성 임피던스와 맞는다면 브리지는 평형을 유지한 상태에서 출력단에 전압이 나타나지 않는다. 그렇지만 만약 안테나가 특성 임피던스와 맞지 않는다면 Bridge는 불평형이 되어 출력단에 전압이 나타나며 이것을 Spectrum Analyzer로 측정한다.

Tracking Generator가 Analyzer의 동작 주파수대역으로 스위프하기 때문에 Analyzer는 브리지 출력을 주파수에 대한 전압그래프로 그린다.

[그림 5-20]은 SWR을 측정하기 위한 회로구성도이다.

① 안테나 스위프를 수행하기 전에 우선 전송선로의 종단에서 부하(안테나)를 개방(오픈)시켜 전송 에너지가 전부 반사되도록 하여, 반사된 신호가 화면의 최상단 근처에 오도록 기준 레벨을 조정한 후 이 파형을 저장한다.

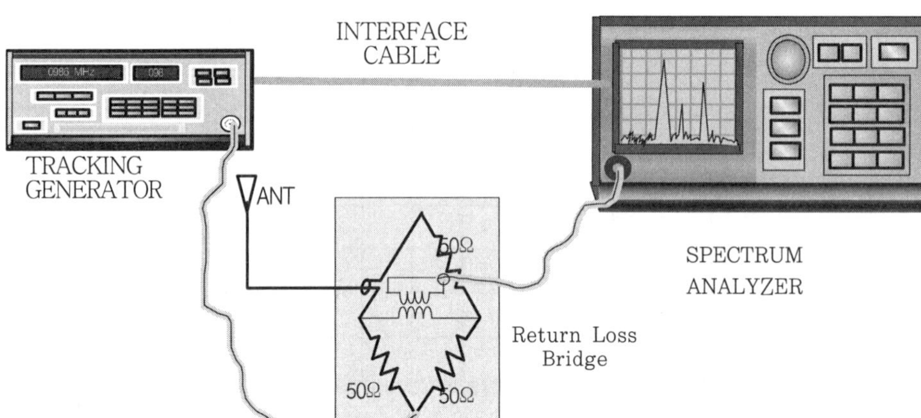

[그림 5-20] SWR을 측정하기 위한 회로구성도

② 브리지의 출력측(안테나쪽)을 기준(Reference) Dummy-load(보통 50Ω)로 종단시킨 후, 측정을 반복하고 레벨을 살펴 -50∼ − 60dBm정도로 매우 낮은 것을 확인한다.

③ Reference Dummy-load를 제거하고 안테나를 연결하여 다시 측정을 반복한다. 안테나를 연결하였을 때 반사되는 신호 레벨과 개방시킨 상태에서의 신호 레벨의 차이를 반사손실이라고 한다.

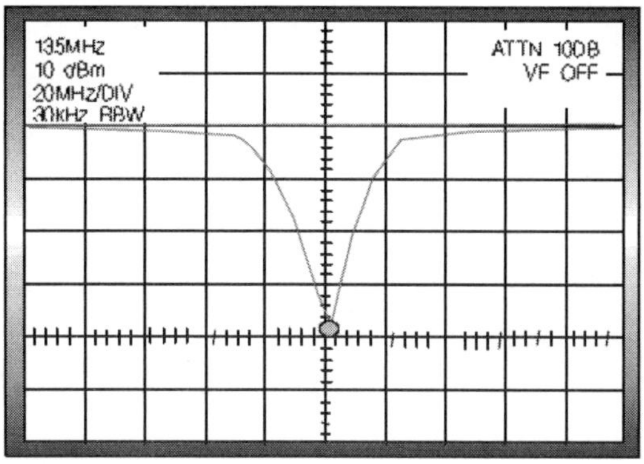

[그림 5-21] 55~255MHz까지 스위프시킨 협대역 안테나의 특성

[그림 5-21]은 55MHz에서 255MHz까지 스위프시킨 협대역 안테나의 특성을 나타낸다. 이 안테나는 155MHz에서 58dB의 반사손실을 보여주고 있다.

제 Ⅱ 편

이동통신 시스템 실무 측정실습

실험 1 오실로스코프 사용법

1. 기초지식

오실로스코프(oscilloscope)는 대단히 빠르게 진행되는 현상이나 과도현상의 관측 및 파형의 분석 등을 행하는 장치로서, 전기 및 전자 계측 분야에 널리 사용된다. 오실로스코프는 브라운관이라 하는 전자관을 가지고 있다.

브라운관은 일명 음극선관(CRT)이라고도 한다. 음극선은 전자빔을 의미하는 것으로 음극선관 내에는 전자빔, 즉 가느다란 전자의 흐름이 발생한다. 전자는 음전하를 가지며, 질량이 매우 작으므로 전기장에 의하여 그 운동을 자유로이 제어할 수 있어서 수백MHz의 고주파까지 사용할 수 있다.

2. 실험목적

① 오실로스코프 사용법을 익힌다.
② 신호발생기로 여러 가지 파형을 발생시켜 스펙트럼으로 확인하는 방법을 익힌다.
③ 오실로스코프의 기능을 이해하고 그 사용법에 의해 여러 현상을 관찰한다.
④ 각 기능 익히기

3. 실험기기 및 부품

① 신호발생기 : 1set
② RF Cable(SMA(male)-cable-SMA(male) assembly : 1set
③ 오실로스코프 : 1set

4. 실험절차

오실로스코프의 각 기능에 대한 이론과 키 조작을 위한 각각의 기능을 익힌다(그림 1-1).

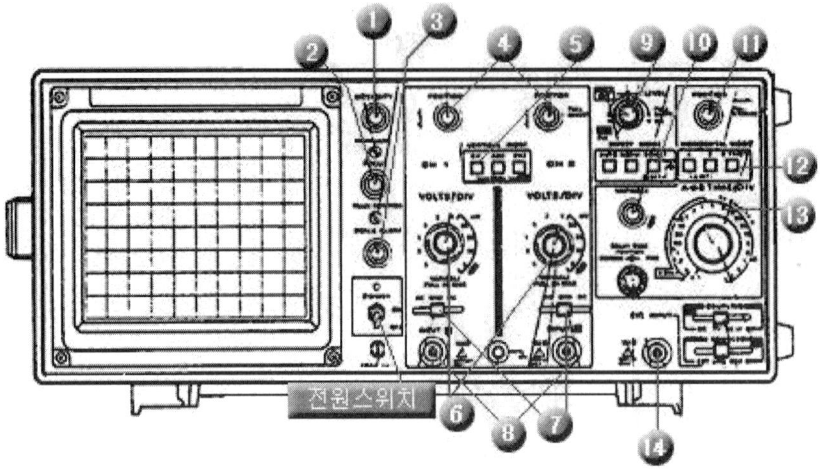

[그림 1-1] 전면판

① INTENSITY : 이 knob는 CRT상의 밝기와 휘도를 조정한다. 시계방향으로 회전시키면 밝기가 강해진다.

② FOCUS : 이 knob는 형광면에 예민한 궤적을 얻기 위해 INTENSITY와 함께 조정하는 것이다. 이 두 조정장치는 상호작용이 있어서 하나를 조정하면 다른 것을 조정하여야 한다.

③ SCALE ILUM : 눈금의 밝기를 조정한다.

④ POSITION : 왼쪽은 CH1 궤적의 수직위치를 조정하는 단자이다. 오른쪽은 CH2의 궤적의 수직위치를 조정하는 단자이다.

⑤ CH1, CH2 : 채널1이나 채널2의 한 개의 입력만 측정 시 사용되고 그때의 트리거원은 입력신호가 된다.

⑥ ADD : CH1의 입력파형과 CH2의 입력파형의 합 및 차의 신호를 그릴 수 있는 단자이다.

⑦ VOLT/DIV : 수직입력 신호를 감쇠하는 단자이다. VOLT/DIV의 제시값은 형광면의 수직편향의 매 눈금에 해당하는 전압을 결정한다.

⑧ AC-GND-DC : 이 단자는 수직입력 절환스위치로써 AC의 경우, 입력단자 콘덴서가 삽입되어 입력신호 중 직류성분이 제거되고 교류성분만이 관측되며 DC의 경우 입력단자가 직접 스코프에 직결되어 제거되는 성분없이 모두 입력된다. GND의 경우 입력단자는 개방되고 내부증폭기의 입력은 Ground가 영점조정 시 사용된다.

⑨ INPUT : 수직 입력신호 연결용 BNC 커넥터이다.

⑩ HOLD-OFF : 소인이 정지하고 있는 시간을 제어하여 소인의 반복주기를 측정하는 신호의 반복주기와 맞춤으로 파형을 정지시키는 것이다(그림 1-2).

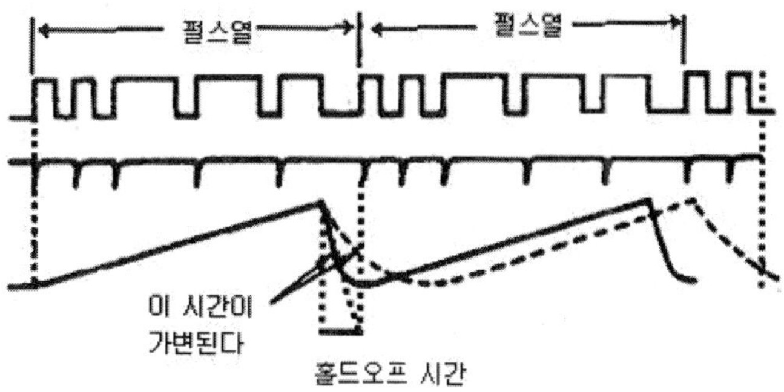

[그림 1-2] 신호의 반복주기

⑪ SWEEP MODE

㉠ AUTO : 오실로스코프에 가해지는 입력의 트리거 신호가 없을 경우 형광면상에는 아무런 파형도 나타나지 않으므로 측정자의 입장에서는 파형의 위치나 크기를 잘못 추측한 것인지 곤란한 경우가 있다. 이 모드는 스코프에 가해지는 파형이 없더라도 프리러닝(free running)하도록 하는 모드로 주파수 50Hz 이하의 신호에서도 같은 동작을 한다.

㉡ NORM : AUTO MODE와는 달리 트리거 신호가 없으면 파형은 나타나지 않는 모드로 주로 50Hz 이하의 반복신호의 관측에 사용된다.

㉢ SINGLE(PUSH TO RESET) : 단발 펄스 등과 같이 1회만 발생하는 현상 또는 간헐적으로 발생하는 신호를 관측할 때 사용되고 RESET되기 전까지는 소인회로는 한번만 소인된다. 반복적으로 단 소인하기 위해서는 RESET 스위치를 수동으로 조작한다.

⑫ POSITION : 궤적(trace)의 수평위치를 조정하고 궤적의 형광점은 면을 중앙을 차지하도록 한다. 이 스위치를 앞으로 당기면 수평증폭기의 GAIN이 10배로 되면 CRT 관면 소인을 10배로 확대된다.

⑬ HORIZONTAL MODE

㉠ A : A 소인 모드로 동작한다.

ⓛ A INT : A 소인 파형을 확대하거나 부분을 선택할 경우 사용한다. A소인에 대해서 B 소인부를 밝게 표시한다.

ⓒ B : 지연소인인 B 소인만 표시하고 지연소인은 주로 복잡한 파형의 일부를 형광면에서 확대하고 그 시간을 측정하는 기능이다.

ⓔ B TRIG : 연속지연과 동기지연을 선택하는 스위치 눌러진 상태는 동기지연이고 눌러지지 않은 상태가 연속지연이다.

⑭ TIME/DIV : 파형주기를 변화시킨다.

⑮ VOLT/DIV : 수직입력신호를 감쇠하는 단자이다. VOLT/DIV의 제시값은 형광면의 수직편향의 매 눈금에 해당하는 전압을 결정한다.

⑯ FREQUENCY : 이 노브는 RANGE 노브와 조합되어 사용되는데 출력파의 주파수의 유효숫자 범위로 보면 된다. 범위는 1~10까지로 되어 있다. 예를 들어, 이 노브가 3을 가르키고 RANGE 노브가 ×10을 가리킨다면 3×10=30Hz 주파수의 파형이 출력된다.

⑰ AMPLITUDE : 노브는 진폭을 변화하는 단자로서 정현파와 구형파는 0~8Vp-p 삼각파는 0~6Vp-p로 변화시킬 수 있다.

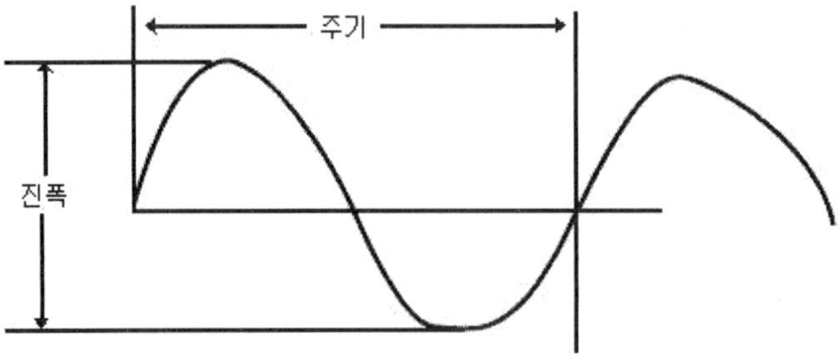

[그림 1-3] 정현파 주기

5. 실험결과 및 고찰

<table>
<tr><td>실 험 제 목</td><td colspan="4"></td><td>평 가</td><td></td></tr>
<tr><td>소 속</td><td colspan="6"></td></tr>
<tr><td>실 험 조</td><td>조</td><td></td><td>인 원</td><td></td><td>실험일자</td><td></td></tr>
<tr><td>학 번</td><td colspan="6"></td></tr>
<tr><td>성 명</td><td colspan="6"></td></tr>
<tr><td>조 원</td><td colspan="6"></td></tr>
</table>

① 오실로스코프로 측정할 수 있는 파형의 종류를 설명하시오.

② 각 기능에 대에 나열하시오.

③ 오실로스코프와 스펙트럼의 차이에 대해 설명하시오.

실험 2 레벨 및 주파수 측정

1. 기초지식

Spectrum Analyzer를 사용하는 주목적은 신호의 주파수와 레벨을 측정하는 것이다. 모르는 신호에 대해서는 Spectrum Analyze를 기본설정(PRESET)으로 하여 측정을 하면 좋다.

만일 RF 입력에서 신호 레벨이 30dBm(=1W) 이상으로 예상되면, 파워 감쇠기를 Spectrum Analyzer의 RF 입력에 연결시켜야 한다. 인가된 모든 신호들의 총파워는 이 제한을 고려하여야 한다. 만일 파워 감쇠기가 사용되지 않으면 30dBm 이상의 신호 레벨은 RF 감쇠기나 입력 Mixer에 손상을 준다.

2. 실험목적

① Spectrum Analyzer 사용법을 익힌다.

② 신호발생기로 여러 가지 파형을 발생시켜 스펙트럼으로 확인하는 방법을 익힌다.

③ Spectrum Analyzer 각 기능의 측정법을 익힌다.

④ 마커를 사용하여 주파수와 레벨의 측정한다.

⑤ 교정신호 레벨과 2차 고주파 신호의 레벨을 측정한다.

마커 기능을 사용하면 정현파 캐리어의 레벨과 주파수를 쉽게 측정할 수가 있다. Spectrum Analyzer는 마커 위치에서 신호의 진폭과 주파수를 가리킨다. 주파수측정의 정밀도는 Spectrum Analyzer 기준주파수, 마커 주파수 디스플레이의 분해능 및 화면의 분해능에 의해 결정된다.

3. 실험기기 및 부품

① 신호발생기(Signal Generator) : 1set

② RF Cable(SMA(male)-cable-SMA(male) assembly : 1set

③ Spectrum Analyzer : 1set

④ LTE 중계기(LTE Repeater) : 1set

4. 실험절차

주 정확한 측정을 실행하기 위해서는 규정의 온도범위 내에서 본 기기를 사용하고 또, 전원투입 후에는 30분 이상 Warmup 후 Calibration을 실행한다. 여기에서는 조작의 실습이기 때문에 Warmup은 생략한다.

① 전면 Panel의 POWER Switch가 OFF로 되어 있는지를 확인한다.

② 후면 Panel의 AC 전원용 Connector에 부속의 전원 Cable을 접속한다.

주 파손방지를 위해 본 기기에는 지정범위를 초과한 입력전압 또는 주파수를 초과하지 말아야 한다.

③ 전원 Cable을 콘센트에 접속한다.

④ 전면 Panel의 POWER Switch를 ON으로 한다. Self · Test가 완료하면 화면은 Start up 화면이 된다.

주 전단계의 사용상태에 따라 전원투입 후의 표시가 달라진다.

여기서 기기의 설정상태를 초기화하고자 할 때는 다음과 같이 한다.

⑤ SHIFT를 누른다. Panel · Key 상부의 청색 글자의 기능이 유효가 되고 SHIFT Lamp가 점등한다.

⑥ CONFIG(PRESET)을 누른다. 공장출하 시 초기 설정조건을 [그림 2-1] 화면처럼 읽어낸다.

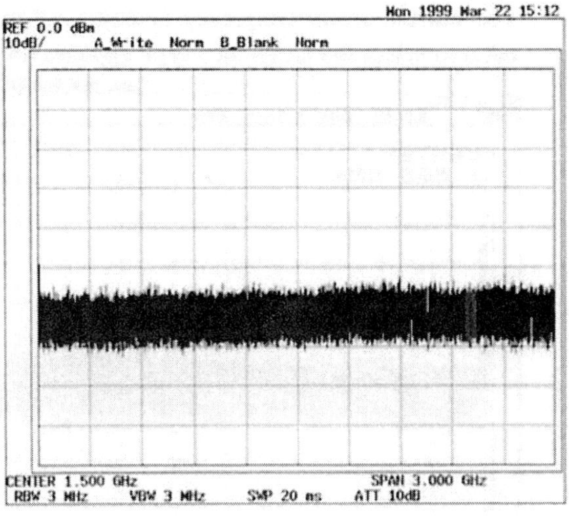

[그림 2-1] 초기 설정화면

〈입력신호의 접속〉

측정하고자 하는 신호를 측정기에 교정신호를 접속한다.

⑦ 정면 Panel에 있는 INPUT Connector에 N-BNC Adaptor를 부착한다.

⑧ 정면 Panel에 있는 CAL OUT Connector와 INPUT Connector를 부속의 입력 Cable로 접속한다.

⑨ [그림 2-2]와 같이 실습결선도를 연결한다.

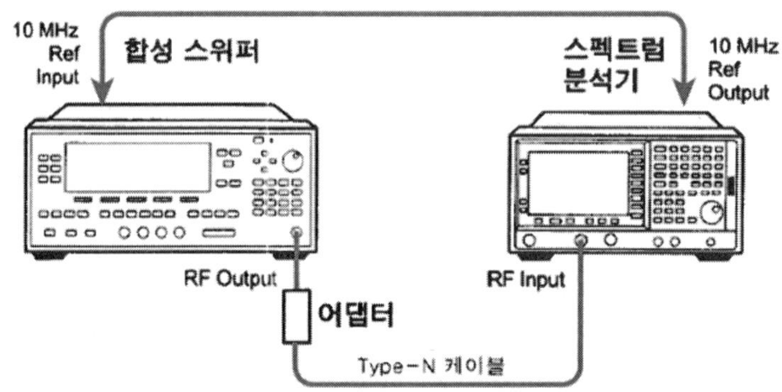

[그림 2-2] 시스템 결선구성도

⑩ Spectrum Analyzer를 기본 설정값으로 설정한다. PRESET 키를 누른다(처음부터 하고자 할 때만 사용한다).

⑪ 고주파 신호발생기(SSG)의 신호를 50MHz로 설정한다.

㉠ FREQ 키를 누른다.

㉡ 숫자 5, 0을 누른다.

㉢ MHz/ms 키를 누른다.

㉣ ENTER 키를 누른다.

⑫ 고주파 신호발생기(SSG)의 RF 신호를 출력하기 위하여 RF를 ON한다. RF ON으로 설정한다.

⑬ 고주파 신호발생기(SSG)의 신호세기 레벨을 -45dBm으로 설정한다.

㉠ LEVEL UNIT 키를 누른다.

㉡ UP/DOWN 키를 이용하여 단위를 dBm으로 설정한다.

㉢ 숫자 -, 4, 5 키를 누른다.

㉣ ENTER 키를 누른다.

⑭ 측정하고자 하는 신호를 측정장비 전면판의 RF INPUT에 연결시킨다.

㉠ 구성도와 같이 셋팅한다.

㉡ 입력신호의 관측이 용이하도록 측정조건을 설정한다.

⑮ 중심주파수를 관측이 용이하도록 하기 위해 FREQ를 누른다.

Active · Area에 현재의 중심주파수가 표시되고 주파수를 설정하기 위한 Freq Menu가 표시된다.

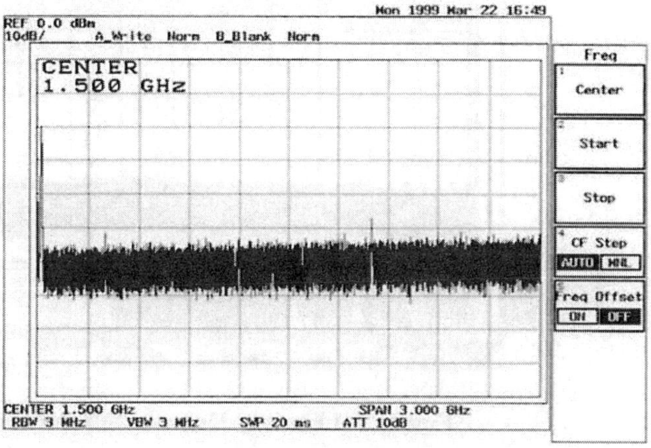

[그림 2-3] Active · Area의 표시

⑯ 중심주파수를 50MHz로 설정하기 위해 다음과 같이 설정한다.

㉠ 5, 0, MHz를 누른다.

㉡ 중심주파수가 50MHz로 설정된다.

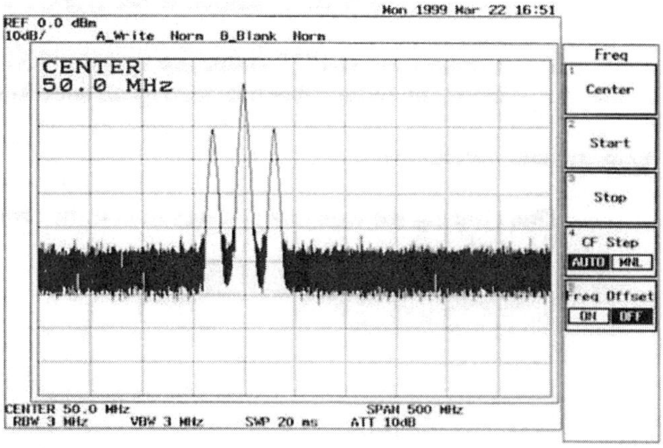

[그림 2-4] 중심주파수의 설정

⑰ 좀더 관측하기 용이하도록 SPAN키를 이용하여 설정한다.

㉠ SPAN을 누른다.

㉡ Active · Area에 현재의 주파수 SPAN이 표시되고 주파수 SPAN을 설정하기 위한 Span Menu가 표시된다.

⑱ 5, 0, 0, MHz를 누른다. 주파수 SPAN이 500MHz로 설정된다.

⑲ LEVEL을 누른다. Active · Area에 현재의 Reference · Level이 표시되고 Level을 설정하기 위한 Level Menu가 표시된다.

⑳ 2, 0, MHz(-dBm)을 누른다. Reference · Level이 -20dBm으로 설정된다.

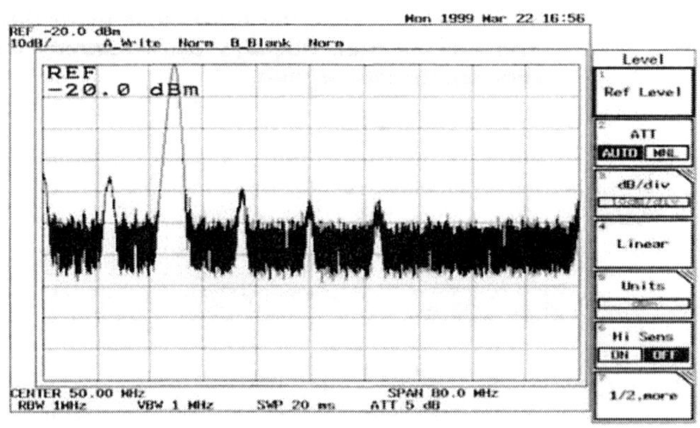

[그림 2-5] 측정조건의 설정화면

㉑ 측정된 신호의 Peak에 Marker를 표시하기 위해 PK SRCH를 누른다. Marker가 Peak에 표시되고 Marker · Area에 Marker의 주파수(약 1MHz)와 Level (약 －25dBm)이 표시된다.

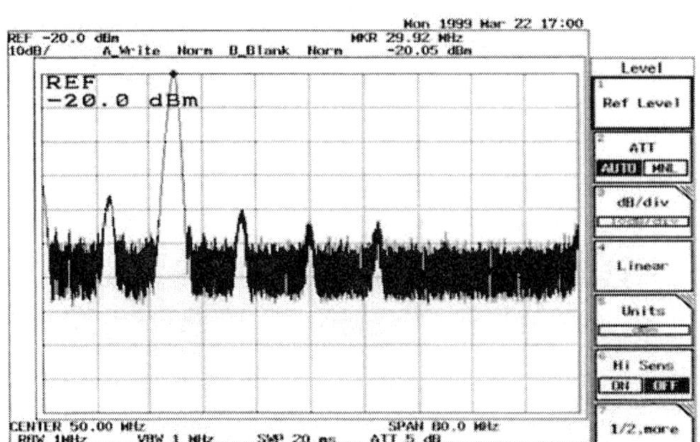

[그림 2-6] Peak · Search의 표시화면

㉒ Delta · Marker의 사용으로 좀더 정확한 값을 읽기 위해 MKR을 누른다. Marker 기능을 사용하기 위한 Marker Menu가 표시된다.

㉓ Delta를 누른다 Delta · Marker가 표시되고 Marker · Area에 Marker와 Delta · Marker의 주파수와 Level의 차가 표시된다.

㉔ 5, 0, MHz (-dBm)을 누른다.

㉠ Active · Marker가 50MHz 떨어진 2차 고주파 신호를 포착한다.

㉡ Data · Knob로 Marker를 신호의 Peak에 맞춥니다.

㉢ Marker · Area의 표시는 2신호간의 주파수차와 Level (-21dBm)차이다.

5. 실험결과 및 고찰

실 험 제 목					평 가	
소 속						
실 험 조	조		인 원		실험일자	
학 번						
성 명						
조 원						

① 레벨 및 주파수 측정에 대해 알아보시오.

② 주파수와 레벨에 관한 측정을 위하여 필요한 기능키에 대해 알아보시오.

③ 중심주파수를 1GHz로 설정하고, SPAN을 200MHz 때와 500MHz 때의 파형을 비교해보시오.

④ MKR 키를 이용하여 DELTA 키로 기준 주파수와 레벨차가 있는 주파수의 레벨 차이점을 비교해보시오.

실험3 복수의 신호 스펙트럼 측정

1. 기초지식

(1) 적절한 분해능대역폭을 선택하여 신호들을 분리

Spectrum Analyzer의 기본 특성으로 복합 신호의 스펙트럼 성분들을 분리할 수 있다는 것이다. 각 성분들을 분리할 수 있는 분해능은 분해능대역폭에 의해 결정된다. 만일 분해능대역폭이 너무 크면, 스펙트럼 성분들은 더 이상 구분할 수가 없다. 즉 스펙트럼 성분들은 단일 성분으로 디스플레이된다.

RF 정현파 신호는 설정 분해능 필터(RBW)의 통과대역 특성으로 Spectrum Analyzer의 화면에 디스플레이된다. 그것은 디스플레이된 필터의 3dB 대역폭이다.

동일한 진폭을 갖는 두 신호는 분해능대역폭이 신호의 주파수 차보다 작거나 동일하면 분해할 수가 있다. 만일 분해능대역폭과 주파수 차가 동일하면 두 신호 사이의 중앙에서 3dB 레벨만큼 침하를 볼 수가 있다. 분해능대역폭이 작으면 레벨의 침하가 더 심해지고 신호분해능은 더 좋아진다.

만일 신호간의 레벨 차가 크면 분해능은 선택된 분해능대역폭뿐만 아니라 선택도에 의해 결정된다. Spectrum Analyzer에 사용된 선택도 치수는 3dB 대역폭에 대해 60dB 대역폭의 비율이다(스위프 인수).

FSP에 대해 100kHz까지의 대역폭에 대해 스위프 인수는 〈5이고, 큰 대역폭에 대해서는 〈15이다. 즉 30kHz 필터의 60dB 대역폭은 〈150kHz이고, 300kHz 필터의 대역폭은 〈4.5MHz이다. 3dB 대역폭들에 대해서는 10의 인수만큼 차이가 나지만 60dB 대역폭에 대해서는 30의 인수만큼 차이가 난다.

작은 대역폭에 의해 스펙트럼 분해능이 높아지면 동일한 폭에 대한 스위프(sweep) 시간은 길어진다. 분해능 필터가 스위프 동안에 디스플레이된 모든 신호 레벨과 주파수에서 안정화하는 데 필요한 스위프 시간은 다음 공식에 의해 결정된다.

$$SWT = \frac{k^{*}\,\mathrm{Span}}{\mathrm{RBW}^{2}}$$

SWT : 정확한 측정을 위한 최대 스위프 시간

k : 분해능 필터의 형태에 의한 인수

=2.5 : 아날로그 IF 필터(≥300kHz)

=1 : 디지털 IF 필터(≤100kHz)

Span : 주파수 디스플레이 범위

RBW : 분해능대역폭

만일 분해능대역폭이 3의 인수만큼 감소하면 스위프 시간은 9의 인수만큼 증가한다.

주 스위프 시간에 대한 비디오 대역폭의 영향은 앞의 식에서 고려하지 않았다. 정확한 공식으로 비디오 대역폭은 ≥3*분해능대역폭이어야 한다.

대역폭 〉300kHz에 대해 FSP는 4-극 단일-섹션 필터를 사용한다. 이 필터에는 주파수 스위프 동안에 안정화하는데 2.5의 k 인수가 필요하다. 가우시안 특성을 갖는 디지털 필터는 300kHz 대역폭 이하에서 사용된다(최대 100kHz까지). 이 필터는 1의 k 인수에서 안정화된다. 즉 스위프 시간은 기존 4 또는 5극 단일-섹션 필터보다는 2.5배 짧게 된다.

FFT 필터는 최대 30kHz의 분해능대역폭에 사용할 수 있다. 디지털 필터처럼 FFT 필터는 최대 30kHz까지 5 이하의 스위프 인수를 갖는다. 그러나 FFT 필터에 대해 스위프 시간은 다음 공식으로 주어진다.

$$SWT = \frac{k^{*}\,\mathrm{Span}}{\mathrm{RBW}}$$

즉, 분해능대역폭이 3의 인수만큼 줄어들면 스위프 시간은 3의 인수만큼만 증가한다.

2. 실험목적

① Spectrum Analyzer 사용법을 익힌다.

② 신호발생기로 여러 가지 파형을 발생시켜 스펙트럼으로 확인하는 방법을 익힌다.

③ 각 기능의 측정법을 익힌다.

④ 2신호의 분리측정법

이 실험은 Spectrum을 관측할 때 인접한 복수의 신호를 정확하게 관측하기 위해서 필요한 RBW의 설정에 대해서 설명한다.

3. 실험기기 및 부품

① 신호발생기(Signal Generator) : 2set

② RF Cable(SMA(male)-cable-SMA(male) assembly: 1set

③ Spectrum Analyzer: 1set

④ 3Port 분배기(Combiner) : 1set

4. 실험절차

① 측정기기의 전원을 ON한다.

② 기기의 설정상태를 초기화하고 Shift, Config(Preset)를 누른다. 초기 설정조건을 불러낸다.

〈기기의 접속〉

③ [그림 3-1]과 같이 기기를 접속한다.

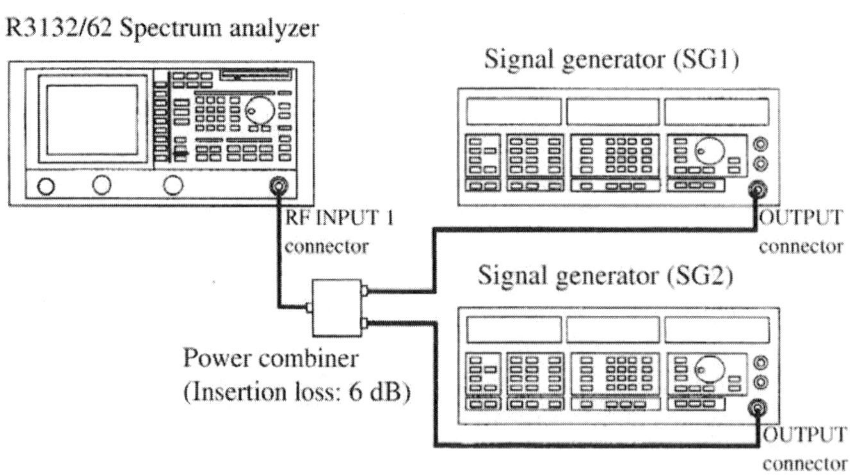

[그림 3-1] 2신호의 분리측정의 접속

〈전원의 투입〉

④ 기기의 전원을 투입한다. Signal Generator의 설정; 측정에 사용하는 Signal Generator의 출력을 설정한다.

⑤ SG1을 주파수 200.00MHz, Level －10dBm, 출력 ON으로 설정한다.

⑥ SG2를 주파수 200.25MHz, Level －20dBm, 출력 ON으로 설정한다. 설정상

태의 초기화, 이 기기의 설정상태를 초기화한다.

⑦ SHIFT, CONFIG(PRESET)을 누른다. 공장출하 시 초기설정 조건을 읽어낸다.

⑧ 측정조건의 설정 : 입력신호의 관측이 용이하도록 측정조건을 설정한다.

⑨ FREQ, 2, 0, 0, MHz를 누른다. 중심주파수가 200MHz로 설정된다.

⑩ SPAN, 1, 0, MHz를 누른다.

㉠ 주파수 SPAN이 10MHz로 설정된다.

㉡ RBW가 초기상태에서는 100kHz이기 때문에 Spectrum의 분리가 불충분한다.

㉢ 2개의 신호를 입력하고 있음에도 불구하고 1개의 Peak로 표시된다.

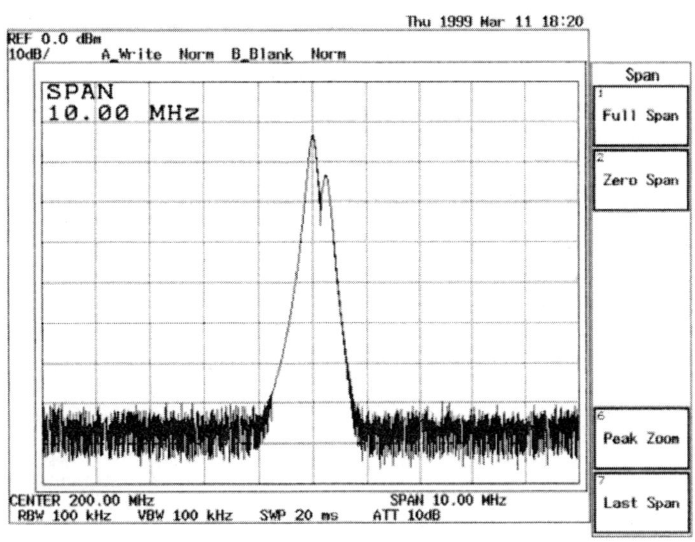

[그림 3-2] 분리가 불충분한 표시

⑨ BW, RBW AUTO/MNL, 3, 0, kHz를 누른다.

㉠ RBW가 30kHz로 설정된다.

㉡ Spectrum의 분리가 가능해져 2개의 Peak가 관측된다.

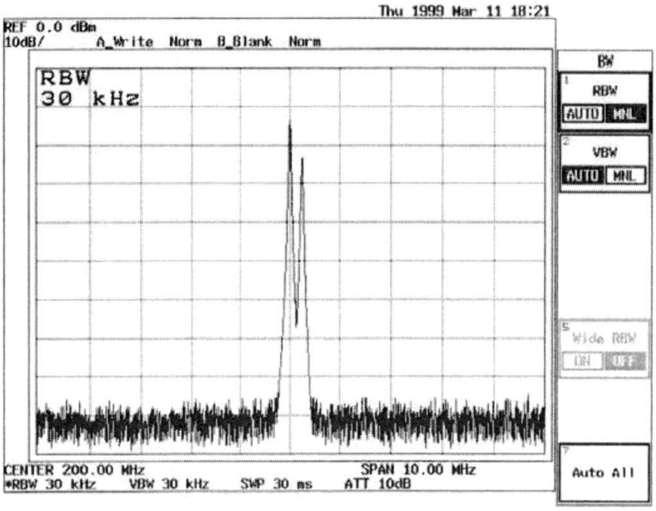

[그림 3-3] 분리 도중의 표시

⑩ 1, 0, MHz를 누른다.

㉠ RBW가 10kHz로 설정된다.

㉡ Spectrum의 분리가 가능해져 2개의 Peak가 완전하게 분리되어 관측된다.

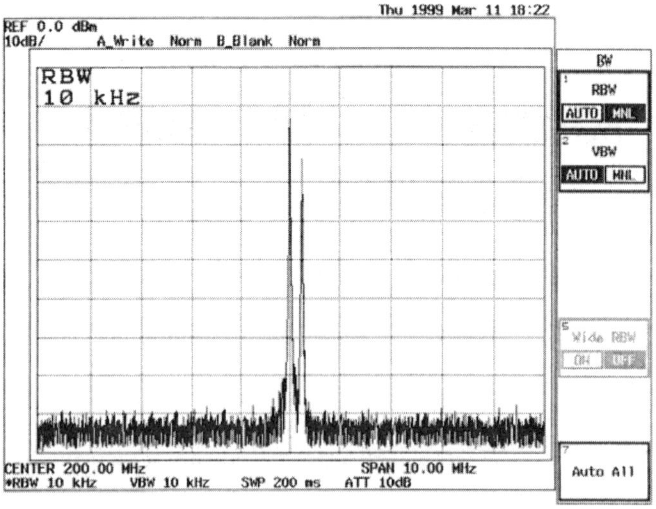

[그림 3-4] 분리가 완전한 그림

5. 실험결과 및 고찰

<table>
<tr><td>실험제목</td><td colspan="4"></td><td>평 가</td><td></td></tr>
<tr><td>소 속</td><td colspan="6"></td></tr>
<tr><td>실 험 조</td><td>조</td><td></td><td>인 원</td><td></td><td>실험일자</td><td></td></tr>
<tr><td>학 번</td><td colspan="6"></td></tr>
<tr><td>성 명</td><td colspan="6"></td></tr>
<tr><td>조 원</td><td colspan="6"></td></tr>
</table>

① 복수의 신호 스펙트럼 측정에 대해 알아보시오.

② 2신호의 분리측정의 접속결선도를 그리고 설명하시오.

③ 실험결과에 대한 상세한 설명을 하시오.

④ SG1을 주파수 800.00MHz, Level -15dBm, 출력 ON으로 설정하고, SG2를 주파수 800.25MHz, Level -20dBm, 출력 ON의 설정상태에서의 파형을 그리시오.

⑤ RBW가 100kHz로 설정하였을 경우 파형을 그리시오.

실험 4 상호변조도 측정

1. 기초지식

장비를 이용해서 스텍트럼을 관측할 때 복수의 신호를 정확하게 관측하기 위해서 필요한 Attenuator(ATT)의 설정에 대해서 설명한다. 본 측정은 복수의 과대한 신호가 입력되면 상호변조 왜율을 발생시켜 입력신호에 없는 Spurious를 표시한다. ATT를 조정해서 Mixer의 입력 레벨을 적절하게 하는 것이 중요하다.

2. 실험목적

① Spectrum Analyzer 사용법을 익힌다.

② 신호발생기로 여러 가지 파형을 발생시켜 스펙트럼으로 확인하는 방법을 익힌다.

③ Spectrum Analyzer 각 기능의 측정법을 익힌다.

④ 마커를 사용하여 주파수와 레벨의 측정한다.

⑤ 상호변조 왜율을 발생시켜 Level을 측정한다.

3. 실험기기 및 부품

① 신호발생기(Signal Generator) : 2set

② RF Cable(SMA(male)−cable−SMA(male) assembly : 1set

③ Spectrum Analyzer : 1set

④ 3Port 분배기(Combiner) : 1set

4. 실험절차

① 측정기기의 전원을 ON한다.

② 기기의 설정상태를 초기화한다.

㉠ Shift, Config(Preset)를 누른다.

㉡ 초기 설정조건을 불러낸다.

〈기기의 접속〉

① [그림 4-1]과 같이 기기를 접속한다.

② 기기의 전원을 투입한다.

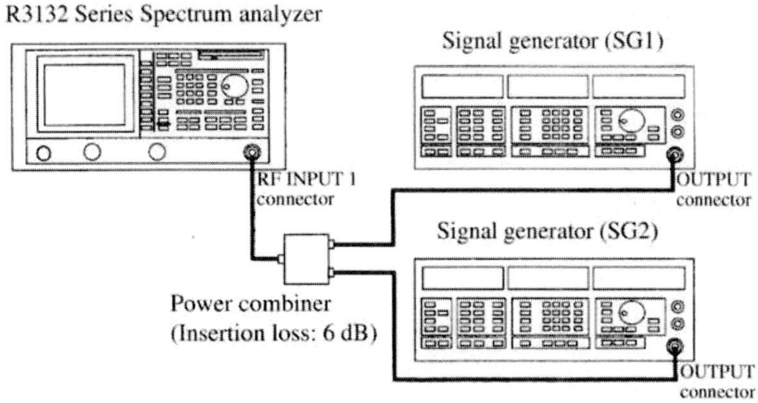

[그림 4-1] 상호변조의 측정의 접속

〈Signal · Generator의 설정〉

③ 측정에 사용하는 Signal · Generator의 출력을 설정한다.

④ SG1을 주파수 200.0MHz, Level -4dBm, 무변조, 출력 ON으로 설정한다.

⑤ SG2를 주파수 200.2MHz, Level -4dBm, 무변조 출력 ON으로 설정한다. 각각의 신호는 본 기기의 입력 Level로 -10dBm이다.

〈본 기기의 설정상태를 초기화한다〉

⑥ SHIFT, CONFIG(PRESET)을 누른다. 공장출하시 초기설정 조건을 읽어낸다.

〈측정조건의 설정〉

⑦ 입력신호의 관측이 용이하도록 측정조건을 설정한다.

⑧ FREQ, 2, 0, 0, MHz를 누른다. 중심주파수가 200MHz로 설정된다.

⑨ SPAN, 1, MHz를 누른다. 주파수 SPAN이 1MHz로 설정된다.

⑩ BW, RBW, AUTO/MNL, 3, kHz를 누른다.

㉠ RBW가 3kHz로 설정된다.

㉡ ATT의 설정이 초기 상태에서는 10dB이기 때문에 Mixer에 -20dBm (-10dBm-10dB)의 신호가 입력된다. 이 Mixer 입력 Level은 상호변조

왜율의 발생하는 한계보다 크기 때문에 기존의 Peak1 및 Peak2 외에 Spurious의 Peak3 및 Peak4가 관측된다.

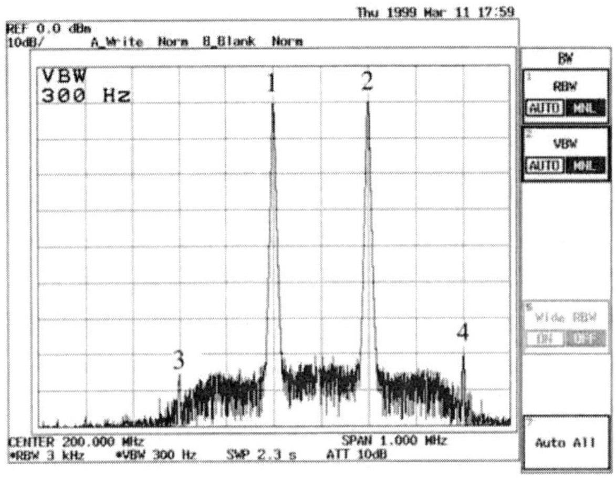

[그림 4-2] 상호변조 왜율이 발생하고 있는 화면

〈Attenuator의 변경〉

⑪ LEVEL, ATT AUTO/MNL, 2, 0, GHz(dB)를 누른다.

㉠ ATT가 20dB로 설정된다.

㉡ Mixer 입력 Level이 -30dBm(=−10dBm−20dBm)가 되고 상호변조 왜율에 의한 ([그림 4-3]의 Peak 3, 4)가 발생하지 않게 된다.

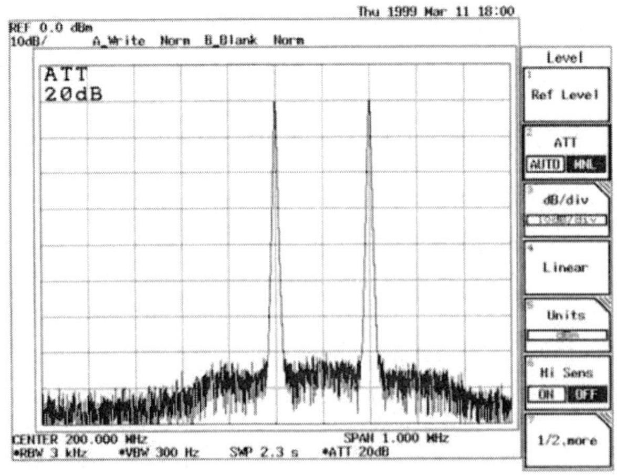

[그림 4-3] 상호변조 왜율이 발생하고 있지 않은 화면

이 때의 Spectrum이 상호변조 왜율이 없는 원래의 것이다. 복수의 신호가 입력되어 있을 때는 상호변조 왜율이 발생하지 않도록 ATT를 적절한 설정으로 해서 Mixer 입력 Level을 제한하는 것이 중요한다.

5. 실험결과 및 고찰

실 험 제 목				평　가	
소　　속					
실　험　조	조		인 원	실험일자	
학　　번					
성　　명					
조　　원					

① 상호변조도 측정에 대해 알아보시오.

② 상호변조 왜율이 발생하고 있는 상태를 측정하시오.

③ 상호변조의 측정을 위한 결선도에 대해 설명하시오.

실험5 채널 대역폭 내 전력의 측정

1. 기초지식

이 기기에는 각종 전력측정을 용이하게 실행할 수 있는 전력측정 기능이 있다. 여기서는 Channel 대역폭 내 전력의 측정을 예로 전력측정의 설명을 실행한다.

2. 실험목적

① Spectrum Analyzer 사용법을 익힌다.
② 신호발생기로 여러 가지 파형을 발생시켜 스펙트럼으로 확인하는 방법을 익힌다.
③ Spectrum Analyzer 각 기능의 측정법을 익힌다.
④ 마커를 사용하여 주파수와 레벨측정을 한다.
⑤ 대역폭 내 전력측정을 한다.

3. 실험기기 및 부품

① 감쇠기(Attenuator) : 2set
② RF Cable(SMA(male)-cable-SMA(male) assembly : 1set
③ Spectrum Analyzer : 1set
④ 3Port 분배기(Combiner) : 1set

4. 실험절차

① 측정기기의 전원을 ON한다.
② 기기의 설정상태를 초기화한다.
  ㉠ Shift, Config(Preset)를 누른다.
  ㉡ 초기 설정조건을 불러낸다.
  측정조건은 여기에서의 측정대상은 WCDMA 방식의 피시험 Unit(휴대폰)의 출력이 주파수 875MHz Level 20dBm이다. 측정에 중의 각 설정값에 대해서는 측정대상에 맞는 측정값을 설정한다.

〈기기의 접속〉

① [그림 5-1]과 같이 기기를 접속한다.

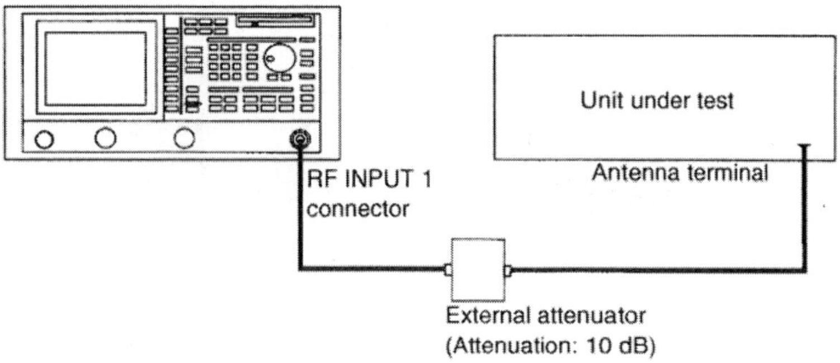

[그림 5-1] Channel 대역폭 내 전력측정의 접속

〈전원의 연결〉

② 기기의 전원을 연결한다.

〈피시험 Unit의 설정〉

③ 피시험 Unit의 신호를 출력한다.

〈설정상태의 초기화〉

④ 본 기기의 설정상태를 초기화한다.

⑤ SHIFT, CONFIG(PRESET)을 누른다. 공장출하 시 초기 설정 조건을 읽어낸다.

〈측정조건의 설정〉

⑥ 입력신호의 관측이 용이하도록 측정조건을 설정한다.

⑦ FREQ, 846, MHz를 누른다. 중심주파수가 846MHz로 설정된다.

⑧ SPAN, 3, MHz를 누른다. 주파수 SPAN 3MHz로 설정된다.

⑨ BW, RBW AUTO/MNL, 1, 0, kHz를 누른다. RBW가 10kHz로 설정된다.

⑩ LEVEL, 1, 0, GHz(+10Bm)을 누른다. Reference · Level이 10dBm으로 설정된다.

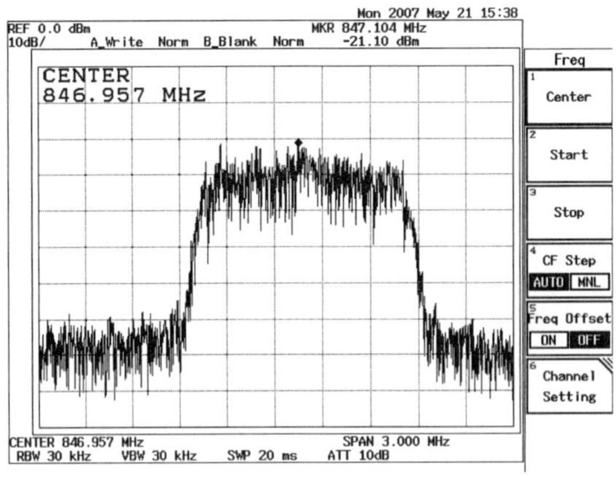

(a) 중심주파수 입력한 파형

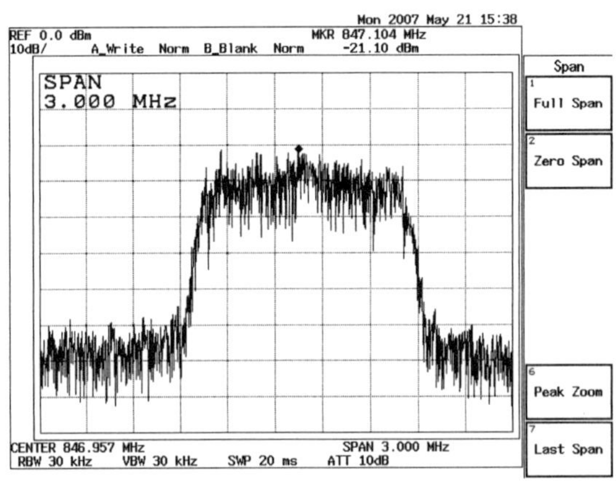

(b) 스판 3MHz

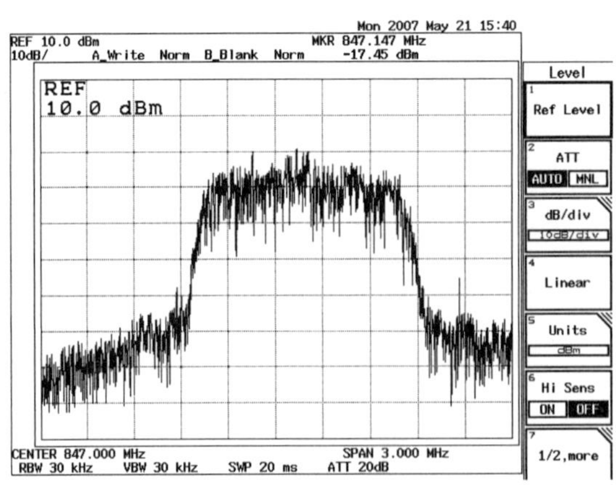

(c) LEVEL 10dBm 입력

[그림 5-2]

〈Level의 Offset의 설정〉

⑪ Ref Offset ON/OFF, 1, 0 GHz(dB)를 누른다.

㉠ Offset · Level 10dB로 설정된다.

㉡ 외부 Attenuator를 포함한 측정값을 직접 읽을 수 있다.

〈전력측정의 설정〉

⑫ POWER MEASURE를 누른다. Power Menu가 표시된다.

⑬ Channel Power를 누른다. Channel 대역폭 내 전력측정의 설정을 실행하는 CH Power Menu가 표시되고 측정을 개시한다.

⑭ Window Positon, 846, MHz를 누른다. Channel 지정이 846 MHz로 설정된다.

⑮ Window Width, 1230MHz를 누른다.

㉠ Channel 폭이 1230MHz로 설정된다.

㉡ Channel Power Window가 표시되고 Channel 대역폭 내 전력측정이 개시된다.

㉢ Active · Area에 평균 횟수가 표시되고 평균 횟수를 변경할 수 있다.

㉣ Channel Power Window에 측정결과를 표시한다. 또, 측정한 Channel 대역폭 내 전력을 표시하는 Display · Line이 표시된다.

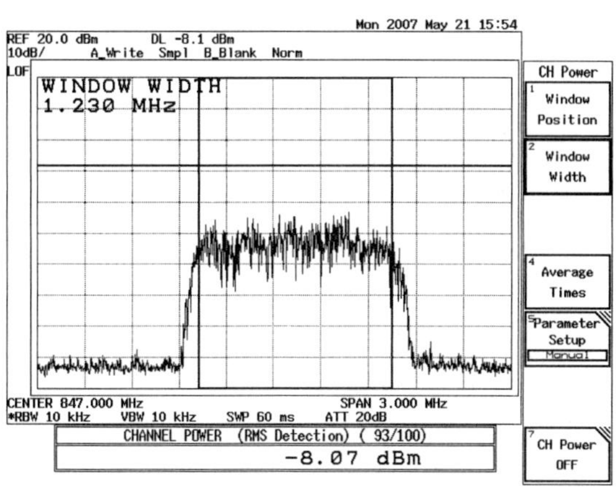

[그림 5-3] 대역폭 내의 전력값

5. 실험결과 및 고찰

<table>
<tr><td>실 험 제 목</td><td colspan="3"></td><td>평 가</td><td></td></tr>
<tr><td>소 속</td><td colspan="5"></td></tr>
<tr><td>실 험 조</td><td>조</td><td></td><td>인 원</td><td></td><td>실험일자</td><td></td></tr>
<tr><td>학 번</td><td colspan="5"></td></tr>
<tr><td>성 명</td><td colspan="5"></td></tr>
<tr><td>조 원</td><td colspan="5"></td></tr>
</table>

① Channel 대역폭 내 전력의 측정에 대해 알아보시오.

② LTE-A 주파수대역의 대역폭 내의 전력값을 측정하시오.

③ WCDMA 주파수대역의 대역폭 내의 전력값을 측정하시오.

실험6 인접 채널 누설전력의 측정

1. 기초지식

휴대전화 등의 Digital 변조신호는 중요한 측정항목의 하나로 인접 Channel 전력 측정(Adjacent Channel Power : ACP)이다.

여기서는 Root · Nyquist · Filter를 이용한 FULL 화면법에 의한 PDC Digital 변조신호의 측정방법과 SEPARATE 화면법에 의한 PHS의 인접 Channel 및 다음 인접 Channel의 측정방법에 대해서 설명한다.

2. 실험목적

① Spectrum Analyzer 사용법을 익힌다.
② 신호발생기로 여러 가지 파형을 발생시켜 스펙트럼으로 확인하는 방법을 익힌다.
③ Spectrum Analyzer 각 기능의 측정법을 익힌다.
④ 마커를 사용하여 주파수와 레벨을 측정하는 법을 익힌다.
⑤ 대역폭 내 전력을 측정하는 법을 익힌다.

3. 실험기기 및 부품

① 신호발생기(Signal Generator) : 1set
② RF Cable(SMA(male)-cable-SMA(male) assembly : 1set
③ Spectrum Analyzer : 1set

4. 실험절차

① 측정기기의 전원을 ON한다.
② 기기의 설정상태를 초기화한다.
㉠ Shift, Config(preset)를 누른다.
㉡ 초기 설정조건을 불러낸다.
- FULL 화면법 : 표시화면상의 Data에서 모든 전력을 구하고 이것에

대해서 지정된 규정대역폭 BS(Specified Bandwidth)에서 전력을 적분하여 그 비율을 구한다. 1회의 소인으로 각각의 Data를 구할 수 있기 때문에 단시간에 측정이 가능하다. 또, 측정화면의 모든 주파수 Point에서 규정대역폭은 적분전력을 구하고 그 결과를 표하는 Graph 기능도 있다.

- SEPARATE 화면법 : 주파수 SPAN을 규정대역폭에 자동적으로 설정하고 반송파 전력(윗하면) 및 인접 Channel 누설전력(아래화면)을 각각 측정을 실행, 그 전력비를 구한다. 규정대역폭에 대해서 Channel 간격이 클 경우, 화면법에 비하면 정확도가 향상된다.

주 1. 측정규격에서 지정이 없는 한 다음의 조건으로 설정하시오.
- RBW ≦ 1/40×규정대역폭
- 검파 Mode : Sample
- Trace · Average 기능 : OFF

2. VBW는 아래의 조건으로 설정하시오.
VBW ≧ RBW

FULL 화면표시에서는 PDC의 Digital 변조신호를 Root · Nyquist · Filter를 사용해서 FULL 화면법에 의한 측정방법을 설명한다. 측정조건은 여기서의 측정대상은 출력이 주파수 917.950MHz, Level 0dBm의 PDC 신호이다. 측정 중의 각 설정에 대해서는 측정대상에 맞는 수치를 설정한다.

〈기기의 접속〉

① [그림 6-1]과 같이 기기를 접속한다.

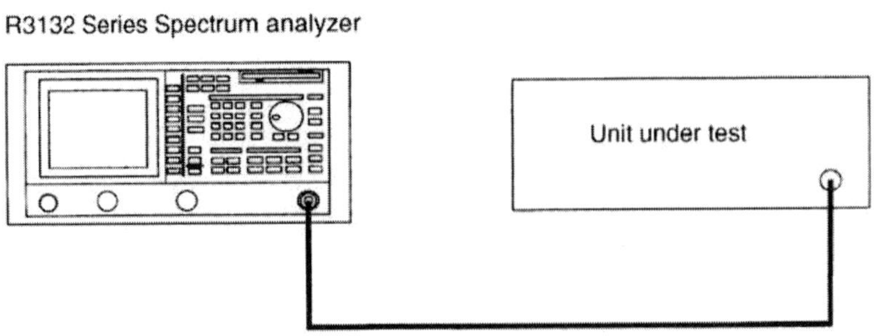

[그림 6-1] ACP 측정의 접속

〈전원의 투입〉

② 기기의 전원을 투입한다.

〈피시험 Unit의 설정〉

③ 피시험 Unit의 신호를 출력한다.

〈설정조건의 초기화〉

④ 본 기기의 설정조건을 초기화한다.

⑤ SHIFT, CONFIG(PRESET)을 누른다. 초기값 설정조건을 읽어낸다.

〈측정조건의 설정〉

⑥ 입력신호의 관측이 용이하도록 측정조건을 설정한다.

⑦ FREQ, 8, 2, 8, MHz를 누른다. 중심주파수가 828MHz로 설정된다.

⑧ SPAN, 1 0, MHz를 누른다. 주파수 SPAN이 10MHz로 설정된다.

> **주** 주파수 SPAN은 아래의 조건으로 설정한다.
> - SPAN ≧ 2×Channel · Space + X
> - Root · Nyquist · Filter를 설정하고 있는 경우 :
>   X = (1 + Roll · Off · Factor)×Symbol×Rate
> - Root · Nyquist · Filter를 설정하지 않은 경우 :
>   X = 규정대역폭

⑨ BW, RBW AUTO/MNL(MNL), 1,0, kHz를 누른다. RBW가 10kHz로 설정된다.

⑩ VBW AUTO/MNL(MNL), 3, kHz를 누른다. VBW가 3kHz로 설정된다.

⑪ TRACE, Detector, Posi를 누른다. Trace · Detector가 정 Peak 검파 Mode로 설정된다.

⑫ LEVEL을 누르고 Data · Knob로 조정한다. Trace의 Peak가 Reference · Level에서 1눈금 이내에 들어오도록 조정한다. Ref Level을 −50dBm으로 설정한다.

> **주** 신호 Level이 Reference · Level보다 크게 내려가면 오차가 커진다.

⑬ SWEEP, SWP Time AUTO/MNL(MNL), 2, 1, kHz(sec)를 누른다. 소인시간이 21초로 설정된다.

> **주** 소인시간은 다음의 조건으로 설정하시오.

소인시간 ≧ Trace · Point수×Burst 반복시간

〈Channel · Space와 규정대역폭의 설정〉

⑭ PDC에 있어서 Channel · Space와 규정대역폭을 설정한다.

⑮ POWER MEASURE, ACP, CS/BS Setup을 누른다. Channel · Space와 규정대역폭을 설정하는 Dialogue · Box가 표시된다.

⑯ Hz를 누른다. Cursor가 1st CH의 Channel · Space로 이동한다.

⑰ 5, 0, kHz를 누른다. 1st CH의 Channel · space가 50kHz로 설정된다. Cursor가 규정대역폭으로 이동한다.

⑱ 2, 1, kHz를 누른다. 1st CH의 규정대역폭이 21kHz로 설정된다. Cursor가 2nd이면 CH의 Channel · Space로 이동한다.

⑲ 1, 0, 0, kHz를 누른다. 2nd CH의 Channel Space가 100kHz로 설정된다. Cursor가 규정대역폭으로 이동한다.

⑳ 2, 1, kHz를 누른다. 2nd CH의 규정대역폭이 21kHz로 설정된다.

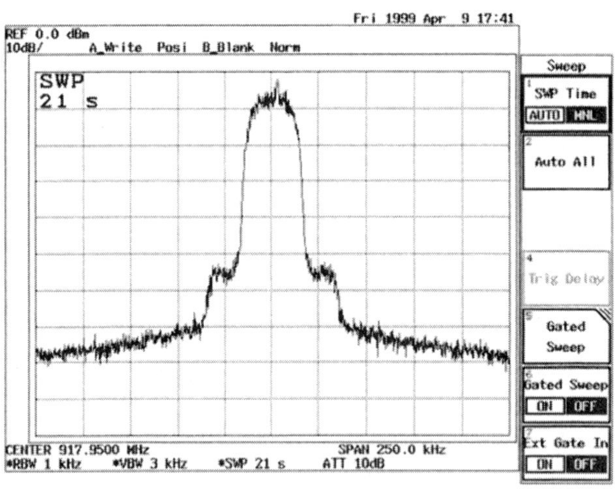

[그림 6-2] PDC Trace

㉑ RETURN을 누른다. CS/BS Setup Dialogue · Box가 삭제된다.

주 규정대역폭 및 Channel 간격에 대해서 주파수 SPAN의 설정이 부적당한 경우나 설정되어 있지 않을 때는 ACP 측정을 할 수 없다.

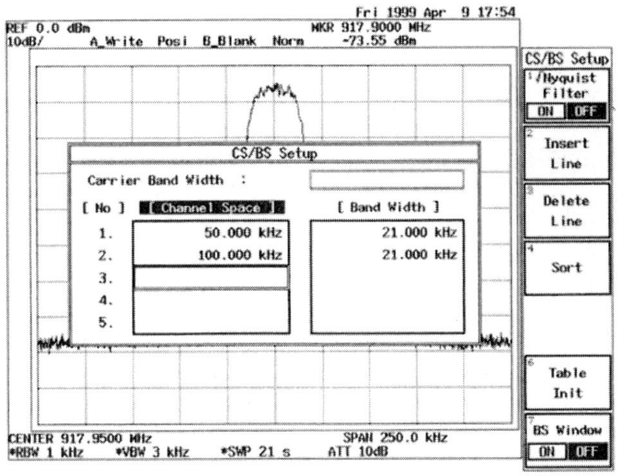

[그림 6-3] CS/BS Setup Dialogue · Box

〈Root · Nyquist · Filter의 설정〉

㉒ √Nyquist Filter Setup을 누른다. √Nyquist Filter Setup Dialogue · Box 가 표시된다.

㉓ Symbol Rate 1/T를 선택하고 2, 1, kHz를 누른다. Symbol · Rate가 21kHz로 설정되고 Rolloff Factor가 선택된다.

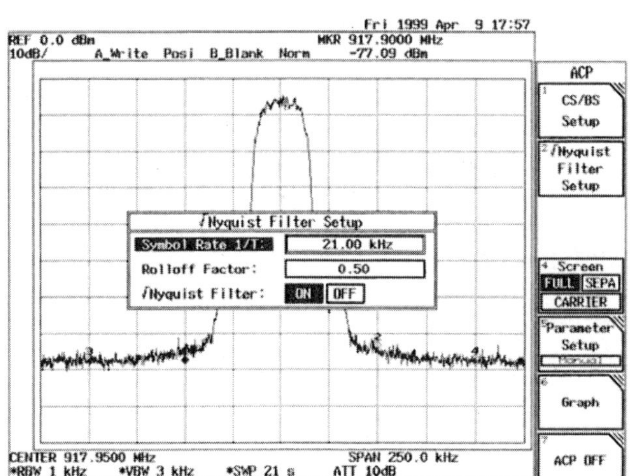

[그림 6-4] √Nyquist Filter Setup Dialogue · Box

㉔ 0, ., 5, Hz(ENTER)을 누른다. Roll · Off · Factor가 0.5로 설정된다.

㉕ √Nyquist Filter ON/OFF(ON)을 설정한다. Root · Nyquist · Filter가 유효하게 된다.

㉖ √Nyquist Filter Setup을 누른다. √Nyquist Filter Setup Dialogue · Box가 삭제된다.

〈ACP의 측정〉

㉗ 소인마다 Marker가 양쪽 인접 Channel의 위치에 표시되고 윗쪽, 아랫쪽의 인접 Channel 누설전력이 표시된다. SINGLE을 눌러서 측정을 1회에 하는 것도 가능하다.

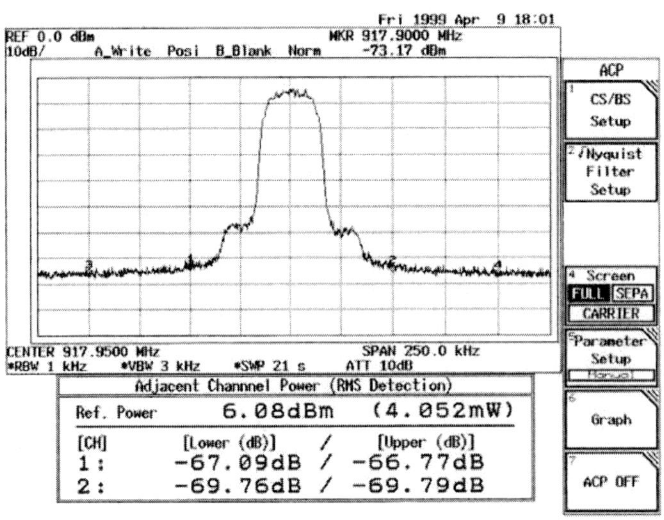

[그림 6-5] FULL 화면표시의 ACP 표시

〈Graph 표시에 의한 측정〉

㉘ Graph, Graph ON/OFF(ON)을 누른다.

㉠ ACP의 연산결과가 Graph로 표시된다.

㉡ Delta · Marker가 표시된다.

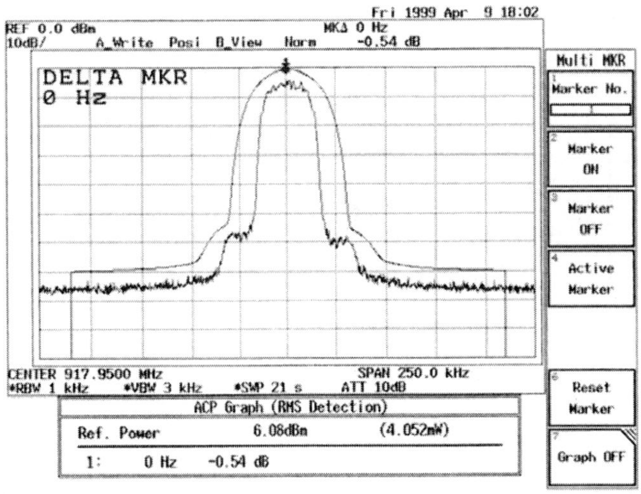

[그림 6-6] ACP Graph에 의한 측정

〈측정점의 지정〉

㉙ Marker로 임의의 점의 ACP를 측정할 수 있다.

㉚ MKR을 누르고 Data · Knob로 Marker를 100kHz로 이동한다. 10kHz에서의 인접 Channel 누설전력이 결과 Area에 표시된다.

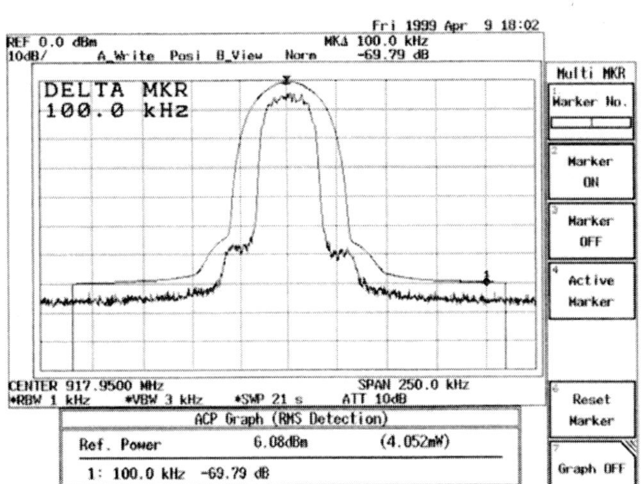

[그림 6-7] 100kHz에서의 ACP

5. 실험결과 및 고찰

<table>
<tr><td>실 험 제 목</td><td colspan="4"></td><td>평 가</td><td></td></tr>
<tr><td>소 속</td><td colspan="6"></td></tr>
<tr><td>실 험 조</td><td>조</td><td></td><td>인 원</td><td></td><td>실험일자</td><td></td></tr>
<tr><td>학 번</td><td colspan="6"></td></tr>
<tr><td>성 명</td><td colspan="6"></td></tr>
<tr><td>조 원</td><td colspan="6"></td></tr>
</table>

① 인접 Channel 누설전력(ACP)의 측정에 대해 알아보시오.

② 각 기능에 대한 이해력(사용한 기능 키에 대해 설명하시오).

③ 실험결과에 대한 상세한 설명을 쓰시오.

실험7 Maximum Output Power 측정하기

1. 기초지식

기지국의 송신출력의 측정은 안테나를 통해 방사되는 전력의 크기를 알기 위하여 공중선의 급전선에 공급되는 전력을 측정하는 것을 말한다. CDMA 디지털 통신은 아날로그 방식과 달리 동일한 주파수 채널을 여러 가입자가 동시에 사용하고 있기 때문에 기본적으로 기지국의 송신 출력측정 시 시스템이 적절한 제어가 되어 있는 상태에서 측정을 행한다. 아울러 Spectrum Analyzer를 이용한 측정에서는 기지국의 출력에 대응하는 대역폭 및 적당한 검파 모드(국제규격으로 RMS Detector 사용)를 선택하여야만 정확한 측정값을 구할 수 있다.

CDMA기지국 송신신호는 위상과 크기가 아주 빠른 속도(1.2288Mcps)로 변화되며, 피크 대 평균전력비(crest factor)가 매우 높고 대역폭이 넓은 노이즈성 신호이다. 이 송신신호는 측정환경에 따라 측정값이 시시각각으로 변하며, 특히 사용하고 있는 채널량이 많아질수록 더욱 크기의 변화가 심하게 되어 측정하기 어려워진다. 그래서 IS-97에서 기지국 시험모델을 지정하여 측정하도록 하고 있다.

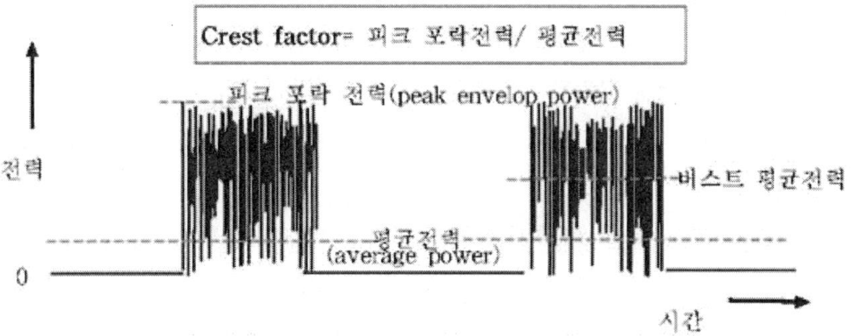

[그림 7-1] 전력(피크 포락, 버스트 평균, 평균)과 Crest factor

공중선의 급전선(給電線)에 공급되는 전력을 말한다.

(1) 측정방법

CDMA의 피크 평균전력비(crest factor)는 약 12dB이다. 이것은 평균전력이 8W일 경우 클리핑 또는 디스토션 없는 피크전력이 126W나 되기 때문에 RF신호 설계 또는 파워 앰프 설계자들에게는 오늘날 하나의 도전이 되기도 한다.

최근의 분석기는 앞에서 설명한 바와 같이 측정하기 어려운 CDMA 신호에 대한 전력측정 프로그램을 내장하고 있으며, 대부분 다음과 같은 알고리즘을 통하여 등가 잡음 대역 보정처리를 하며 전압의 단위가 아닌 전력의 단위로 평균토록 되어 있다.

$$Pt = \frac{Bs}{Bn}\frac{1}{N}\sum_{i=1}^{N}Pi$$

Pt : 채널 전력(watts), Bs : 채널 대역폭(Hz)

Bn : Spectrum Analyzer의 등가 노이즈 대역폭(Hz)

N : 채널 내의 측정 셀(cell 또는 pixel)

Pi : Spectrum Analyzer가 측정한 셀 한 개의 전력(watts)

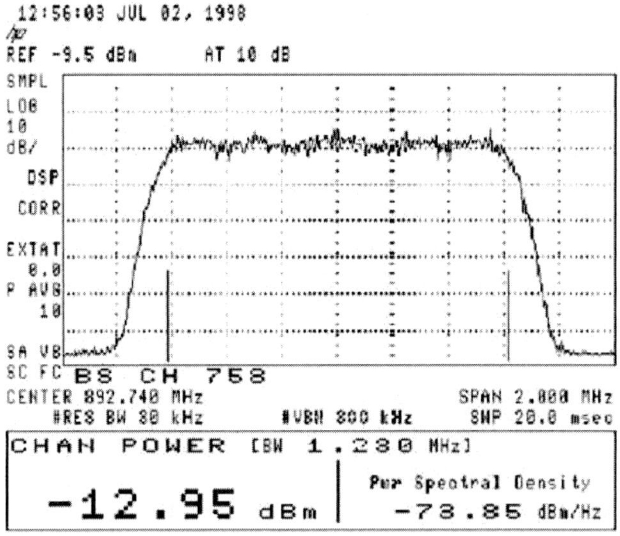

[그림 7-2] 채널 전력측정

[그림 7-2]의 측정결과에서 채널전력은 -12.95dBm, 1Hz의 노이즈 전력밀도는 −73.85dBm이라는 결과를 알 수 있다.

위의 계산 공식에 대입해 보면 10log(1.23×106Hz/1Hz)+(−73dBm)=−12.95dBm 이라는 같은 결과가 나온다.

(2) 분해능 설정

광대역 CDMA의 불요파 측정 시 협대역 신호와 달리 주의해야 할 사항은 분해능 필터의 선택도(또는 shape factor의 영향 : 1회 IF 필터 참조)이다. 즉, 기본파 인접 지점의 전력량을 측정할 경우 기본파 대역이 넓어 측정하고자 하는 대역로 기본파가 유입되어 실제전력보다 높게 나타나게 된다. 이러한 영향을 줄이기 위해 외부 필터를 이용하여 측정하고자 하는 대역만을 통과시켜 측정해야 하나, 그렇지 못할 경우는 RBW필터 대역을 좁게(기준값에 근사하게) 설정하여 측정한 후 기준이 정한 대역폭으로 보정해야 한다. 이에 대해 ITU-R SM.329에서 다음과 같이 분해능대역폭의 설정방법을 권고하고 있다.

$$RBW \leq 2 \times (\Delta f - (NBW/2))/(SF-1)$$

RBW : 측정기의 분해대역폭

Δf : 측정대역의 경계주파수(중심주파수로부터 이격거리)

NBW : 필요 주파수대역폭

SF : 필터의 모양계수(일반적 15)

2. 실험목적

① Maximum Output Power(출력 전력)를 측정하는 법을 익힌다.

② RF 신호의 전력 레벨을 통해 RF 신호를 이해한다.

③ 각종 신호분석을 통해 출력전력의 중요성과 시스템의 역할을 이해한다.

④ 광대역 CDMA의 불요파 측정 시 협대역 신호와 달리 주의해야 할 사항

3. 실험기기 및 부품

① 신호발생기(Signal Generator) : 2set

② RF Cable(SMA(male)-cable-SMA(male) assembly : 1set

③ Spectrum Analyzer : 1set

④ LTE 중계기(LTE Repeater) : 1set

⑤ 3Port 분배기(Combiner) : 1set

4. 실험절차

① 측정기기의 전원을 ON한다.

② 기기의 설정상태를 초기화한다.

㉠ Shift, Config(Preset)를 누른다.

㉡ 초기 설정조건을 불러낸다.

(1) 측정장비 셋업

[그림 7-3]과 같이 측정장비를 셋업한다.

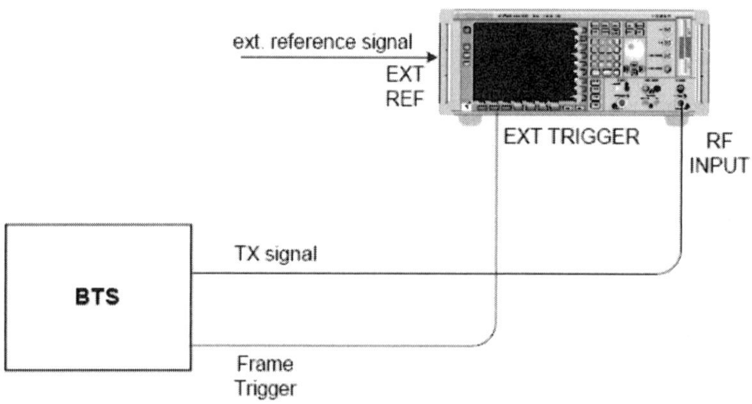

[그림 7-3] 측정결선도

㉠ 공중선전력을 측정하기 위한 측정구성은 [그림 7-4]와 같다.

㉡ RF 케이블의 손실을 측정하고, 감쇠기 또는 커플러는 전력측정기 또는 Spectrum Analyzer의 입력신호 조건에 맞게 조정한다.

㉢ 대상 수험기기의 각 채널 CDMA 신호는의 지정주파수를 중심주파수로 하여 코드채널 전력비로 발생시킨다.

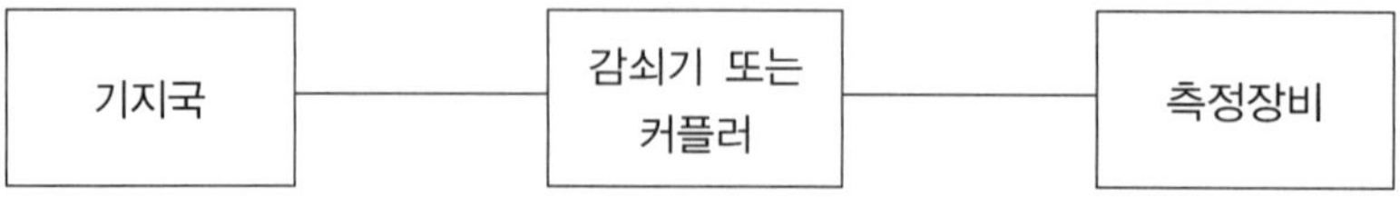

[그림 7-4] 기지국 전력측정 구성도

(2) 시험규격

43dBm±2dB 이내

(3) 시험절차(Test Model 1 사용)

① Spectrum Analyzer(FSL3) 화면 오른쪽 상단의 FREQ 키를 눌러 중심 주파수를 2.160GHz를 입력한다. MEAS를 누른다. 화면 위측의 소프트키 메뉴 중에 CP/ACP 키를 누른다.

② 다음 소프트 키 중 CP/ACP Standard 키를 선택 후 왼쪽 팝업창의 W-CDMA 3GPPFWP를 선택한다.

③ 화면 오른쪽 하단의 ADJUST REF LVL 키를 눌러 자동 레벨 조정 후 결과를 기록한다.

④ ①~③까지 위와 동일 후 CP/ACP Config 누른다. # of TX Channel 선택한 후 측정채널 수를(ex=1)를 입력한다. 이후 # of Adj Chan를 눌러 0을 입력한다. 이후 Channal Sdtting 키를 누르고 Channel BW 키를 눌러 원하는 BW를 입력한다. 이후 Power값을 읽어 기록한다(W-CDMA = 3.84MHz, CDMA = 1.23MHz).

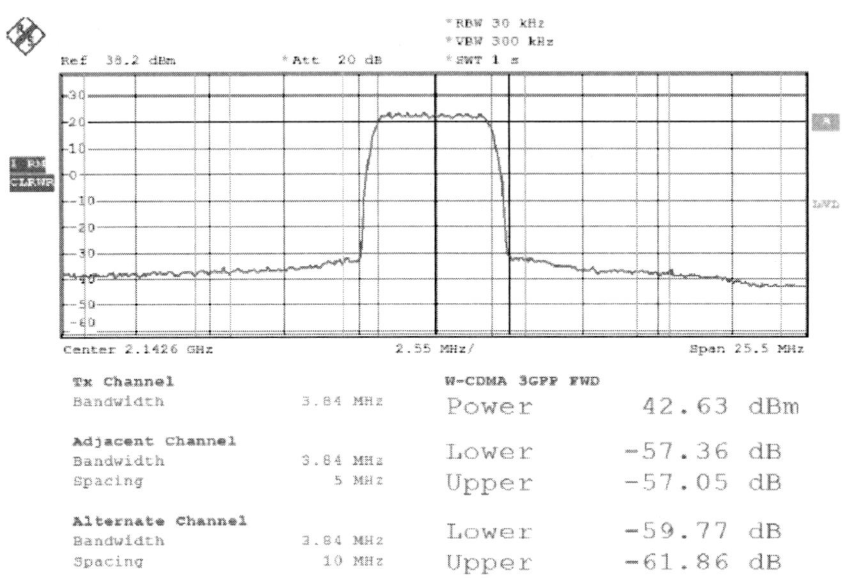

[그림 7-5] Maximum Output Power 측정

5. 실험결과 및 고찰

실험제목					평 가	
소 속						
실 험 조	조		인 원		실험일자	
학 번						
성 명						
조 원						

① Spectrum Analyzer의 분해능대역폭(RBW)에 대해 알아보시오.

② 검파 모드(detector mode)에 다른 출력전력의 변화에 대해 알아보시오.

③ 중계기 송신출력과 이동통신 시스템에 미치는 영향에 대해 알아보시오.

실험8 Occupied Bandwidth 측정하기

1. 기초지식

변조의 결과로 생기는 주파수대폭의 하한주파수 미만의 부분과 상한주파수를 초과하는 부분에서 각각 발사되는 평균전력이 따로 정하는 경우를 제외하고 각각 0.5 퍼센트와 같은 주파수대폭을 말한다.

점유주파수대폭은 인접한 두 채널 사이에서 근접한 서브 캐리어가 충분한 신호 대 간섭비를 확보할 수 있도록 결정되어야 한다. 이러한 분석을 수행하기 위하여 [그림 8-1]과 같은 블록으로 구성된 실험을 실시한다.

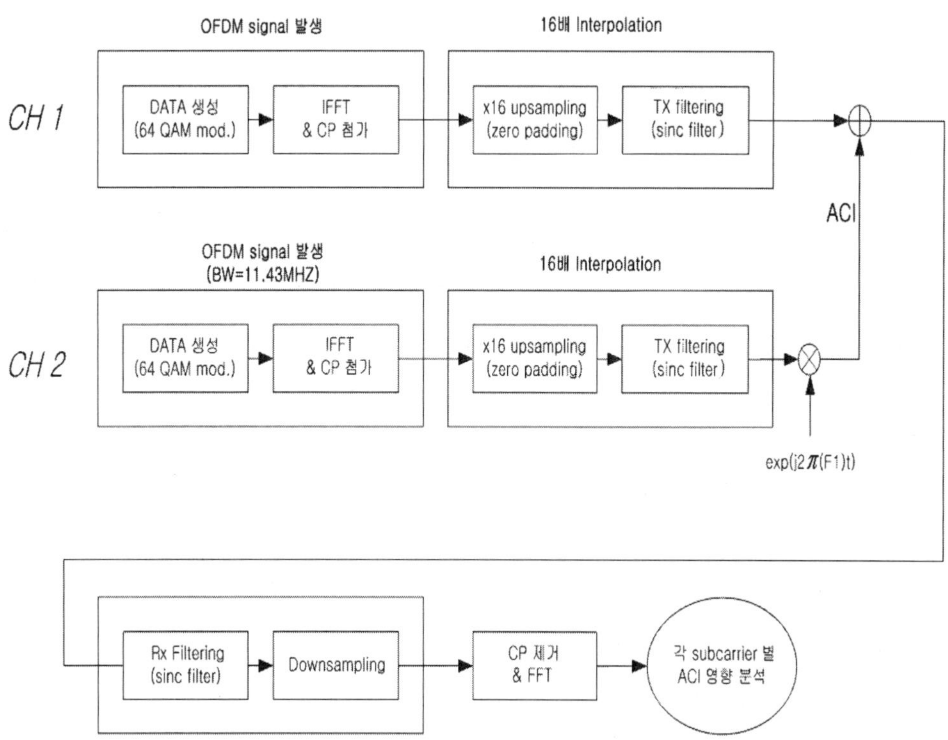

[그림 8-1] 점유주파수대폭은 인접한 두 채널 사이 측정

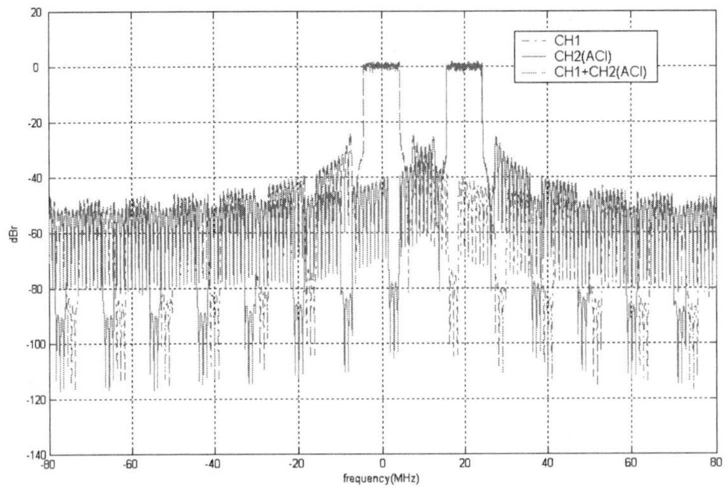

[그림 8-2] 점유주파수대폭

[그림 8-2]에서 CH1과 CH2에서 발생된 신호가 서로 더해지는 위치에서의 신호파형은 CH1+CH2(AC1)와 같다. 이 때 CH1신호에 대해 CH2의 신호를 간섭원으로 가정한다. 최초에 각 신호의 채널간격을 20MHz로 세팅하여 시뮬레이션한 후 CH1의 서브캐리어 중 가장 우측에 위치하는 서브캐리어의 신호 대 간섭비를 확인한다.

이 경우에는 채널 간격을 20MHz로 충분하게 이격하였으므로 신호 대 간섭비는 최소 22dB 이상이 되어 신호 대 간섭비 측면에서 WiBro의 최고 변조 단계인 64QAM 5/6 Coding Rate가 동작하기에 무리가 없음을 알 수 있다. 이때 신호 대 간섭비는 시뮬레이션에서 사용된 디지털 필터 및 RF필터의 성능에 따라 달라질 수 있으나, 현재의 시뮬레이션에서는 63탭 정도의 디지털 필터만을 고려하였다.

이후 채널간 간격을 10MHz → 9.5MHz → 9.0MHz → 8.9MHz → 8.8MHz 등으로 좁혀가며 시뮬레이션을 진행하면 약 8.8MHz까지는 신호 대 간섭비가 20dB 이상을 일정하게 유지함을 알 수 있어 9MHz의 채널 대역폭 사용이 무리가 없음을 알 수 있다.

또한 실제 단말기에서는 디지털 필터 이외에 SAW타입의 IF 필터도 함께 사용되므로 대역폭이 9MHz인 IF 필터를 추가하여 휴대 인터넷의 채널 대역폭이 9MHz인 경우를 시뮬레이션하면 최소 30dB 이상의 신호 대 잡음비가 구현될 수 있음을 알 수 있으므로 9MHz의 채널 대역폭은 2.3GHz 대역 주파수 사용효율을 극대화 할 수 있는 가장 적정한 채널 Band_Width로 볼 수 있다.

2. 실험목적

① 시스템의 점유대역폭(occupied bandwidth) 측정을 통해 시스템 설계의 중요성을 이해한다.
② 무선통신 시스템에서 점유주파수 대역폭의 중요성과 역할을 이해한다.
③ 점유대역폭 측정을 통해 주파수의 배정(frequency allocation) 얼마나 중요하는지 이해한다.

3. 실험기기 및 부품

① 신호발생기(Signal Generator) : 2set
② RF Cable(SMA(male)-cable-SMA(male) assembly : 1set
③ Spectrum Analyzer : 1set
④ LTE 중계기(LTE Repeater) : 1set
⑤ 3Port 분배기(Combiner) : 1set

4. 실험절차

① 측정기기의 전원을 ON한다.
② 기기의 설정상태를 초기화한다.
  ㉠ Shift, Config(Preset)를 누른다.
  ㉡ 초기 설정조건을 불러낸다.

(1) 측정장비 셋업

[그림 8-3]과 같이 측정장비를 셋업한다.

(2) 시험규격

5MHz 이하

(3) 시험절차(Test Model 1 사용)

(RBW=3kHz, VBW=300kHz, Span =5MHz)
① FSL 3 오른쪽 상단의 MEAS 키를 누른 후 More 키를 누른다. 여기서

OCCUPIED BANDWIDTH(OBW) 키를 누르면 결과가 디스플레이된다.

② 화면 오른쪽 하단의 ADJUST REF LVL 키를 눌러 자동 레벨 조정을 한다.

③ 3디스플레이된 'BW' 값을 읽는다.

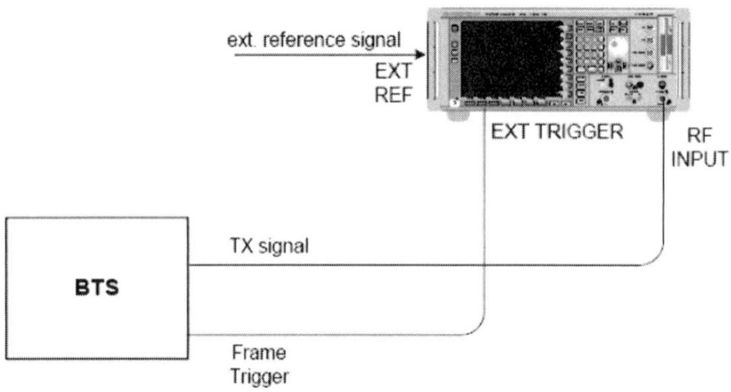

[그림 8-3] 시스템 결선도

④ 화면의 저장은 FSL3 화면 왼쪽의 Print 키를 누른 후 PRINT SCREEN 키를 누른다. 원하는 저장경로를 지정한 후 저장한다.

⑤ DEVICE SETUP에서 DEVICE 1을 .Bitmap 파일로 설정 후 사용한다.

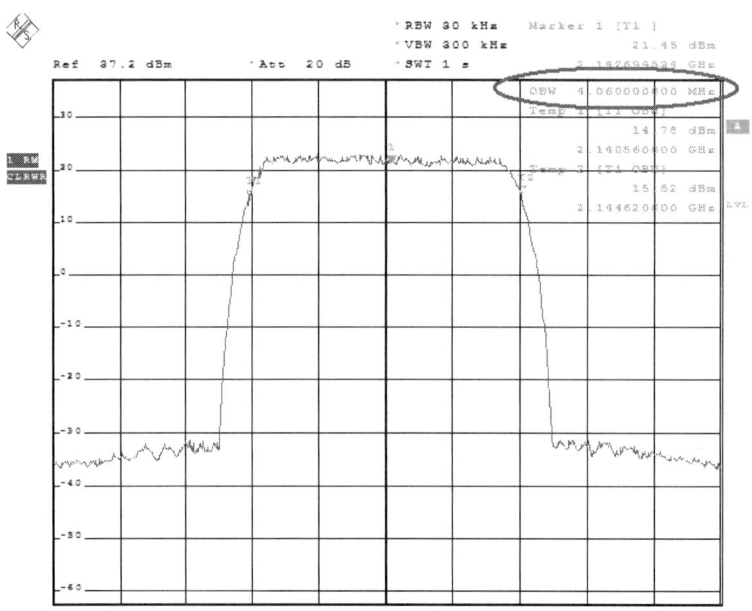

[그림 8-4] 시스템의 점유대역폭 측정

⑥ 점유대역폭만 측정할 경우에는 FREQ (중심주파수 선택) 3G FDD BS → MEAS → OCCUPIED → BANDWIDTH ADJUST REFLVL과 ADJUST SETTINGS 실행 후 OBW 값 측정순으로 진행한다.

5. 실험결과 및 고찰

<table>
<tr><td>실험제목</td><td colspan="4"></td><td>평 가</td><td></td></tr>
<tr><td>소 속</td><td colspan="6"></td></tr>
<tr><td>실 험 조</td><td>조</td><td></td><td>인 원</td><td></td><td>실험일자</td><td></td></tr>
<tr><td>학 번</td><td colspan="6"></td></tr>
<tr><td>성 명</td><td colspan="6"></td></tr>
<tr><td>조 원</td><td colspan="6"></td></tr>
</table>

① 점유주파수 대역폭의 측정비율을 50%, 90%, 99%로 바꾸어 측정값을 비교하시오.

② 점유대역폭 측정에 따른 시스템의 영향에 대해 알아보시오.

③ 점유대역폭(occupied bandwidth)에 대해 알아보시오.

실험9 ACLR 측정하기

1. 기초지식

(1) 인접채널누설비(Adjacent Channel Leakage Ratio : ACLR)

광대역 부호분할 다중 접속 WCDMA에서 전력증폭기의 선형성을 나타내는 척도 중심 채널의 전력과 특정 오프셋 주파수만큼 떨어진 지점의 전력 간의 차이를 dBc로 나타낸 것이다 인접채널전력비 ACPR과 결과는 같으나 인접채널누설비 ACLR 계산이나 측정이 편리하다.

휴대전화 등의 Digital 변조신호는 중요한 측정항목의 하나로 인접채널전력 측정이다.

여기서는 Root · Nyquist · Filter를 이용한 FULL 화면법에 의한 PDC Digital 변조신호의 측정방법과 SEPARATE 화면법에 의한 PHS의 인접채널 및 다음 인접채널의 측정방법에 대해서 설명한다.

- ACP : Adjacent Channel Power-아날로그
- ACPR(Adjacent Channel Power Ratio)-IS95A
- ACPR=인접채널전력(30kHz)/채널전력(1.23MHz)+16dB
- ACLR(Adjacent Channel Leakage Ratio)-WCDM
- 중심주파수에서 일정 구간 떨어진 주파수에서의 레벨 차이로 정의

(2) 인접채널전력(Adjacent Channel Power : ACP)

주로 AMPS와 같은 FM방식의 아날로그 이동통신에서 전력증폭기의 선형성을 나타내기 위한 지표로 사용되는 값으로 자기 채널대역의 신호가 다른 대역에 미치는 영향을 의미하며, 당연히 인접채널에 영향을 적게 주어야만 신호간의 간섭이 적은, 즉 선형성이 좋은 전력증폭기가 된다.

AMPS의 경우 채널대역폭이 30kHz이므로, 해당 주파수대역 30kHz의 전력과 인접채널대역 30kHz의 전력의 비를 dBc 단위로 나타낸다.

(3) 인접채널전력비(Adjacent Channel Power Ratio : ACPR)

CDMA와 같은 디지털 통신 시스템의 전력증폭기에서 선형성을 나타내는 지표 중 하나. 한 채널의 주파수대역에서 인접채널까지의 특정 Offset 주파수에서의 전력차를 나타낸다. ACPR은 과거 AMPS의 ACP의 개념에서 대역폭의 개념만 다른 것이다.

ACP는 각 채널폭이 30kHz이지만, CDMA는 1.23(1.25)MHz이기 때문에 30kHz * 30kHz의 전력비를 보는 ACP와 달리 ACPR은 1.23(1.25)MHz * 30kHz의 전력비를 보게 된다.

여기서 1230kHz/30kHz=41 정도의 비율이고, 이것을 dB로 환산하면 10log 41 =16.xx dB가 된다. 그래서 AMPS의 ACP보다는 채널대역폭이 41배이기 때문에 채널대역폭을 30kHz로 계산한 ACP값에 16dB를 더하게 되는 것이다. 보통 측정할 때는 Spectrum Analyzer의 Resolution을 30kHz로 맞춘 후 해당 Offset과의 차이(ACP) 16dB를 더하는 경우가 많게 된다.

ACPR은 Two tone을 입력하여 서로 다른 주파수간의 3rd Harmonic을 측정하는 IP3 선형지표와 혼동되는 경우가 있는데, ACPR은 자신의 single tone 신호입력에 의해 내부의 비선형성 때문에 발생한 인접채널 잡음성분과의 비를 말하는 것이다.

결론적으로 ACPR은 자기신호가 남의 채널에 얼마나 간섭을 주느냐를 따지는 선형성을 의미한다. 전력증폭기의 경우 자기 채널신호만 잘 증폭하고 남의 채널대역은 최대한의 증폭이 억제되어야 하기 때문에 ACPR이 PA의 주요 지표로 사용되는 것이다. ACPR은 경우에 따라 ACLR과 매우 혼동되어 사용되는 경우가 있어서 ACLR과 완전히 동일하게 표기될 경우도 있는데, 엄밀히 따지자면 ACLR과는 계산식이 다소 다르다. 다만 그 의미하는 바는 ACPR이나 ACLR이나 같다고 볼 수 있다.

(4) ACLR(Adjacent Channel Leakage Ratio)-WCDMA

Freq : 2.14260GHz(3.840MHz)

1) ACCR 측정 산출조건

① 1 단계 : 4가지 경우에 대한 이상적인 ACLR 조건 산출

㉠ DL 동일사업자 FA간 ACLR

㉡ DL 타사업자 FA간 ACLR

㉢ UL 동일사업자 FA간 ACLR

㉣ UL 타사업자 FA간 ACLR

② 2단계 : 구현 가능성 및 경제성 등을 고려한 ACLR 수준

③ 3단계 : 1과 2단계의 결과를 Trade-off한 최종 ACLR

④ 4단계 : 대표적인 Power Class에 대한 Spectrum Mask 선정
RF Amp 및 Filter 등의 특성을 고려함

⑤ 5단계 : Power Class에 따른 Spectrum Mask 선정

2) 각 Case에 대한 ACLR 선정 근거

기지국 송신전력 43dBm과 단말기 최대 송신전력 23dBm을 기준으로 하였을 때의 4가지 Case에 대한 ACLR의 산출결과는 〈표 9-1〉에 요약하였으며, Case별 상세한 산출과정을 정리하였다.

〈표 9-1〉 Case별 ACLR 산출결과 요약

Case		항목	내 용
동일사업자 FA간	DL	ACLR 계산식	Max Rx CINR(64-QAM 5/6)+3dB+Margin 7dB
		ACLR 결과	37.5dB
	UL	ACLR 계산식	Max Rx CINR(16-QAM 5/6)+3dB+Margin (7+2)dB
		ACLR 결과	28.5dB
타사업자 FA간 (인접 FA를 사용하는 기지국 위치가 서로 다른 경우)	DL	ACLR 결정방법	MCL Method
		ACLR 결과	54dB
	UL	ACLR 결정방법	확률 분포 고려한 Modified MCL Method
		ACLR 결과	36dB

DL 동일 사업자 FA간 ACLR 산출방법은 Downlink에서는 Power Control이 적용되지 않고, 기지국에서는 일반적으로 인접 FA와 동일 Power를 송신하기 때문에 단말기가 수신하게 되는 인접 FA는 [그림 9-1]과 같이 단말기의 위치에 무관하게 수신신호에 비례하는 형태로 나타난다. 동일 사업자의 경우는 인접한 2개 FA 신호에 의해 중간의 FA가 간섭을 받는 경우를 Worst Case로 정의할 수 있다.

[그림 9-2]는 실제 시스템의 운영과정에서 어떠한 경우에 인접 FA간섭에 의해 성능이 가장 크게 영향을 받는지에 대한 Worst Case를 나타내고 있다. [그림 9-2]의 영역 1과 같이 단말기가 기지국 가까이에 위치한 경우는 $I_{인접FA} \gg (I+N)_{1FA}$인 상태

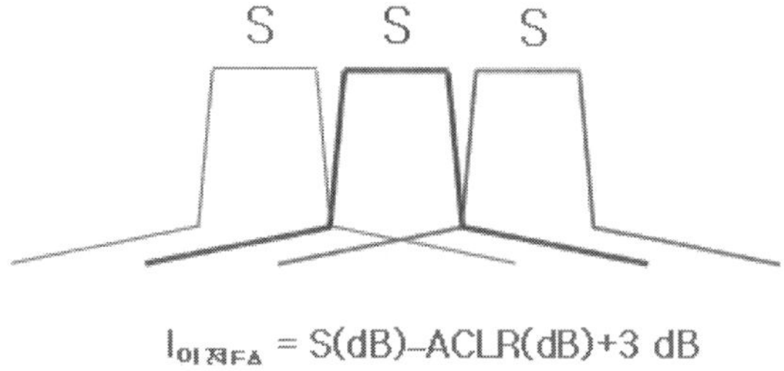

[그림 9-1] DL 동일 사업자 FA간 간섭영향

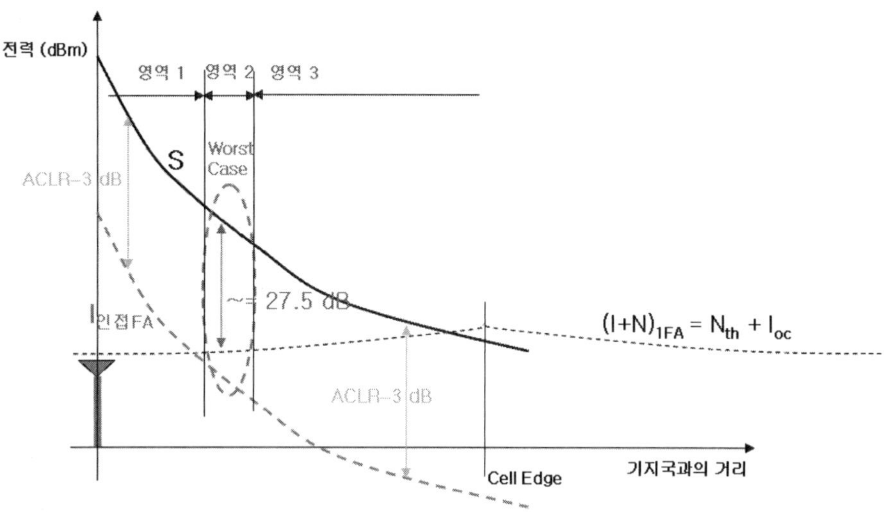

[그림 9-2] DL 동일 사업자 FA간 간섭 Worst Case 정의

가 되더라도, SINR이 가장 높은 MCS level인 64-QAM 5/6에 대해 요구되는 가장 높은 CINR인 27.5dB보다 훨씬 높은 상태여서 DL에서의 Data Rate에 변화가 없으므로 성능에 영향을 미치지 않는다. [그림 9-2]의 영역 3과 같이 단말기가 기지국으로부터 매우 먼 곳에 위치한 경우는 $I_{인접FA} \ll (I+N)_{1FA}$인 상태가 되어 단말기에서의 수신 SINR에 아무런 영향을 미치지 않는다.

DL에서 $I_{인접FA}$에 의해 성능이 저하되는 경우는 영역 2와 같이 단말기가 기지국으로부터 어느 정도의 거리에 위치하여 $I_{인접FA}$로 인해 64-QAM 5/6 가 만족하게 되지 못하는 [그림 9-2]의 영역 2와 같은 경우에 한해 발생한다. 이러한 간섭의 영향을 살펴보기 위해 다음과 같이 수식으로 정리하였다.

$$\mathrm{SINR}_{1FA} = \frac{S}{I_{oc} + N_{th}} = \frac{S}{(1+N)_{FA}} \quad (1)$$

$$\mathrm{SINR}_{\text{인접}FA} = \frac{S}{(I_{oc} + N_{th} + \dfrac{2 \cdot S_{\text{인접}FA}}{ACLR}} = \frac{S}{(1+N)_{1FA} + I_{\text{인접}FA}} \quad (2)$$

$$= \frac{S}{(1+N)_{1FA}} \cdot \frac{(1+N)_{1FA}}{(1+N)_{1FA} + 1_{\text{인접}FA}} \quad (3)$$

$$= \mathrm{SINR}_{1FA} \cdot \frac{(1+N)_{1FA}}{(1+N)_{1FA} + I_{\text{인접}FA}} \quad (4)$$

$$(1+N)_{1FA} = I_{oc} + N_{th} \quad (5)$$

$$I_{\text{인접}FA}(dB) = S_{\text{인접}FA}(dB) - ACLR(dB) + 3dB \quad (6)$$

$$S(dB) = S_{\text{인접}FA}(dB) \quad (7)$$

식 (4)에서 보듯 $I_{\text{인접}FA}$의 영향은 $(I+N)_{1FA}$에 대한 상대적인 크기에 의해 나타남을 알 수 있다. $I_{\text{인접}FA}$이 시스템에 미치는 영향을 최소화하기 위해서는 Worst Case에서도 $I_{\text{인접}FA}$가 $(I+N)_{1FA}$보다 작게 충분한 Margin을 두고 유지되어야 한다.

간섭에 대한 Margin의 설정에 있어 구현에 큰 어려움이 없는 경우는 10dB 또는 7dB Margin이 널리 사용된다.

10dB Margin은 $I_{\text{인접}FA}$가 $(I+N)_{1FA}$에 비해 10dB 작아서 $(I+N)_{total}$ 이 0.5dB 이하로 증가하는 이상적인 Margin으로 널리 사용된다. 7dB Margin은 10dB Margin의 구현이 다소 까다롭거나 비용이 급상승하게 되는 경우에 사용되며, $I_{\text{인접}FA}$가 $(I+N)_{1FA}$에 비해 7dB 작아서 $(I+N)_{total}$ 이 1dB 이하로 증가하는 조건으로 IEEE 802.16 d/e 등에서 사용되고 있다.

동일 사업자 FA간 ACLR을 높은 수준으로 구현하기 위해서는 높은 선형 특성을 갖는 매우 고가의 Linear RF Amp가 요구되며, 가격경쟁력을 갖는 High Power RF Amp의 적용이 까다로워지게 된다. 여기에서는 7 dB Margin을 기준으로 다음 식 (8)과 같이 DL 동일 사업자 FA간 ACLR 요구조건을 37.5dB로 최종 산출하였으며, 이 경우 [그림 9-2]에서 보듯 Worst Case에서 1dB 이하의 SINR 저하는 64-QAM 5/6 service의 경계지점에 한정되어 시스템 전체적인 Data Throughput 저하는 무시할 수준임을 예상할 수 있다.

DL Max CINR = 27.5dB(64-QAM 5/6 기준)

ACLR = Max CINR + 3dB(양쪽 FA)+7dB Margin(1dB SINR 저하기준)

= 27.5dB + 3dB = 7dB = 37.5dB (8)

〈표 9-2〉 DL 동일 사업자 FA간 ACLR 산출결과

항 목	내 용
고려사항	• 전제 조건 : 가장 높은 MCS 지원 가능 • 주요 고려사항 : 1FA 기준$(1+N)_{1FA}$ 대비한 인접 FA에 의한 간섭 $I_{인접FA}$의 상대적 크기 • DL Power Control 없이 43dBm 송신
1FA기준$(1+N)_{1FA}$	$(1+N)_{1FA} = 1_{th} + 1_{oc}$ 〉 Nth = Thermal Noise(dB) + NF(dB) 〉 Ioc = 동일 FA에 의한 Other Cell Interference
$I_{인접FA}$ 고려사항	• $I_{인접FA}$(dB) = S(dB) − ACLR(dB) + 3dB(양쪽 FA) • 인접FA의 I_{oo} 영향은 I_{oo}(dB) − ACLR(dB) 수준이므로 무시함 • $I_{인접FA}$허용 기준 : $(1+N)_{1FA}$ 대비한 1+N 증가량이 1dB 이하(7dB Margin, IEEE 8-02.16e)
ACLR 선정방법	• Max Rx CINR : 27.5dB(64 − QAM 5/6, TTA 2004년 4월 제출 기준) • ACLR = Max Rx CINR + 3dB(양쪽 FA 간섭) + Margin = 27.5dB + 3dB + 7dB = 37.5dB

2. 실험목적

① ACLR(Adjacent Channel Leakage Ratio) 측정을 통해 시스템을 이해한다.

② 동일 사업자의 경우는 인접한 2개 FA 신호에 의해 중간의 FA가 간섭을 받는 경우를 Worst Case로 정의한다. 간섭에 대해 이해한다.

3. 실험기기 및 부품

① 신호발생기(Signal Generator) : 2set

② RF Cable(SMA(male)-cable-SMA(male) assembly : 1set

③ Spectrum Analyzer : 1set

④ LTE 중계기(LTE Repeater) : 1set

4. 실험절차

① 측정기기의 전원을 ON한다.

② 기기의 설정상태를 초기화한다.

㉠ Shift, Config(Preset)를 누른다.

㉡ 초기 설정조건을 불러낸다.

(1) 측정장비 셋업

[그림 9-3]과 같이 측정장비를 셋업한다.

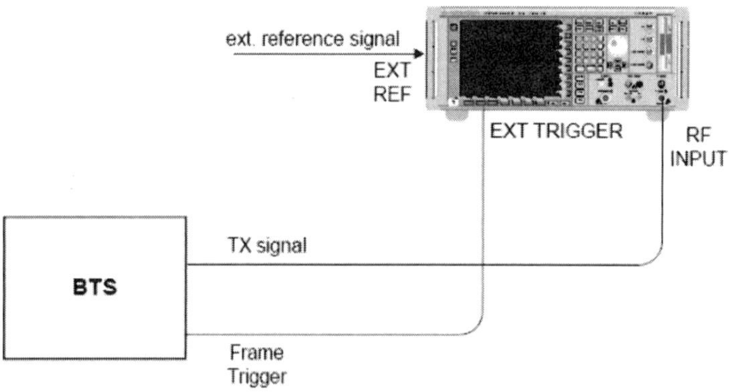

[그림 9-3] 시스템 측정결선도

(2) 시험규격

5MHz에서 -45dB 이하, 10MHz에서 -50dB 이하

(3) 시험절차(Test Model 1 사용)

① FSL3 오른쪽 상단의 MEAS 키를 누르면, WCDMA 관련 측정항목들이 디스플레이된다. 여기서 CP/ACP 키를 누른 후 CP/ACP Standard 키를 누른다. WCDMA 3GPP FWD 키를 선택한 후 화면 오른쪽 ADJST REF LVL 키를 눌러 자동 레벨 조정을 한다.

② 화면 오른쪽 하단의 ADJUST REF LVL 키를 눌러 자동 레벨 조정을 한다.

③ 측정된 5MHz, 10MHz 각각에 대한 상측대와 하측대 'CRL'값을 기록한다.

④ 화면의 저장은 OBW 저장 참조.

일반적인 측정으로 점유대역폭만 측정할 경우에는 FREQ(중심 주파수 선택) → 3G FDD BS → MEAS→ACLR→ADJUST REF LVL과 ADJUST SETTINGS 실행후 ACLR 값 측정순으로 진행한다.

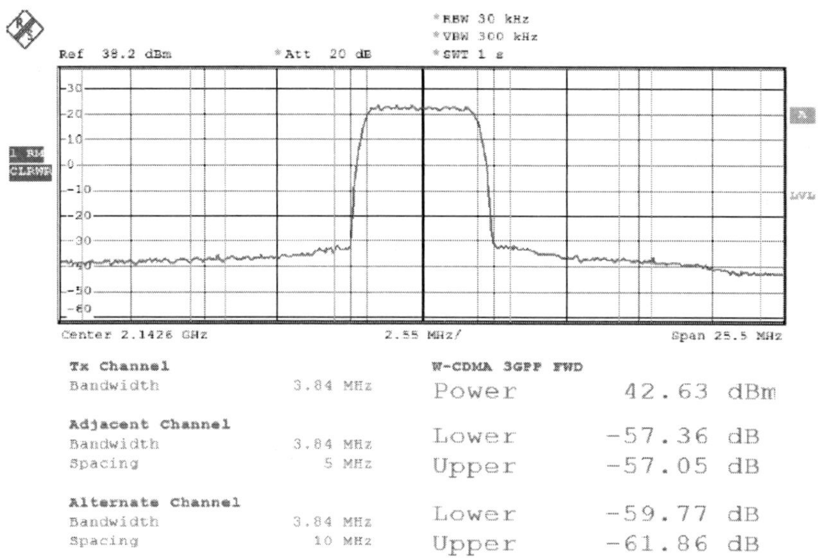

[그림 9-4] ACLR(Adjacent Channel Leakage Ratio) 측정

5. 실험결과 및 고찰

실 험 제 목				평 가	
소 속					
실 험 조	조		인 원	실험일자	
학 번					
성 명					
조 원					

① ACLR의 측정규격을 조사하고 그에 따른 측정을 알아보시오.

② ACPR의 측정규격을 조사하고 그에 따른 측정을 알아보시오.

③ ACLR의 특성이 나쁠 때 이동통신 시스템에 미치는 영향에 대해 알아보시오.

실험10 Spectrum Emission Mask 측정하기

1. 기초지식

스퓨리어스 발사(spurious emission)를 제외하고 변조과정에서 필요 주파수 대역폭 외에서 그 대역에 가장 가까운 곳에서 생기는 주파수 발사를 뜻하는 것으로서 대역외 방사(Out-of-band Emission)로서 ITU-R SM1541-1 문서에서 정의하는 dB relative 개념 중, 이동통신 시스템은 Carrier 검출이 용이하지 않은 Digital Modulation 된 시스템의 일반적 적용기준인 dBsd를 적용한다.

dBsd는 필요 주파수대역(necessary bandwidth) 내의 최대 전력밀도에 대한 측정 주파수에서의 전력밀도의 상대값으로 정의한다. 랜덤 신호의 경우, 최대 전력밀도는 기준대역폭 (reference bandwidth)에 대해 최대 결과를 보이는 주파수에서의 평균 전력으로 나타낸다.

2. 실험목적

① 필요 주파수대역 내에서의 최대 평균 전력밀도 대비 측정 주파수대역에서의 평균 전력밀도의 상대값을 측정한 결과를 통해 시스템 이해한다.

② 스펙트럼 마스크의 측정을 통해 중요성과 대역폭에 관계없이 일정한 스펙트럼 마스크 특성을 갖는 결과를 확인하고 일정한 이유에 대해 이해한다.

3. 실험기기 및 부품

① 신호발생기(Signal Generator) : 2set

② RF Cable(SMA(male)-cable-SMA(male) assembly : 1set

③ Spectrum Analyzer : 1set

④ LTE 중계기(LTE Repeater) : 1set

4. 실험절차

① 측정기기의 전원을 ON한다.

② 기기의 설정상태를 초기화한다.

㉠ Shift, Config(Preset)를 누른다.

㉡ 초기 설정조건을 불러낸다.

(1) 측정장비 셋업

[그림 10-1]과 같이 측정장비를 셋업한다.

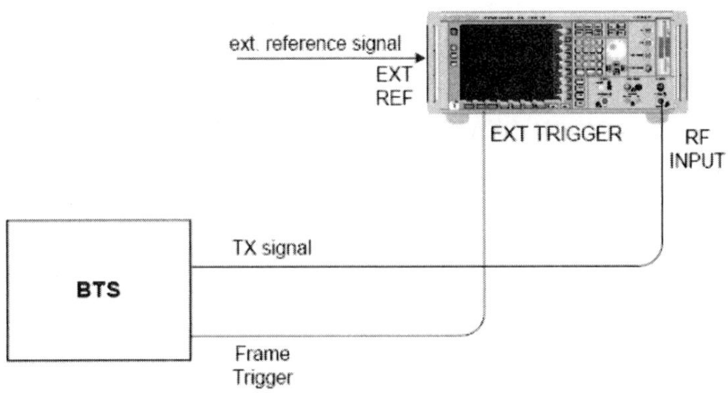

[그림 10-1] 시스템 측정결선도

(2) 시험규격

2.515 ≤ f_offset 〈 2.715MHz	− 14dBm 이하
2.515 ≤ f_offset 〈 2.715MHz	− 14, −15(f_offest −2.715)dBm 이하
3.515 ≤ f_offset 〈 4MHz	− 26dBm 이하
4.0 ≤ f_offset 〈 8MHz	− 13dBm 이하
8.0 ≤ f_offset 〈 f_offest_Max	− 13dBm 이하

(3) 시험절차(Test Model 1 사용)

① Spectrum Analyzer(FSPL) 오른쪽 상단의 MEAS 키를 누르면 WCDMA 관련 측정항목들이 디스플레이된다. 여기서 SPECTRUM EM MASK 키를 누르면 결과가 디스플레이된다.

② 화면 오른쪽 하단의 ADJUST REF LVL 키를 눌러 자동 레벨 조정을 한다.

③ 필요에 따라서는 SWEEP 키를 누른 후 SWEEPTIME MANUAL 키를 눌러 1초

정도의 스위프 시간을 주면 안정적인 결과를 읽을 수 있다.

④ 화면의 저장은 Spectrum Analyzer(FSPL) 화면 왼쪽의 HCOPY 키를 누른 후 PRINT SCREEN 키를 누른다. 원하는 저장경로를 지정한 후 저장한다.

㉠ DEVICE SETUP에서 DEVICE 1을 .WMF(윈도우 메타 파일)로 설정 후 사용한다.

㉡ 수치 데이터 보기(PRINT TABLE)

⑤ 위에서 결과 파형을 저장 후 MEAS → SPECTRUM EM MASK → PEAK PER RANGE를 눌러 1로 설정 → MARGIN을 눌러 200dB로 설정 → PEAK SEARCH → VIEW PEAK LIST → SORT BY FREQUENCY 선택한다.

⑥ 화면의 저장은 Spectrum Analyzer(FSPL) 화면 왼쪽의 HCOPY 키를 누른 후 PRINT TABLE 키를 누른다. 원하는 저장경로를 지정한 후 저장한다.

㉠ DEVICE SETUP에서 DEVICE 1을 .WMF(윈도우 메타 파일)로 설정 후 사용한다.

㉡ 일반적인 측정으로 Spectrum Emission Mask만 측정할 경우에는 FREQ (중심 주파수 선택) 3G FDD BS 키를 눌러 WCDMA 측정환경으로 들어간 후 위의 ①번부터의 절차를 수행하면 된다.

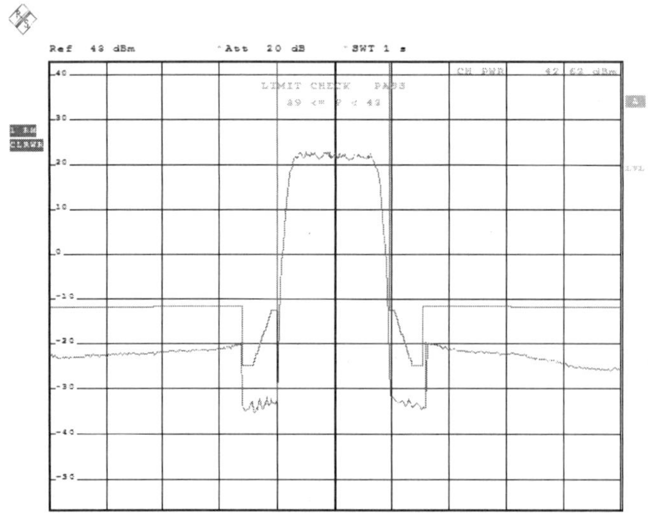

Spectrum Emission Mask 측정 결과

[그림 10-2] 최대 평균 전력밀도 대비 측정

VIEW PEAK LIST		
FREQUENCY	LEVEL dBm	DELTA LIMIT dB
2.1342 GHz	-21.31	-10.04
2.1385 GHz	-19.18	-7.84
2.1389 GHz	-32.27	-8.28
2.1397 GHz	-31.52	-18.33
2.1400 GHz	-23.76	-11.83
2.1421 GHz	22.95	-77.80
2.1452 GHz	-30.78	-18.36
2.1456 GHz	-31.42	-13.99
2.1462 GHz	-32.07	-7.97
2.1466 GHz	-18.87	-6.99
2.1508 GHz	-21.76	-9.90

[그림 10-3] Spectrum Emission Mask 수치 데이터

5. 실험결과 및 고찰

실 험 제 목					평 가	
소 속						
실 험 조	조		인 원		실험일자	
학 번						
성 명						
조 원						

① 불요방사(Unwanted Emission)에 종류에 대해 알아보시오.

② 필요 주파수대역폭 외의 1.5~2.5배 사이의 범위를 설정하여 대역외 방사(Out-of-band Emission)에 대해 알아보시오.

③ 대역외 방사(Out-of-band Emission)가 이동통신 시스템에서 미치는 영향에 대해 알아보시오.

실험 11 불요파 방사 측정하기

1. 기초지식

(1) 불요파 방사(spurious emmision)

스퓨리어스(불요파)가 외부 전자파로 방사되는 것을 말한다. 스퓨리어스가 주로 문제가 되는 것은 당연히 spec과 관련된 것이며, 그 중에서도 법령에 의한 불요파 방사기준 등을 지켜야 하기 때문에 더 문제가 된다.

필요 대역폭 외에 있는 하나의 주파수 또는 주파수들의 방사 및 사용하는 정보의 전송에 영향을 주지 않고 감소시킬 수 있는 레벨 스퓨리어스 방사는 고조파 방사(harmonic emission), 기생방사(parasitic emission), 상호변조 기생발생(intermodulation product) 및 주파수변환발생신호(frequency conversion product)가 포함된다.

(2) 불요 발사

"대역외방사"와 "스퓨리어스 방사"로 나누어지며 2.4GHz 대역 사용설비와 5.8GHz 대역 사용설비 측정범위는 다음과 같다.

① 2.4GHz 대역 사용 설비 : 30MHz～12.75GHz

② 5.8GHz 대역 사용 설비 : 30MHz～26GHz

스퓨리어스의 4가지 발생원인에 의해 생겨난 스퓨리어스 방사는 원래 신호와의 차이를 나타내는 dBc 단위로 주로 표현되며, 법령에서 규제하는 스퓨리어스 방사 제한은 다음과 같은 형식으로 되어 있다. 나라마다 조금씩 다르며, 다음은 그 예를 보여준다.

1) 30MHz 이하

스퓨리어스는 50mW 이하, 기본주파수 평균전력보다 40dB 낮아야 한다.

2) 30～54MHz

스퓨리어스는 1mW 이하, 기본주파수의 평균전력보다 60dB 낮아야 한다. 이러한 스퓨리어스 성분이 방사되면 그것이 EMI가 되어 다른 기기들을 방해하기 때문에 까

Search Region	규격
9kHz~150kHz (1K) 150kHz~30MHz (10K) 30MHz~1GHz (100K) 1GHz~12.75GHz (1M)	-13dBm 이하

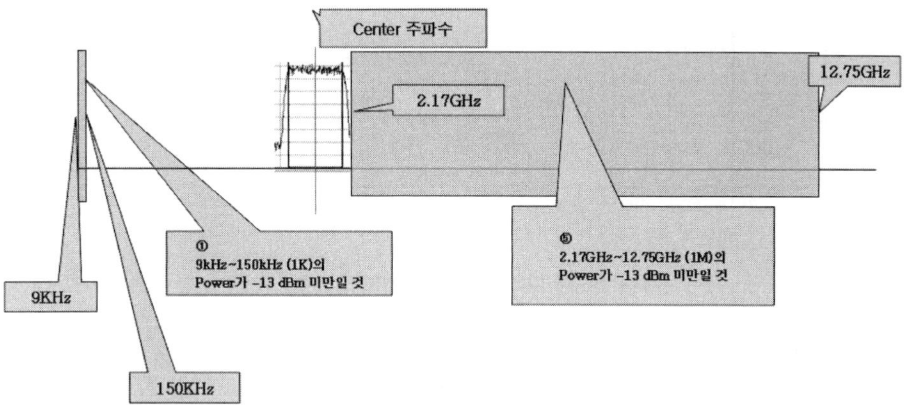

[그림 11-1] 불요파 방사 관계

다로운 법령을 통과하려면 잘 차단해야 한다. 스퓨리어스가 주로 문제가 되는 것은 내가 사용하는 무선통신기기가 다른 사용자(타 통신채널)의 무선통신에 방해(장해)를 줄 수 있기 때문이다. 그러므로 각 나라마다 무선기기별로 스퓨리어스를 최대한 억제하기 위해 엄격한 규격을 제정하여 스퓨리어스 방사를 규제하고 있다. 스퓨리어스의 4가지 발생원인이 있다.

(3) 스퓨어리스 발생의 4가지 원인

① 고조파(harmonic)에 의한 것 : 주파수의 배수성분 검출

② 저조파(subharmonic)에 의한 것 : 주파수 채배가 많을 시 검출

③ IMD에 의한 것 : 여러 개의 신호가 비선형 시스템을 통과할 때 검출

④ 기생효과(parastic effect)에 의한 것 : 기타 주파수 방사에 대한 스퓨리어스는 이러한 모든 것을 통틀어서 원하는 band 이외에 발생하는 모든 신호원을 지칭하므로, 스퓨리어스 방사제한 규격에서 의미하는 것은 결국 Anything, 즉 위 4가지 원인 중 무엇이 규격에 정해진 값 이하로 써야 한다.

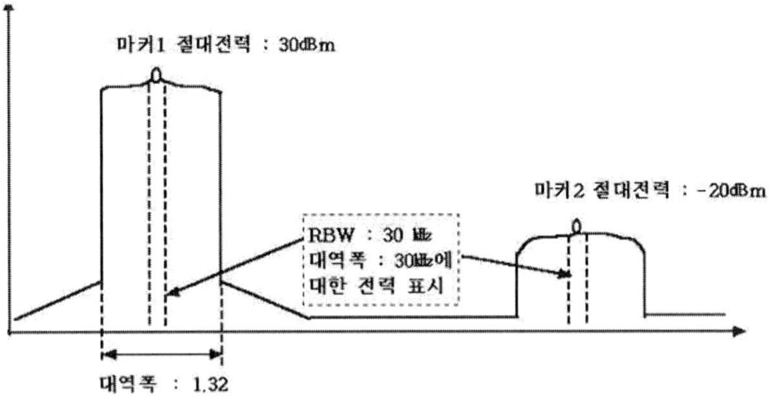

[그림 11-2] 마커를 이용한 RBW 30kHz 측정

(4) 측정방법

[그림 11-2]와 같이 측정했을 경우 기본파는 마커 1의 30kHz 대역 전력만 표시된 값이 되므로 16dB를 보상해야만 기본파의 평균전력이 된다. 기본파의 평균전력이 되기 위해서는 마커 1+10log$_{10}$(측정대역폭 30kHz), 즉 30dBm+16.23dB(대역폭 측정값이 1.26MHz인 경우)=46.23dBm

결국 기본파의 평균전력은 46.23dBm이 되고 고시에 따른 기본파의 평균전력과 마커 2의 30kHz 분해대역폭의 상대값은 66.23dBc로 계산된다.

1) 16dB의 의미

Spectrum Analyzer에서 잡음신호와 거의 비슷한 CDMA 신호를 측정 시에 RBW에 따라 측정전력값이 다르기 때문에 다음과 같은 계산방법으로 구해진 16dB를 보상한다. 즉 기본파의 대역폭은 1.32MHz인데 스펙트럼의 RBW(IF 필터 대역폭)는 30kHz일 때만 적용되는 값이다.

$$10\log_{10}(1320\text{kHz}/30\text{kHz}) = 16.43\text{dB}$$

그러나 정확한 값은 실제 점유주파수 대역폭을 측정하여 계산하여야 한다.

2) 기본파에만 16dB를 보상하는 방법

'(4) 측정방법'에서와 같이 기본파와 고조파를 동시에 측정할 때는 고조파는 RBW 30kHz로 놓고 측정한 값을 읽고, 기본파는 평균전력이므로 RBW 30kHz로 측정한

값에 16dB를 보상한 값이 된다. 즉, RBW 30kHz 기본파와 고조파를 측정시 기본파의 값에 16dB를 보상하여야 기본파가 평균전력이 되므로 이 값과 고조파 값의 차이가 불요파이다.

(예) RBW=30kHz일 때의 보상값

OBW	1.23MHz	1.26MHz	1.27MHz	1.32MHz
보상값	16.13dB	16.23dB	16.27dB	16.43dB

3) 제2고조파 측정

제2고조파 성분 측정 시 기본파에 16dB를 보상하는데 의문을 갖고 있는데, 정보통신부 고시(디지털 방식의 이동전화용 무선설비, 개인휴대전화용 무선설비의 기술적 조건)를 보면 제2고조파 대역은 스퓨리어스 측정대역으로 RBW를 30kHz로 놓고 측정하되 기본파의 평균전력보다 60dB 또는 55dB 이상 낮아야 한다고 되어 있다. 만일 고시에서 기본파의 평균전력이라고 표시하지 않았다면 기본파에 16dB을 보상할 필요가 없다.

2. 실험목적

① 불요파 방사특성에 대해 공부한다.
② 불요파 방사측정 시 16dB 보상하는 이유에 대해 공부한다.
③ 스퓨어리스 발생의 원인에 대해 공부한다.

3. 실험기기 및 부품

① 신호발생기(Signal Generator) : 2set
② RF Cable(SMA(male)-cable-SMA(male) assembly : 1set
③ Spectrum Analyzer : 1set
④ LTE 중계기(LTE Repeater) : 1set

4. 실험절차

① 측정기기의 전원을 ON한다.

② 기기의 설정상태를 초기화한다.

㉠ Shift, Config(Preset)를 누른다.

㉡ 초기 설정조건을 불러낸다.

(1) 측정장비 셋업

[그림 11-3]과 같이 측정장비를 셋업한다.

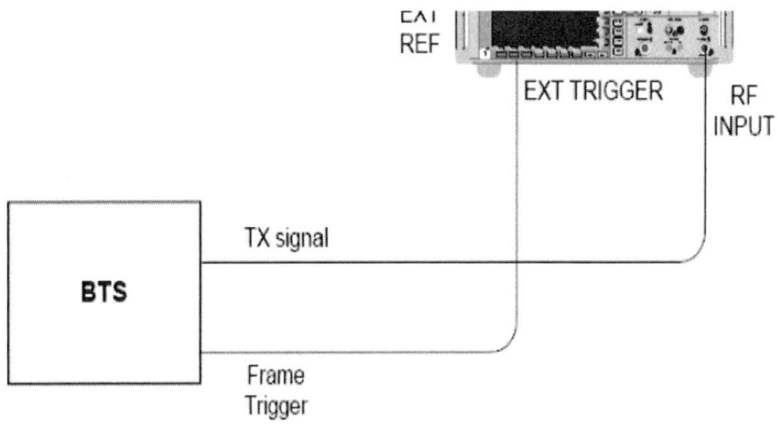

[그림 11-3] 시스템 측정결선도

(2) 시험규격

9kHz～150kHz(1kHz RBW)	－13dBm 이하
150kHz～30MHz(10kHz RBW)	－13dBm 이하
30MHz～1GHz(100kHz RBW)	－13dBm 이하
1GHz～12.75GHz(1MHz RBW)	－13dBm 이하

(3) 시험절차(Test Model 1 사용)

① 세팅을 초기화하기 위해 화면 왼쪽 상단의 PRESET 키를 누른다.

② 누른 후 START 9kHz STOP 150kHz 셋팅 후 BW 키를 눌러 RES BW

MANUAL 키를 눌러 1kHz를 선택한다.

③ LINES 키를 누른 후 DISPLAY 키를 눌러 DISPLAY 1 선택한다. LINE LEVEL 를 −13dBm으로 하고 AMPT키를 눌러 Ref Level를 로브나 업다운으로 설정한다. AM 레벨 조정 후 화면을 저장한다.

④ 위에서 결과 파형을 저장 후 MEAS → SPURIOUS EMISSION → STOP MEAS → PEAK PER RANGE 를 눌러 '1'로 설정 MARGIN을 눌러 '200dB'로 설정 PEAK SEARCH → VIEW → PEAK LIST → SORT BY FREQUENCY 선택한다.

⑤ 화면의 저장은 Spectrum Analyzer(FSPL) 화면 왼쪽의 HCOPY 키를 누른 후 PRINT TABLE 키를 누른다. 원하는 저장경로를 지정한 후 저장한다.

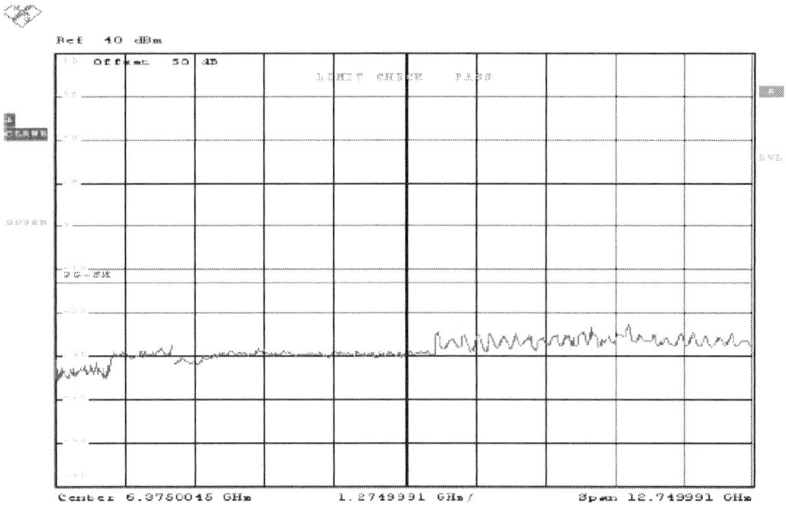

(a) SPURIOUS EMISSION 측정결과

VIEW PEAK LIST			
TRACE / DETECTOR	FREQUENCY	LEVEL dBm	DELTA LIMIT dB
1 RMS	9.2820 kHz	-33.25	-20.25
1 RMS	261.9375 kHz	-33.91	-20.91
1 RMS	754.5900 MHz	-31.25	-18.25
1 RMS	1.6110 GHz	-28.00	-15.00
1 RMS	10.4316 GHz	-22.37	-9.37

(b) SPURIOUS EMISSION 수치 데이터

[그림 11-4] 불요파 방사특성

5. 실험결과 및 고찰

실 험 제 목				평 가	
소 속					
실 험 조	조		인 원	실험일자	
학 번					
성 명					
조 원					

① 스퓨리어스의 4가지 발생원인에 의해 생겨난 스퓨리어스 방사는 원래 신호와의 차이를 나타내는 것에 대해 알아보시오.

② 2.4GHz 대역 및 5.8GHz 대역 사용 설비종류에 대하여 알아보시오.

③ 스퓨리어스 방사(spurious emission)가 통신 시스템에서 목적으로 하는 주파수 이외의 주파수성분(불요파)을 통칭해 말하는 것인데 시스템에 미치는 영향에 대해 알아보시오.

실험12 TX RF Ripple 측정하기

1. 기초지식

Ripple은 말 그대로 파도, 요동의 의미를 갖는 일반적인 영어단어이다. RF에서 Ripple이란 말은 주로 Filter의 경우에 많이 나오게 되는데, 대역폭 제한특성(skirt)을 좋게 하면 Ripple 특성이 나타나기 때문이다.

쉽게 설명한다면 통과하고자 하는 주파수대역과 막고자 하는 주파수대역의 경계선을 명확하게 구분하게 Filter를 설계하면, 통과대역의 S21이 평평하지 않고 파도처럼 올라갔다 내려갔다 하는 Ripple 현상이 나타난다. 이것은 Skirt 특성이 우수한 체비세프 타입의 필터를 사용할 때 주로 문제가 되며, Skirt 특성을 좋게 만들면 Ripple이 심해져서 통과신호가 불안정해진다.

통신용 필터들은 높은 채널 분리능력이 요구되기 때문에 체비셰프와 같은 차단특성이 우수한 필터 설계법을 사용한다. 그래서 Ripple이 발생하는 것은 막을 수는 없기 때문에, 원하는 차단특성을 가지는 한도 내에서 Ripple은 최소화할 수 있도록 만들어진다. 그래서 통신용 필터에는 최대 Ripple값이 Spec으로 주어지는 경우가 많다. Ripple 값은 보통 통과대역에서 변동이 발생한 최대·최저점간의 차이를 dB로 나타낸다.

RF 출력단에서 측정된 전력의 출력파형의 균일 정도로 측정하는 것으로서 리플부분의 Max. Peak와 Min Peak 차이가 얼마나 되는가를 측정하는 것으로서 기저대역의 변조신호(예 : I & Q 신호)의 특성을 파악할 수 있는 것이다. CF(Crest Factor)는 주어진 시간간격에서 신호의 Peak 값과 RMS값의 비로 정의된다.

2. 실험목적

① Ripple 특성에 대해 공부한다.

② 통신용 필터들은 높은 채널 분리능력이 요구되기 때문에 체비셰프와 같은 차단특성이 우수한 필터 설계법을 사용하는 이유에 대해 공부한다.

③ 통신시스템에 미치는 영향이 무엇인지 알아본다.

④ 중계기에서 Ripple 특성에 의해 시스템에 미치는 영향이 무엇인지 알아본다.

3. 실험기기 및 부품

① 신호발생기(Signal Generator) : 2set

② RF Cable(SMA(male)-cable-SMA(male) assembly : 1set

③ Spectrum Analyzer : 1set

④ LTE 중계기(LTE Repeater) : 1set

⑤ 3Port 분배기(Combiner) : 1set

4. 실험절차

① 측정기기의 전원을 ON한다.

② 기기의 설정상태를 초기화한다.

㉠ Shift, Config(Preset)를 누른다.

㉡ 초기 설정조건을 불러낸다.

(1) 측정장비 셋업

[그림 12-11]과 같이 측정장비를 셋업한다.

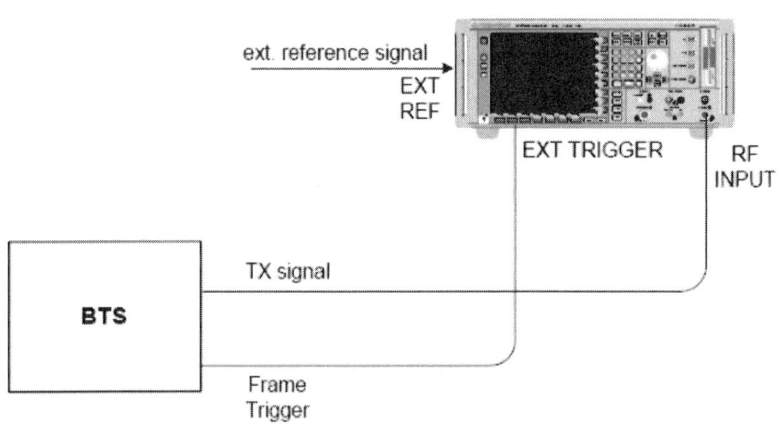

[그림 12-1] 시스템 측정결선도

(2) 시험규격

3dB 이내

(3) 시험절차

① Preset으로 초기화한다.

② 중심주파수를 입력한다.

③ 화면 왼쪽 하단의 EXIT CDMA 키를 눌러 일반 스펙트럼 분석 모드로 나간다.

④ 장비 오른편 상단의 SPAN 키를 눌러 5MHz 를 입력해 준다.

⑤ BW 키를 눌러 RBW를 30kHz, VBW를 100Hz로 세팅한다.

⑥ AMPT 키를 눌러 RF ATTEN을 AUTO로 세팅하고 위쪽에 있는 RANGE LOG MANUAL 눌러 10dB를 입력해주면 1dB 스케일이 된다. REF LEVEL 키를 선택하여 레퍼런스 레벨을 맞춰준다.

⑦ 장비의 오른편 상단에 있는 TRACE 키를 눌러 TRACE MODE의 AVERAGE를 선택한다.

⑧ 화면 오른편 상단의 MKR 키를 눌러 MARK 1을 중심주파수로 설정하고 MARK 2를 눌러 최소값이 되는 지점에 마커한다(편차가 3dB 이내인지 확인한다).

⑨ 화면의 저장은 Spectrum Analyzer(FSPL) 화면 왼쪽의 HCOPY 키를 누른 후 PRINT SCREEN 키를 누른다. 원하는 저장경로를 지정한 후 저장한다.

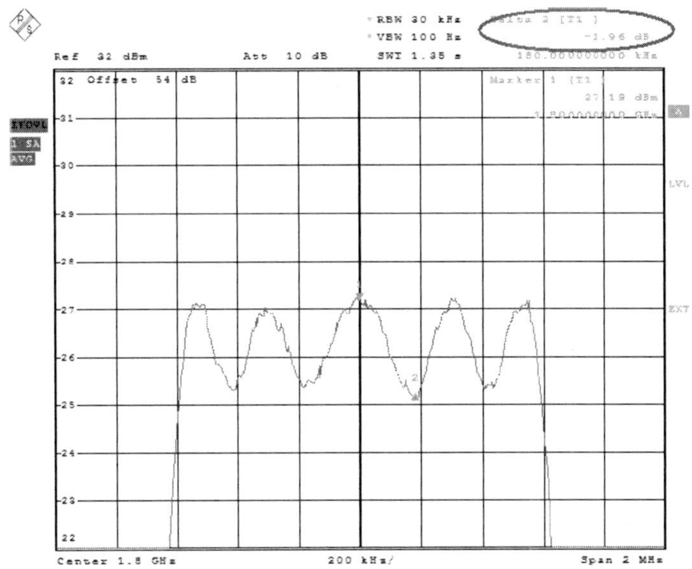

[그림 12-2] Ripple 특성

5. 실험결과 및 고찰

실험제목				평 가	
소 속					
실 험 조	조		인 원	실험일자	
학 번					
성 명					
조 원					

① 디지털 변조 시에 RF ripple에 대해 알아보시오.

② 기저대역에서의 I 및 Q에 관련하여 변조 처리과정을 알아보시오.

③ 기저대역에서의 I 및 Q 변화와 관련하여 RF ripple 상관관계를 알아보시오.

실험13 PICH Power Accuracy 측정하기

1. 기초지식

파일롯 채널은 항시 왈쉬 코드 '0'번에 할당되며, 어떠한 정보도 실리지 않은 상태에서 PN 코드와 확산 변조된다. 따라서, 파일롯 채널은 short PN 코드 그 자체가 되어 이동국에게 시간 및 위상 기준을 제공하며, 기지국을 구분한 기준(PN offset) 정보를 제공하게 된다.

공통 파일롯 채널은 1차(primary) 파일롯 채널과 2차(secondary) 파일롯 채널로 구성된다. 1차 파일롯 채널은 다른 CDMA 방식에서의 파일롯 채널과 역할이 동일하고 모든 채널(2차 채널은 제외)의 위상 기준을 제공하는 역할을 하며 한 개의 채널만이 존재한다.

2차 파일롯 채널은 동기식에서의 보조 파일롯 채널과 동일하게 특정 지역에 안테나 빔이 집중되도록 하는 스마트 안테나 기능을 지원하며, 다수 개의 2차 파일롯 채널이 사용될 수 있다. 따라서 2차 파일롯 채널은 2차 공통 제어 채널과 지정 채널의 위상 기준으로 사용될 수 있다.

[참고] CPICH(Common Pilot Channel Power Accuracy)

2. 실험목적

① 파일롯 채널 중요성을 익힌다.
② 파일롯 채널의 정확도가 시스템에 미치는 영향을 알아본다.

3. 실험기기 및 부품

① 신호발생기(Signal Generator) : 2set
② RF Cable(SMA(male)-cable-SMA(male) assembly : 1set
③ Spectrum Analyzer : 1set
④ LTE 중계기(LTE Repeater) : 1set
⑤ 3Port 분배기(Combiner) : 1set

4. 실험절차

① 측정기기의 전원을 ON한다.

② 기기의 설정상태를 초기화한다.

㉠ Shift, Config(Preset)를 누른다.

㉡ 초기 설정조건을 불러낸다.

(1) 측정장비 셋업

[그림 13-1]과 측정장비를 셋업한다.

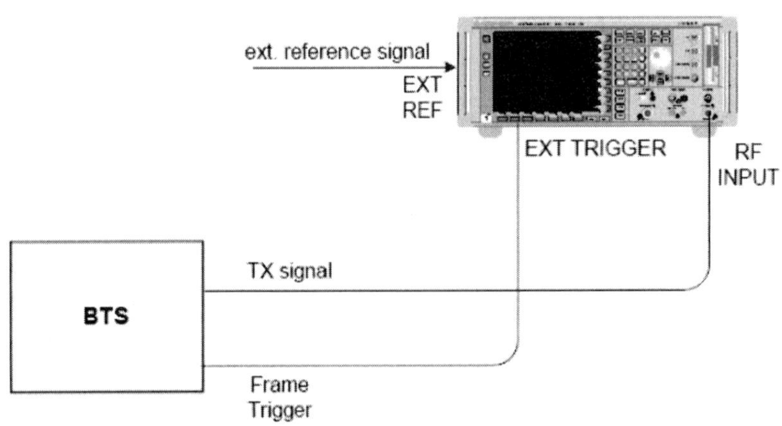

[그림 13-1] 시스템 측정결선도

(2) 시험규격

−10dB0±2.1dB 이내

(3) 시험절차(Test Model 2 사용)

① 기지국의 테스트 모드를 2로 설정한다. 통상 테스트 모드 환경하의 기지국 신호 Scrambling Code는 0이다. 기지국의 테스트 모드가 아닌 실제 서비스 중인 신호의 코드 도메인을 측정할 경우에는 상응하는 Scrambling Code를 입력해 주어야 한다.

② FSP의 FREQ 키를 눌러 측정하고자 하는 신호의 중심주파수를 설정한다.

③ 화면 하단의 3G FDD BS 키를 눌러 측정 펌웨어를 구동시킨다.

④ 화면 하단의 RESULTS 키를 누르고, 화면 오른쪽 하단의 ADJUST REF LVL 키를 눌러 자동 레벨 조정을 한다.

⑤ 화면 하단의 SETTINGS 키를 누른 후, 화면 오른쪽 상단의 SCRAMBLING CODE 키를 2번 눌러 '0'이 입력되어 있는지 확인한다. 기지국 Scrambling Code가 0이 아닌 경우에는 직접입력 또는 화면 오른쪽의 SCRAM CODE AUTO SRCH 키를 눌러 자동으로 검색한다.

〈직접 입력할 경우〉

(예) Scrambling Code가 19인 경우 FSP에 190과 같이 뒤에 '0'을 추가로 붙여서 입력해 준다. FSP는 Primary Scrambling Code + Secondary Scrambling Code 0 의 조합으로 넣어줘야 한다.

⑥ 다시 SETTINGS 키를 누른 후 화면 오른쪽 중앙의 POWER REF 키를 한번 눌러 레퍼런스를 'PICH'에서 'TOT'(토탈 파워)로 설정한다.

⑦ 화면 저장방식은 위의 항목들과 동일하게 HCOPY → PRINT SCREEN 선택한다.

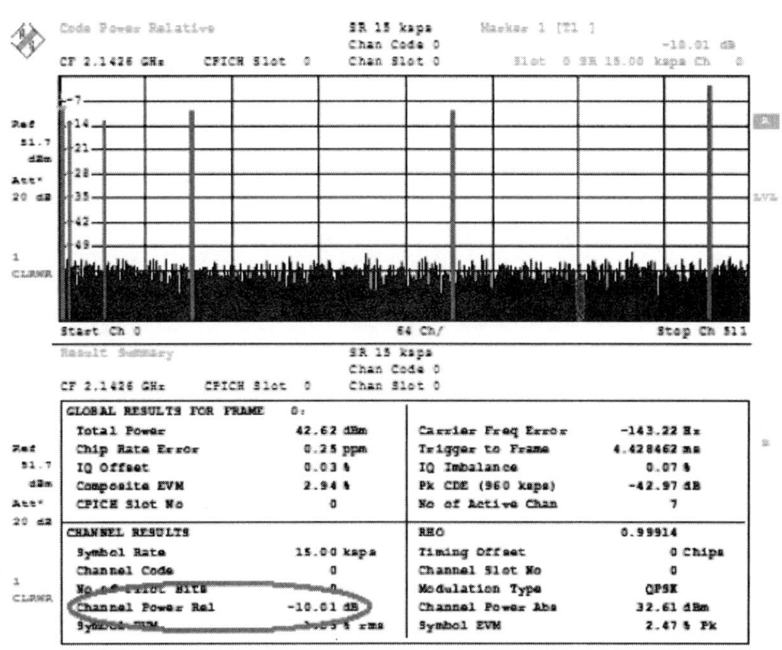

[그림 13-2] PICH Power Accuracy 측정

5. 실험결과 및 고찰

실험제목					평 가	
소 속						
실 험 조	조		인 원		실험일자	
학 번						
성 명						
조 원						

① 파일롯 채널 사용목적에 대해 알아보시오.

② PN offset 대하여 알아보시오.

③ GPS 사용목적에 대하여 알아보시오.

실험14 Peak Code Domain Error 측정하기

1. 기초지식

코드 도메인 에러(code domain error)는 실제 수신된 각각의 코드 채널과 이상적인 값과의 에러를 가르킨다. WCDMA의 경우 한 채널은 10msec의 프레임으로 구성되며, 하나의 프레임은 15개의 슬롯이 포함되어 있다. 각 슬롯마다 256개의 코드를 사용하여 송신되며 이 때 코드의 에러를 코드 도메인 에러라 한다. 이 중 가장 에러율이 높은 슬롯을 검출하여 에러율을 나타낸 값이 Peak Code Domain Error이다.

국제 3GPP 규격에서는 이 값이 -33dB를 초과하지 않도록 하고 있다.

2. 실험목적

① Code Domain의 특성을 이해한다.

② 비동기 W-CDMA FDD(Frequency Division Duplex) 방식의 채널 구조를 이해한다.

3. 실험기기 및 부품

① 신호발생기(Signal Generator) : 2set

② RF Cable(SMA(male)-cable-SMA(male) assembly : 1set

③ Spectrum Analyzer : 1set

④ LTE 중계기(LTE Repeater) : 1set

⑤ 3Port 분배기(Combiner) : 1set

4. 실험절차

① 측정기기의 전원을 ON한다.

② 기기의 설정상태를 초기화한다.

㉠ Shift, Config(Preset)를 누른다.

㉡ 초기 설정조건을 불러낸다.

(1) 측정장비 셋업

[그림 14-1]과 같이 측정장비를 셋업한다.

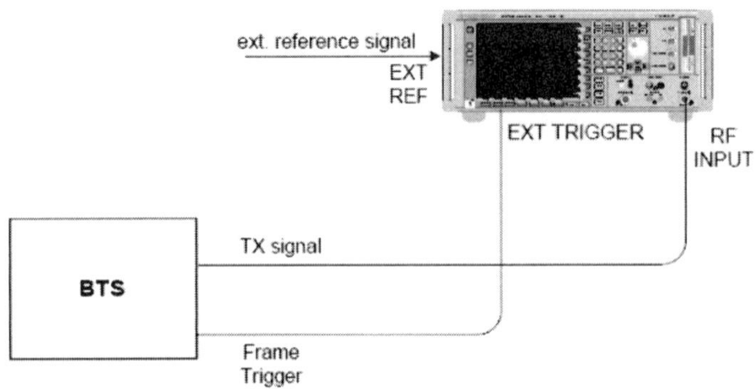

[그림 14-1] 시스템 측정결선도

(2) 시험규격

−33dB 이하

(3) 시험절차(Test Model 3 사용)

① 기지국의 테스트 모드를 3으로 설정한다. 화면 하단의 SETTINGS 키를 누른 후 화면 오른쪽 상단의 SCRAMBLING CODE 키를 2번 눌러 '0'이 입력되어 있는지 확인한다. 기지국 Scrambling Code가 0이 아닌 경우에는 직접 입력 또는 화면 오른쪽의 SCRAM CODE → AUTO SRCH 키를 눌러 자동으로 검색한다.

〈직접 입력할 경우〉

(예) Scrambling Code가 19인 경우, FSP에 190과 같이 뒤에 '0'을 추가로 붙여서 입력해 준다. FSP는 Primary Scrambling Code + Secondary Scrambling Code 0의 조합으로 넣어줘야 한다.

② CPICH Power Accuracy 항목과 세팅은 동일하다. 따라서 위의 측정과 동일한 주파수, Scrambling 이다. Code에서 테스트 모드만 3으로 변경했다면 별도의 세팅은 필요 없다. 만일 따로, 이 항목만 측정을 원할 경우에는 6 번 테스트 항목의 ②~⑤까지의 세팅 절차를 따르면 된다.

③ 화면 하단의 RESULTS 키를 누르고, 화면 오른쪽 하단의 ADJUST REF LVL 키를 눌러 자동 레벨 조정을 한다.

④ [그림 14-2]에서 둥근 원으로 표시된 PK CDE 값이 측정결과이다.

⑤ 화면 저장방식은 위의 항목들과 동일하게 HCOPY → PRINT SCREEN 선택한다.

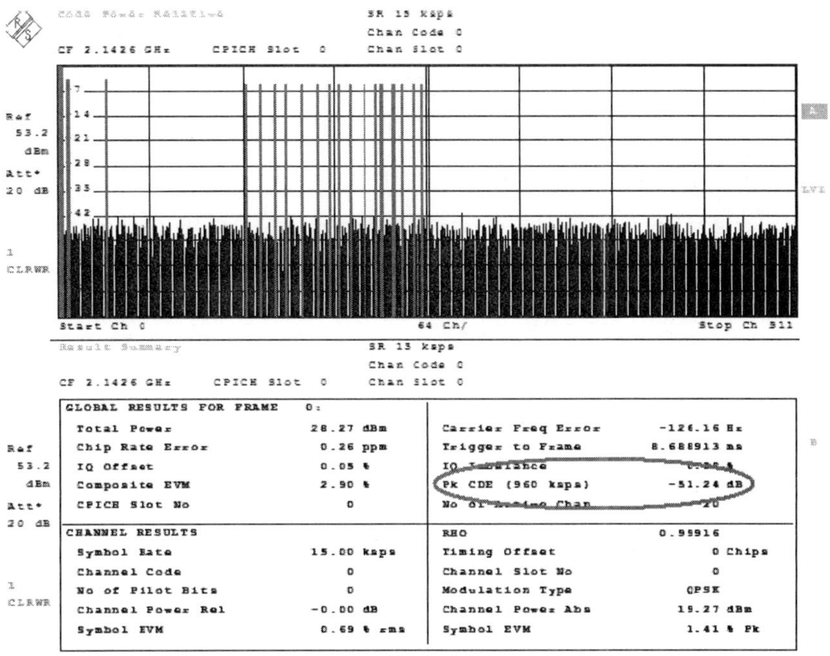

[그림 14-2] Code Domain의 특성

5. 실험결과 및 고찰

실 험 제 목					평 가	
소 속						
실 험 조	조		인 원		실험일자	
학 번						
성 명						
조 원						

① Spectrum Analyzer상에서 Code Domain에 대응하는 각 채널에 대해 알아보시오.

② Scrambling Code Group에 대하여 알아보시오.

③ W-CDMA에서 순방향, 역방향 채널의 종류에 구성에 대하여 알아보시오.

실험15 Frequency Error 측정하기

1. 기초지식

기지국에서 출력되는 주파수가 정확하게 출력되기 위해서는 내부의 기준 발진기의 주파수가 높은 정확도 및 안정도를 가져야만 한다. 비동기 시스템은 동기 시스템에서 위성으로부터 수신된 기준 신호를 사용하는 과는 달리 내부 발진기로부터 기준 신호를 받아서 사용한다. 통상 1ppm이란 1MHz에서 1Hz의 오차를 가진 것을 의미 한다.

2. 실험목적

① Code Domain의 특성을 이해한다.

② 비동기 W-CDMA FDD(Frequency Division Duplex) 방식의 채널 구조를 이해한다.

3. 실험기기 및 부품

① 신호발생기(Signal Generator) : 2set

② RF Cable(SMA(male)-cable-SMA(male) assembly : 1set

③ Spectrum Analyzer : 1set

④ LTE 중계기(LTE Repeater) : 1set

⑤ 3Port 분배기(Combiner) : 1set

4. 실험절차

① 측정기기의 전원을 ON한다.

② 기기의 설정상태를 초기화한다.

㉠ Shift, Config(Preset)를 누른다.

㉡ 초기 설정조건을 불러낸다.

(1) 측정장비 셋업

[그림 15-1]과 같이 측정장비를 셋업한다.

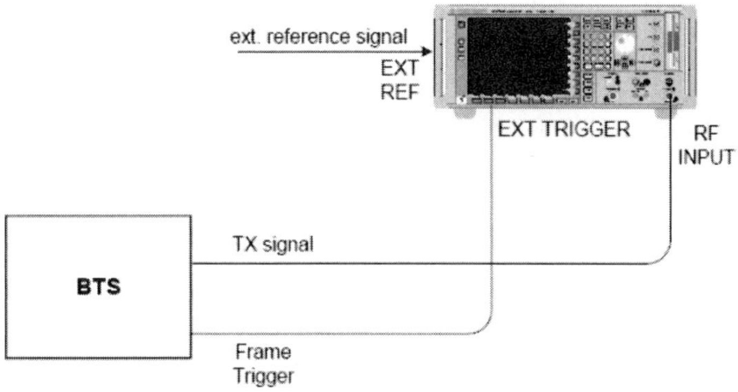

[그림 15-1] 시스템 측정결선도

(2) 시험규격

±0.05ppm(106.64Hz)

(3) 시험절차(Test Model 4 사용)

① 이 측정항목은 반드시 기지국에서 10MHz 레퍼런스 주파수를 사용해야 한다. Spectrum Analyzer(FSPL)의 후면에 REF IN 에 기지국의 10MHz 레퍼런스를 연결하고, Spectrum Analyzer(FSPL) 화면 왼쪽의 SETUP → REFERENCE 키를 눌러 EXT (외부)로 설정 후 측정된다.

② 기지국의 테스트 모드를 4로 설정한다. 화면 하단의 SETTINGS 키를 누른 후 화면 오른쪽 상단의 SCRAMBLING CODE 키를 2번 눌러, '0'이 입력되어 있는지 확인한다. 기지국 Scrambling Code가 0이 아닌 경우에는 직접 입력 또는 화면 오른쪽의 SCRAM CODE AUTO SRCH 키를 눌러 자동으로 검색한다.

〈직접 입력할 경우〉

(예) Scrambling Code가 19인 경우 FSP에 190과 같이 뒤에 '0'을 추가로 붙여서 입력해 준다.
FSP는 Primary Scrambling Code + Secondary Scrambling Code 0 의 조합으로 넣어줘야 한다.

③ 이전에 수행된 6, 7번 테스트 항목과 세팅은 동일하다. 따라서, 위의 측정과 동일한 주파수 Scrambling Code에서 테스트 모드만 4로 변경했다면 별도의 세팅은 필요 없다. 만일 따로, 이 항목만 측정을 원할 경우에는 6번 테스트 항목의 ②~⑤까지의 세팅 절차를 따르면 된다.

④ 화면 하단의 RESULTS 키를 누르고 화면 오른쪽 하단의 ADJUST REF LVL 키를 눌러 자동 레벨 조정을 한다.

⑤ [그림 15-2]에서 붉은색으로 표시된 Carrier Freq Error 값이 측정결과이다.

⑥ 화면 저장방식은 위의 항목들과 동일하게 HCOPY → PRINT SCREEN 선택한다.

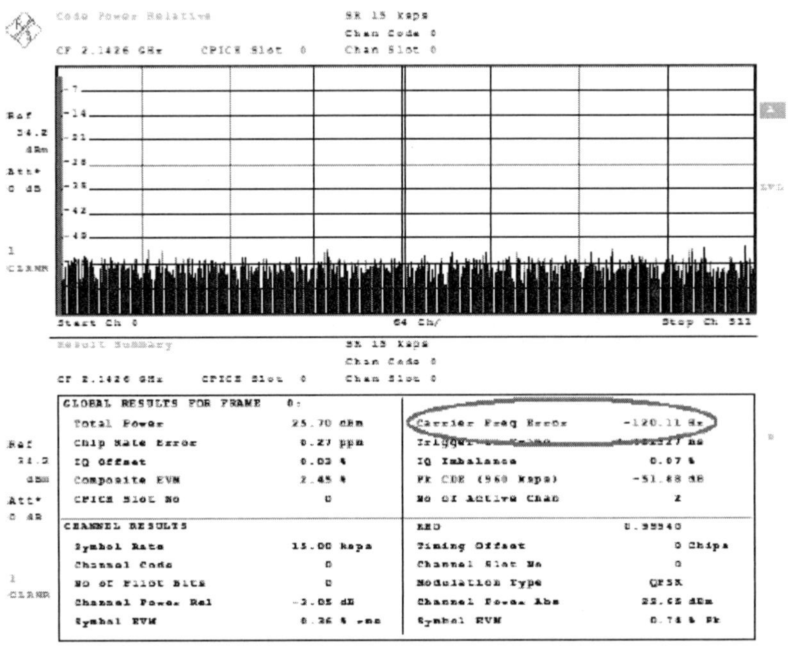

[그림 15-2] Frequency Error 측정

5. 실험결과 및 고찰

실 험 제 목					평 가	
소 속						
실 험 조	조		인 원		실험일자	
학 번						
성 명						
조 원						

① 기지국의 10MHz의 기준 신호를 사용할 때와 측정기 자체의 기준신호를 사용할 때의 측정값을 비교하시오.

② 상기 ①에서 측정값이 차이가 있다면 그 원인을 알아보시오.

③ 주파수 측정과 관련하여 측정값을 표시할 때 ppm과 Hz 사이의 관계에 대하여 알아보시오.

실험16 IMD 측정하기

1. 기초지식

IM(Intermodulation)은 2개 이상의 주파수가 비선형 시스템 혹은 회로를 통과할 때 출력단에 입력에 없던 신호가 혼변조되어 튀어나오는 것을 의미하고, IMD (Intermodulation Distortion)는 그러한 혼변조(IM)성분에 의한 왜곡(distortion) 그 자체를 의미한다. 이러한 IMD가 중요한 이유는 CDMA와 같은 디지털 시스템은 아날로그 시스템과 달리 한 신호가 하나의 주파수, 즉 한 채널을 사용하는 게 아니라 넓은 채널밴드폭을 여러 신호가 공유하기 때문이다. 다시 말해서 디지털 통신시스템에서 주로 문제가 된다.

즉 한 밴드를 처리하는 시스템에 여러 주파수의 신호가 동시다발적으로 입력되기 때문에, 서로 마구 섞여서 출력단에 여러 주파수의 짬뽕신호가 많이 발생하다 보면 신호처리가 제대로 이루어지지 않을 수도 있기 때문이다.

2개의 주파수 f_1과 f_2의 예를 든다면 출력에는 여러가지 다양한 성분이 섞인 신호가 나오지만 $2*f_1$, $3*f_2$와 같은 완전배수성 하모닉들은 필터로 거를 수가 있다. 하지만 문제가 되는 것은 3차항, 즉 $2*f_1*f_2$와 $2*f_2*f_1$인데, 이것은 f_1과 f_2 신호 아주 가까이 붙어버리기 때문에 골치거리가 된다.

IMD가 주로 지칭하는 것은 주로 이러한 3차항 혼변조 성분 때문이며, 그래서 보통 IMD라 하는 신호들은 3rd*order IMD를 의미하는 경우가 많다(나머진 방해가 안되니까). 특히 이 3rd*order IMD는 수식적으로 풀어보면 입력신호가 증가함에 따라 3제곱으로 늘어나기 때문에 처음에는 IMD가 작지만 입력신호가 계속 증가하다보면 원신호보다 훨씬 빠른 기울기로 증가하면서 원신호의 전력과 같은 경우까지 발생한다(이 지경이 되는 지점을 바로 IP3라고 한다).

즉, IMD란 혼변조로 인하여 신호의 왜곡이 일어나는 정도를 의미한다. 실제 제품의 spec이나 측정기준값으로는 IP3를 사용하게 된다. Intermodulation(IM)은 2개의 주파수 f_1, f_2의 신호를 디바이스에 입력했을 경우 그 비선형성에 의해 $2*f_1$과 $2*f_2$에 해당하는 2차 고조파가 발한다. 이 고조파와 기본파 f_1, f_2에 의해서는 $2*f_1-f_2$와 $2*f_2-f_1$에 해당하는 주파수성분이 발생하게 된다.

예를 들어 f_1이 1000MHz, f_2가 1001MHz라고 가정하면

$$2*f_1-f_2=2*1000-1001=999\text{MHz}$$
$$2*f_2-f_1=2*1001-1000=1000\text{MHz}$$

의 두 주파수성분이 발생한다. 이 두 주파수는 2개의 기본주파수 f_1, f_2에 매우 가까운 주파수라서, 기본주파수의 신호를 방해하면서 파형을 왜곡시킨다. 이러한 주파수 관계의 왜곡(distortion)을 두 신호의 3차 상호변조왜곡이라고 하며, 그래서 IM3 (Third order Intermodulation) 또는 그냥 간단히 IM이라고 하기도 한다.

한편, 위와 같은 방식으로 다음과 같은 성분도 추출된다.

$$3*f_1-2*f_2=3*1000-2*1001=998\text{MHz}$$
$$3*f_2-2*f_1=3*1000-2*1000=1003\text{MHz}$$

위의 성분은 IM5(5th order Intermodulation)이라고 한다.

2. 실험목적

① IM(Intermodulation)의 이론적 특성을 공부한다.
② IP3(Third order intercept point) 특성 이해한다.
③ Spectrum Analyzer 각 기능의 측정법을 익힌다.
④ 마커를 사용하여 주파수와 레벨의 측정법을 익힌다.
⑤ 상호변조 왜율을 발생시켜 Level을 측정법을 익힌다.

3. 실험기기 및 부품

① 신호발생기(Signal Generator) : 2set
② RF Cable(SMA(male)-cable-SMA(male) assembly : 1set
③ Spectrum Analyzer : 1set
④ LTE 중계기(LTE Repeater) : 1set
⑤ 3Port 분배기(Combiner) : 1set

4. 실험절차

① 측정기기의 전원을 ON한다.

② 기기의 설정상태를 초기화한다.

㉠ Shift, Config(Preset)를 누른다.

㉡ 초기 설정조건을 불러낸다.

〈측정장비 접속〉

① [그림 16-1]과 같이 기기를 접속한다.

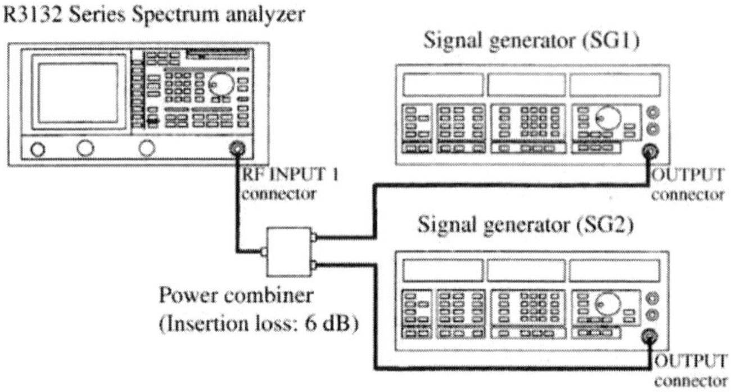

[그림 16-1] 상호변조의 측정의 접속

② 기기의 전원을 투입한다.

〈Signal · Generator의 설정〉

측정에 사용하는 Signal · Generator의 출력을 설정한다.

③ SGI1를 주파수 200.0MHz, Level -4dBm, 무변조, 출력 ON으로 설정한다.

④ SG2를 주파수 200.2MHz, Level -4dBm, 무변조 출력 ON으로 설정한다. 각각의 신호는 이 기기의 입력 Level로 -10dBm이다.

⑤ SHIFT, CONFIG(PRESET)을 누른다. 공장출하시 초기설정 조건을 읽어낸다.

〈측정조건의 설정〉

입력신호의 관측이 용이하도록 측정조건을 설정한다.

⑥ FREQ, 2, 0, 0, MHz를 누른다. 중심주파수가 200MHz로 설정된다.

⑦ SPAN, 1, MHz를 누른다. 주파수 SPAN이 1MHz로 설정된다.

⑧ BW, RBW, AUTO/ MNL, 3, kHz를 누른다.

㉠ RBW가 3kHz로 설정된다.

㉡ ATT의 설정이 초기 상태에서는 10dB이기 때문에 Mixer에 －20dBm (-10dBm−10dB)의 신호가 입력된다. 이 Mixer 입력 Level은 상호변조 왜율의 발생하는 한계보다 크기 때문에 기존의 Peak1 및 Peak2 외에 Spurious의 Peak3 및 Peak4가 관측된다.

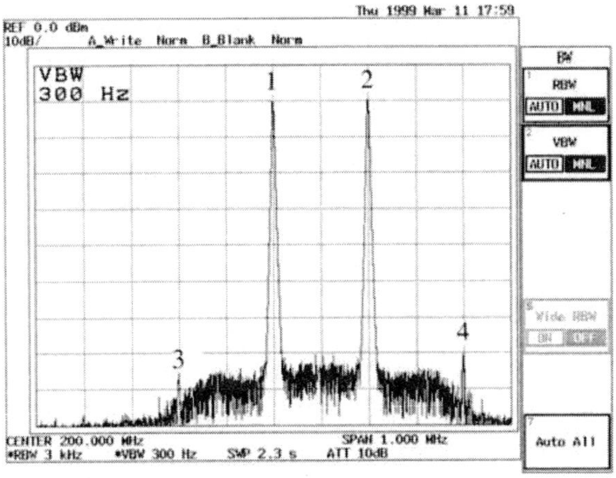

[그림 16-2] 상호변조 왜율이 발생하고 있는 화면

〈Attenuator의 변경〉

⑨ LEVEL, ATT AUTO/MNL, 2, 0, GHz(dB)를 누른다.

㉠ ATT가 20dB로 설정된다.

㉡ Mixer 입력 Level이 -30dBm(=−10dBm−20dBm)가 되고 상호변조 왜율에 의한 ([그림 16-3] Peak 3, 4)가 발생하지 않게 된다.

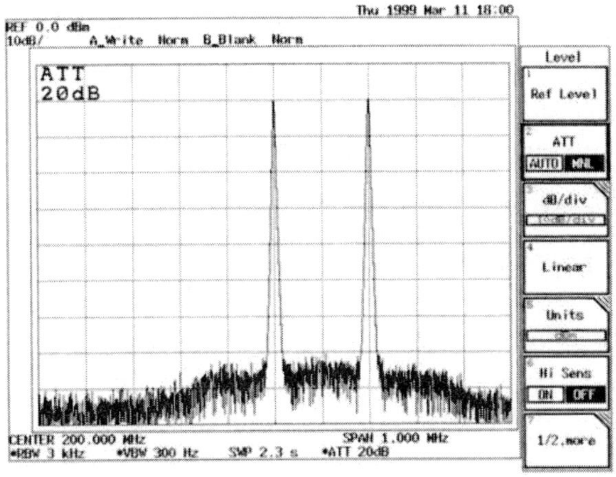

[그림 16-3] 상호변조 왜율이 발생하고 있지 않은 화면

이 때의 스펙트럼이 상호변조 왜율이 없는 원래의 것이다. 복수의 신호가 입력되어 있을 때는 상호변조 왜율이 발생하지 않도록 ATT를 적절한 설정으로 해서 Mixer 입력 Level을 제한하는 것이 중요한다.

5. 실험결과 및 고찰

실 험 제 목					평 가	
소 속						
실 험 조	조		인 원		실험일자	
학 번						
성 명						
조 원						

① IP3와 IM3는 주신호의 출력 레벨과 IM3의 출력 레벨이 각각 직선으로 일정한 기울기를 가진 채 증가할 때, 그 두 직선이 교차하는 점을 IP3라고 한다. 시스템에 미치는 영향에 대해 알아보시오.

② 이 관계를 알기 쉽게 설명하면 'IM3을 Spectrum Analyzer로 측정했을 때 출력 전력 레벨이 a, IM3의 전력 레벨이 b라면 a로부터 b를 뺀 값을 2로 나누고, 출력전력 레벨 a를 더하면 IP3를 계산할 수 있다'라고 말할 수 있게 된다.

(예제) 출력전력 레벨이 +10dBm 이고 이때의 IM3가 -50dBm 값일 때 IP3은 다음과 같이 계산된다.

IP3 = (10 −(−50))/2 + 10 = +40dBm

반대로, IP3 값을 알고 있다면 IM3의 값을 역으로 계산할 수 있기 때문에 데이터 시트상에서 IP3값을 봄으로써 실제로 사용하는 신호전력 레벨에서의 IM3 레벨을 알 수도 있다. 만약 왜곡성분의 크기 자체가 문제가 되는 시스템에서는 매우 중요한 항목이 될 수 있다. 그럼 그 이유에 대해 알아보시오.

3. ATT가 20dB로 설정하면 상호변조 왜율에 의한([그림 16-3] Peak 3, 4)가 발생하지 않게 된다. 그 이유에 대해 알아보시오.

실험17 중계기 시스템 설치하기

1. 기초지식

이 장비에는 AGC(Automatic Gain Control) 기능이 장착되어 기지국(DONOR PORT)의 입력신호 세기변화에 대해 일정한 출력을 유지시켜 준다.

MRU는 지상의 전파를 받아 건물 내부나 터널과 같은 전파 음영 지역에 설치하는 SRU(Slave RF Unit)에 신호를 보내고 받아 품질좋은 서비스를 하는 장비이다.

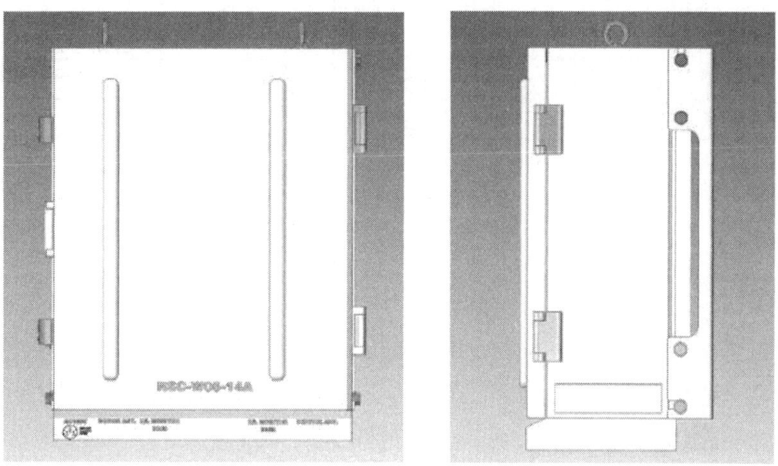

(a) 정면 (b) 측면

[그림 17-1] 시스템의 형상

(1) 내부구성도

이 System의 구조는 전주나 건물 옥상에 간편하게 설치가 가능하며 운용 및 A/S가 용이하도록 설계되었다. 물기제거 플러그를 함체 하단부에 장치함으로써 함체의 내부와 외부 온도차이로 발생하는 내부 침수를 방지하였다. 이 함체에 사용된 물기제거 플러그는 IP56의 환경에서 호흡이 가능하며 역방향의 흡입(밖에서 안으로)이 생기지 않는다. 또한, 시스템 외부에서도 PC를 사용하여 시스템의 상태 확인, 제어가 가능하도록 외부 RS-232C port를 제공한다.

(2) 설치사례

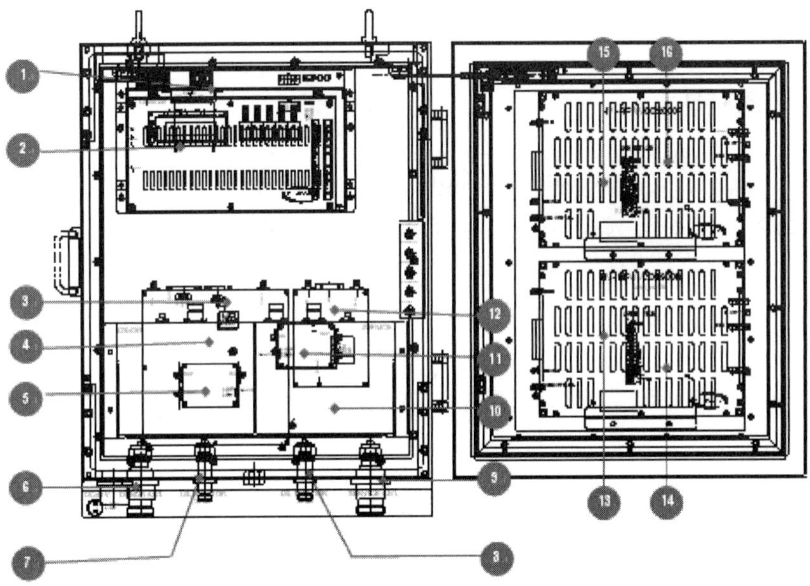

1	Power Supply	9	Service Arrestor
2	Control B/D	10	Service Duplexer
3	D/L HPA	11	U/L LNA
4	Donor Duplexer	12	U/L HPA
5	D/L LNA	13	U/L DSP
6	Donor Arrestor	14	U/L RF Module
7	U/L Monitor port	15	D/L DSP
8	D/L Monitor port	16	D/L RF Module

[그림 17-2] 각 부 명칭

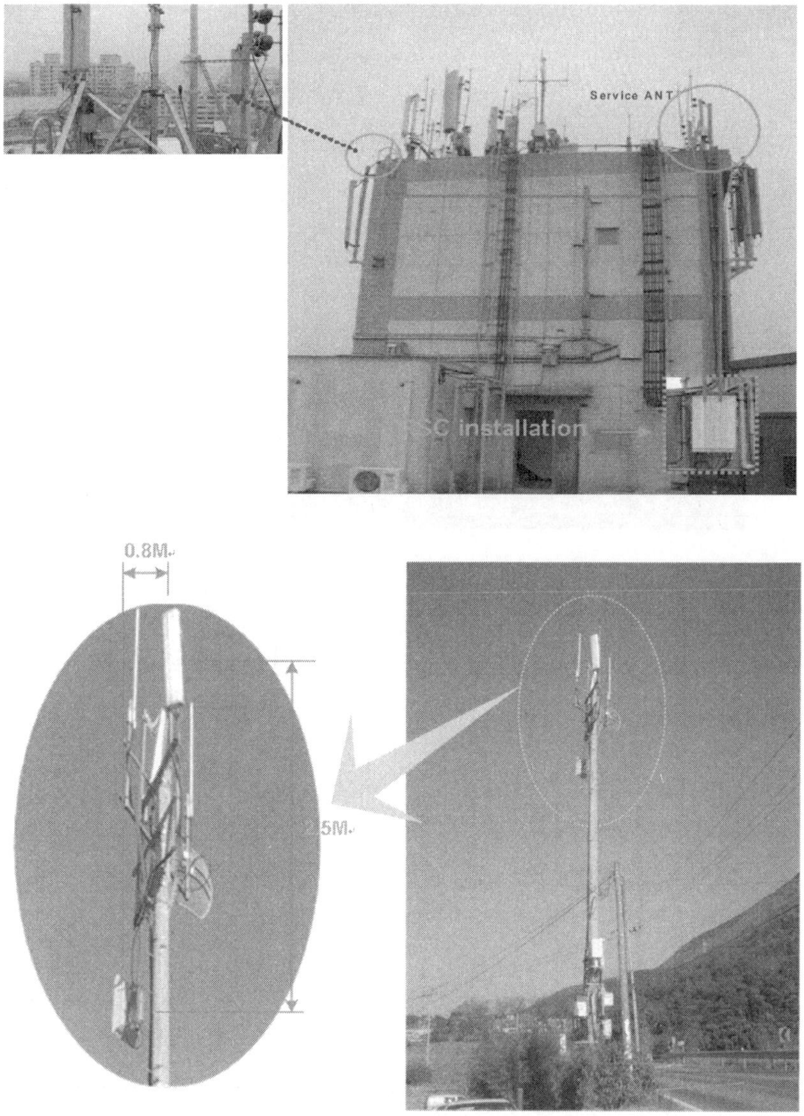

[그림 17-3] 외부 안테나 설치현황

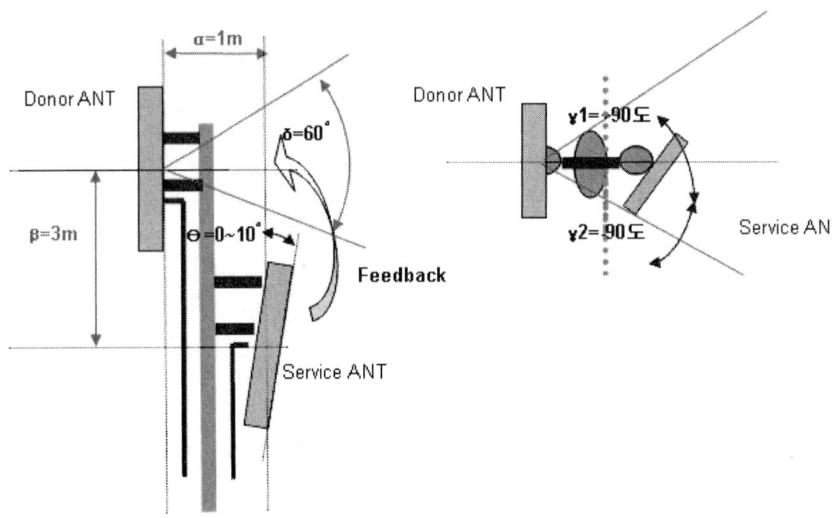

[그림 17-4] 안테나 설치도

1) 케이블랙 설치

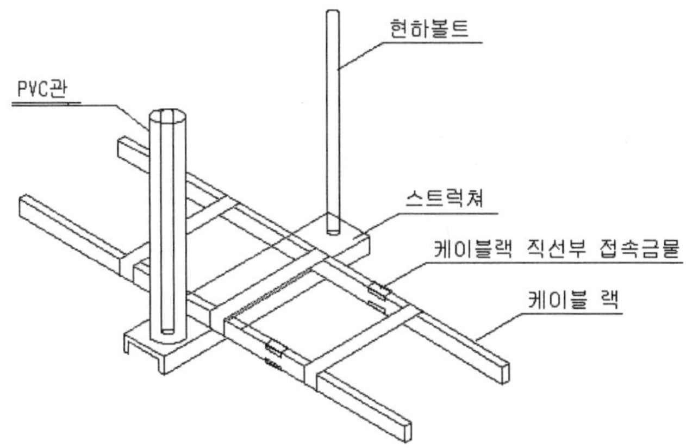

[그림 17-5] 천정지지에 의한 케이블랙 설치도

① 기준

㉠ 지지앵글은 하중을 많이 받으므로 견고하게 설치한다.

㉡ 벽면 및 케이블랙 부분과 맞닿는 부분은 배크라이트(절연체)를 설치하여 절연시킨다.

㉢ 케이블랙에 사용하는 각종 볼트/너트는 절연부싱을 사용하여 절연시킨다.

② 내용

㉠ 케이블랙의 종단부분을 고무캡으로 마감처리한다.

㉡ 수직이중 케이블랙간 절연용으로 애자를 사용한다.

㉢ 케이블랙 수평은 수평자를 이용하여 수평을 조절한다.

㉣ 케이블랙 접속부위 편조선은 접속개소당 1개 설치한다.

㉤ 페인트 제거 후 설치한다.

㉥ 편조선은 현장여건에 따라 한쪽 방향으로만 설치한다.

㉦ 절연애자의 색깔은 회색으로 통일적용하고, 절연애자(큰 것 : 아래측, 작은 것 : 위로) 취부방법은 지역본부별 통일적용 및 PVC Pipe는 사용을 억제한다.

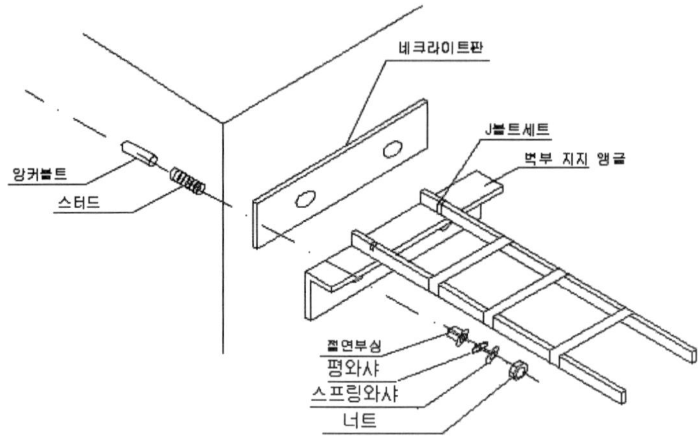

[그림 17-6] 벽부지지 앵글에 의한 케이블랙 설치도

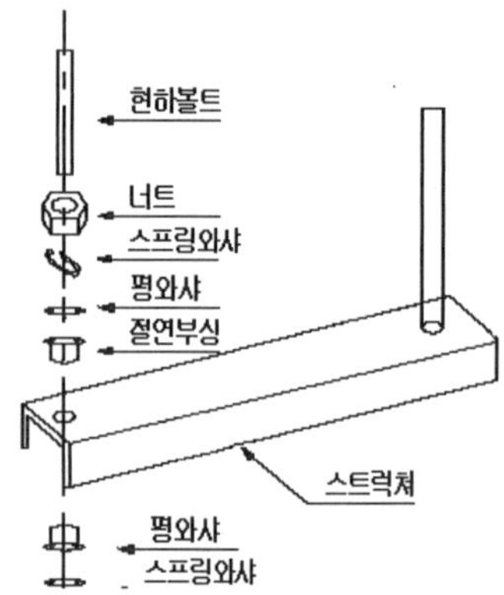

[그림 17-7] 천정지지 스트럭쳐 설치도

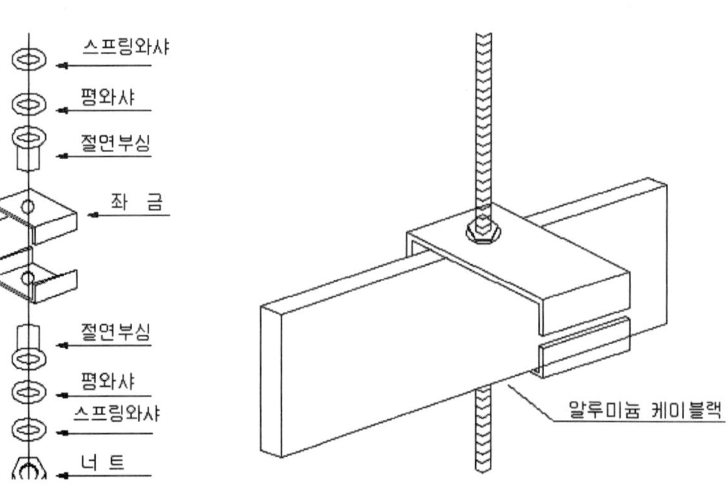

[그림 17-8] 천정지지 좌금 설치도

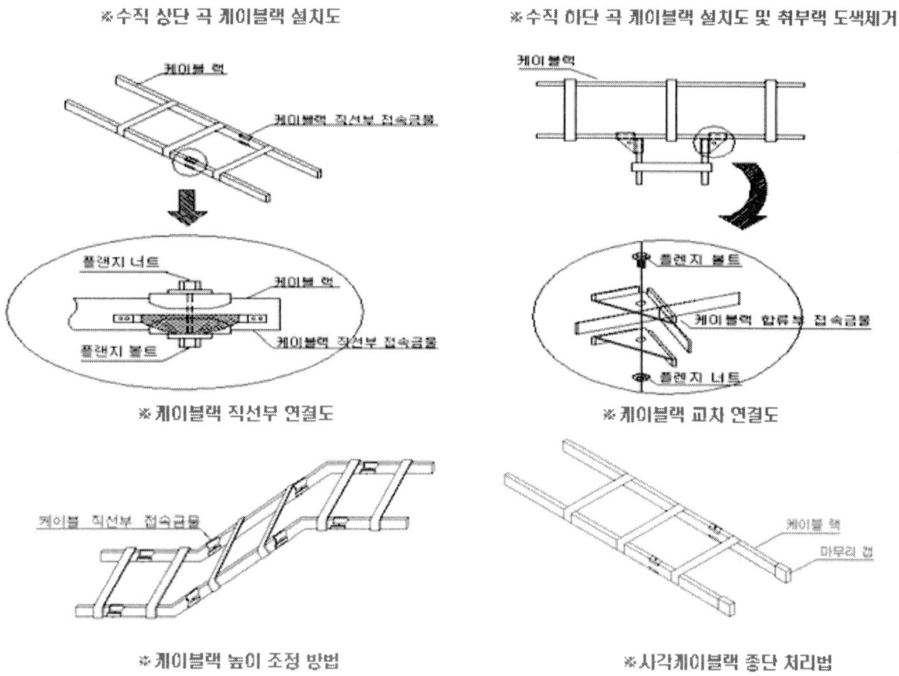

[그림 17-9] 각 처리부 결선도

[그림 17-10] 옥외형 설치공사

2) 장비설치

① 기준

㉠ 모든 장비는 수직, 수평이 되도록 설치한다.

㉡ 옥외형 BTS는 소용량 옥외 기지국으로써 옥탑설치 가능하도록 소형경량 함체로 구현한다.

㉢ 옥외형 장비는 유지보수, 장비하중, Door Open을 고려하여 배치위치를 결정한다.

㉣ 건물주 요구 및 기지국 안전에 문제가 있는 경우 안전진단서를 참고로 추가 하자발생 부분이 있는지 확인 후 시설한다.

② 내용

㉠ 옥외형 장비운반 시 축전지 및 정류기 탈착 후 운반하고 이동완료 후 설치장소에서 장착한다.

㉡ 지상용 설치 시 콘크리트 패드를 설치하고, 충분히 양생 후 장비 받침대를 설치한다.

㉢ 장비 받침대 설치 시 수평 Level을 맞춘다.

㉣ 옥외형 장비설치 시 옥외형 축전지 함체 및 도너 함체를 각각 1대씩 설치한다.

㉤ 차양막 설치 시 볼트 체결순서를 준수한다(볼트-평와샤-링-평와샤-고무링).

[그림 17-11] 광중계기 설치공사-전주

3) 전주에 중계기 설치

① 기준

㉠ 모든 장비는 수직, 수평이 되도록 설치한다.

㉡ 장비의 고정은 크램프, 볼트, 너트, 셋트앙카 등을 사용하여 진동이 없도록 견고히 고정하여야 한다.

㉢ 장비측 케이블은 접지선 및 전원선 규정대로 시설한다.

㉣ 장비취부 시 반듯이 하중을 고려하여 설치한다.

㉤ 전주에 국소명 도장을 농사용 적산전력계의 취부방향을 고려하여 식별이 가능한 방향을 선정하여 도장한다.

② 내용

㉠ 진동 및 소음방지를 위해 방진고무를 사용한다.

㉡ 전주 장비설치 시 u볼트 및 밴드를 사용하여 고정한다.

㉢ 전주에 시설되는 적산적력계는 밀폐형 농·축산용으로 사용(지면에서 1.5m 높이에 취부)한다.

㉣ 적산전력계 인입배관 사이 빗물제거를 위해 후렉시블 굴곡부분에 가공하여 빗물을 제거한다.

㉤ 전주 급전선 고정용 밴드(SUS 30×40×1t, 폭 : 2.5mm)를 사용한다.

㉥ 작업대(2.0m)를 설치, 장비취부대(3.5m)를 설치한다.

㉦ 국소명 도장 : 검정색 글씨로 1.5m 위치에 도장한다(글씨크기 : 가로 70×세로 70mm, 길이 : 30~40cm 미만).

㉧ 전주에 사다리밴드를 설치하지 않는다(05.05.24)

2. 실험목적

① MRU 중계기의 기본 설치방법을 익힌다.

② 중계 시스템의 기본원리를 이해하고 각 기능에 대해 공부한다.

③ 무선망 설치 및 유지보수를 위한 기본적인 구성도를 이해한다.

④ 중계기 설치 및 유지보수를 위한 기본 지식을 습득한다.

3. 실험기기 및 부품

① 신호발생기(Signal Generator) : 1set
② RF Cable(SMA(male)-cable-SMA(male) assembly : 1set
③ Spectrum Analyzer : 1set

4. 실험절차

(1) MRU 설치

MRU는 음영구역과 상관없이 DONOR ANT와 가까운 거리에 설치하는 것이 바람직하며, SRU들의 위치를 고려하여 SRU간의 거리가 일정한 곳에 설치되는 것이 바람직하다. 중계기 시스템 설치절차는 [그림 17-12]와 같다.

1) MRU 설치순서

① DONOR ANT의 위치를 고려하여 MRU 의 설치위치를 선정한다.
② ANTENNA를 설치하고 중계기까지 Cable을 설치한다.
③ MRU는 최초 벽에 붙이는 밑판을 벽에 장비무게를 고려하여 확실하게 고정한다.
④ MRU를 거취하고 전원단을 설치한다(전원단의 과부하나 전원 Short시 차단할 수 있어야 한다).
⑤ MRU 전원을 콘센트에 꽂으면 설치가 완료된다.
⑥ 참고 이전 방식처럼 별도의 SET UP은 필요치 않고 전원만 ON하면 MRU의 SET UP은 완료된다.

2) SRU의 설치

SRU의 설치위치는 해당 서비스 지역에 설치되기에 환경친화를 고려해서 설치를 해야 하며, 안테나의 위치는 중계기와 너무 가깝지 않도록 해야 한다(ANTENNA와 SRU간의 거리는 최소 2m이상 떨어져 있는 것이 바람직하다).

SRU의 설치순서는 다음과 같다.

① 음역지역의 중심을 고려하여 SERVICE ANT의 위치를 고려하여 SRU의 설치위치를 선정한다.

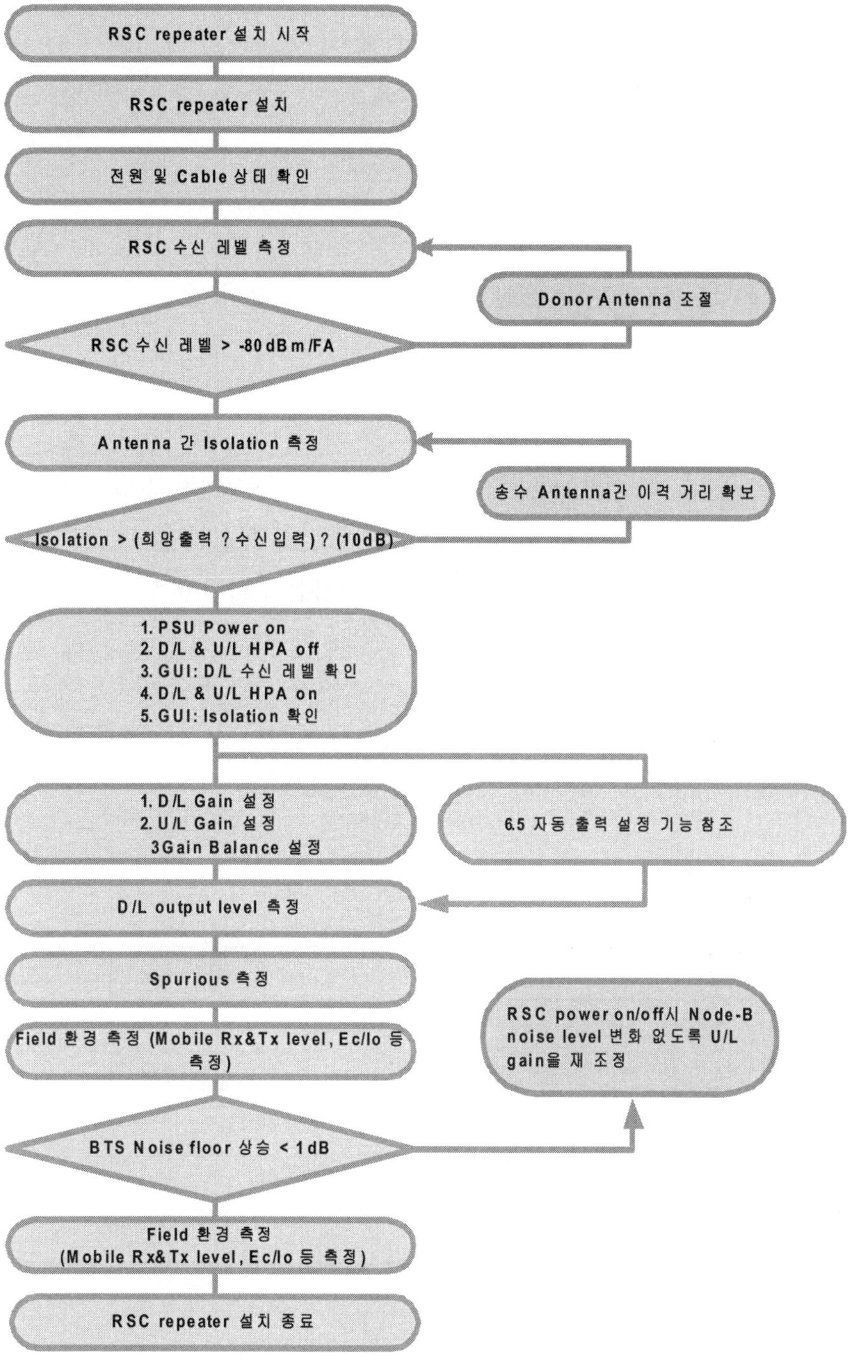

[그림 17-12] 중계기 설치 시스템 절차도

② ANTENNA를 설치하고 중계기까지 CABLE을 설치한다.

③ SRU는 최초 벽에 붙이는 밑판을 확실하게 고정한다.

④ SRU를 거취하고 전원단을 설치한다(전원단의 과부하나 전원 SHORT시 차단할 수 있어야 한다).

⑤ MRU에서 모든 SRU간의 LINK CABLE을 연결한다.

⑥ SRU 전원을 콘센트에 꽂으면 설치가 완료된다.

⑦ 참고로 이전 방식처럼 별도의 SET UP은 필요치 않고 전원만 ON하면 SRU의 SET UP은 완료된다.

(2) System 개통 전 확인사항

① 전원 Cable과 RF Cable, 접지 등 각종 연결이 정확하게 되어 있는지 확인한다.

② AC 100V 단자함에서 정확히 분배되었는지 확인한다.

③ Back-up 배터리용 cable의 단자가 정상인지 확인한 후 시스템과 배터리 단자함을 연결한다.

④ 함체 내부의 RF Cable이 배선도에 따라서 정확히 연결이 되었는지 확인한다.

⑤ 각 Module 연결이 배선도에 따라서 정확히 연결이 되었는지 확인한다.

⑥ Antenna와의 연결이 적절한가를 확인한다.

5. 실험결과 및 고찰

실 험 제 목					평 가	
소 속						
실 험 조	조		인 원		실험일자	
학 번						
성 명						
조 원						

① 중계기 설치목적에 대해 알아보시오.

② 중계기(MRU와 SRU)의 각각의 기능과 설치장소에 대해 알아보시오.

③ 중계기 종류 및 원리에 대해 알아보시오.

④ 중계기 시스템 설치절차도에 대해 알아보시오.

실험18 접지선 연결하기

1. 기초지식

각종 전기기기 접지공사의 실시에 있어서는 전기설비기술기준에 표시된 접지공사 종류의 적용, 접지장소의 토질, 대지저항률 및 부지면적, 설치기기 등을 검토하여 최적한 접지공사를 하는 것이 필요하다.

(1) 접지의 목적

① 지락 및 단락전류 등 고장전류나 전격전류의 유입에 따른 기기외함, 철구, 저압제어 회로 등의 접지부분 및 대지면의 전위변동에 대하여 기기를 보호한다.
② 지표면의 국부적인 전위경도에서 공중 및 운전원을 감전에서 보호한다.
③ 계통에서 회로전압, 보호계전기 동작의 안정과 정전차폐효과를 유지한다.

(2) 접지방법

접지구성은 연접접지방식 또는 망상접지방식으로 하고 일부에 단독접지를 병용한다. 또 접지전압상승, 접촉전압과 보폭전압이 균일한 분포를 하고 허용값 이하가 되게 한다.

① 연접접지 : 이 방식은 각 기기의 접지를 공통접지선에 연결함과 동시에 소내 각각 장소의 전위분포가 균일하게 되도록 접지선과 접지극을 부설하는 방식이다.
② 망상접지 : 대계통에서처럼 고장전류가 특히 커서 그에 대응하는 접지저항값이나 소내의 보폭전압, 접촉전압이 문제가 되는 변전소 구외를 통과하는 일반통행인에 대해 위험한 전압이 걸리지 않도록 접지선을 망상으로 부설하고 구내외에 극단적인 전위경로가 생기지 않게 하는 방식이다.
③ 단독접지 : 접지를 필요로 하는 기기별로 개개에 단독접지를 시설하는 것이다. 피뢰침과 자동제어장치, 다이리스트반, 전자계산기 등에 쓰이는 방식이다.

(3) 접지의 저항

접지계에 유입된 전류를 대지로 방류하여 전위상승을 억제하는데 있다. 전위상승을 억제하는 요소는 접지저항(접지 임피던스)을 작게 하는 것으로 접지설계·시공시 시공장소의 대지상태에 적합한 공법을 고려하지 않으면 안된다. 접지저항을 구성하는 요소는 다음과 같다.

① 접지선, 접지전극의 도체저항

② 접지전극의 표면과 그 표면과 접하는 토양간의 접촉저항

③ 접지전극 주변의 토양의 저항

위의 3가지 사항 중 토양의 저항이 제일 중요하며 이 저항을 대지비저항률이라 한다.

주 • MGB에서 장비분기점까지는 GV60mm^{2}를 사용하고, 장비분기점에서 장비 랙접지까지는 GV22mm^{2}로 사용한다.
• 21"RACK에서 셀프 접지까지는 GV5.5mm^{2}를 사용한다.

2. 실험목적

① 무선망 중계기의 기본 접지종류와 방법 및 설치법을 익힌다.

② 중계 시스템의 기본원리를 이해하고 각 기능에 대해 공부한다.

③ 외형의 외형의 손상은 대부분의 경우 제 3종 접지선에서 많이 일어나는 이유에 대해 이해한다.

④ 중량물의 운반과정 등에 일어나기 쉬으므로 발견즉시 수리 또는 유지보수이해한다.

⑤ 접지저항값 과다 원인에 대해 이해한다.

접지저항의 측정은 사용하는 계측기가 신뢰할 수 있는 과정의 것이어야 하며 또한 년 1회 정도는 지시값의 정확여부를 검사해서 참값과 오차와의 대비표를 잘 보이는 것에 부착해 둘 필요가 있고 측정작업도 정확해야 한다.

3. 실험기기 및 부품

① 신호발생기(Signal Generator) : 1set

② RF Cable(SMA(male)–cable–SMA(male) assembly : 1set

③ Spectrum Analyzer : 1set

4. 실험절차

(1) 접지극 설치

① 매설 또는 타입식 접지극으로는 동판, 동봉, 철판, 철봉, 동복강판, 탄소피복, 강복 등을 사용하고 이들을 가급적 물기가 있는 장소로서 가스, 산, 등으로 인하여 부식될 우려가 없는 장소를 선정하여 지중에 매설하거나 타입하여야 한다.

② 전 항의 접지극은 다음 각 호의 것을 원칙으로 한다.

㉠ 동판을 사용하는 경우에는 두께 0.7mm 이상, 면적 900[cm^2] 이상의 것

㉡ 동봉, 동피복 강봉을 사용하는 경우에는 지름 8mm 이상, 길이 0.9m 이상일 것

㉢ 철판을 사용하는 경우는 외경 25mm 이상, 길이 0.9m 이상의 아연도금 가스철관 또는 후강전선관일 것

㉣ 철봉을 사용하는 경우에는 지름 12mm 이상, 길이 0.9m 이상의 아연도금한 것

㉤ 동복강판을 사용하는 경우에는 두께 1.6mm 이상, 길이 0.9mm 이상, 면적 250cm^2 이상인 것

⑥ 탄소피복 동봉을 사용하는 경우에는 지름 8mm 이상의 강심이고, 길이 0.9m 이상인 것

③ 접지선과 접지극은 납땜 등 기타 확실한 방법에 의하여 접속하여야 한다.

(2) 접지저항 측정법

1) 전위강하법(Ⅰ)

하나의 전극에 있어 이것에 접지전류 IA를 유입하면 접지전극의 전위가 주변의 대지에 비해 V[V]만큼 높아지는데 이때 전위상승값 접지전류의 비 V/IΩ을 그 접지전극의 접지저항으로 한다.

2) 구성 및 측정방법

전위강하법의 구성은 [그림 18-1]과 같으며 [그림 18-1]에서 E는 측정의 대상이 되고 있는 접지전극이고, C, P는 측정용의 보조전극으로 E로부터 적당한 거리에 매설하는데, C가 전류보조극, P가 전위보조극이다.

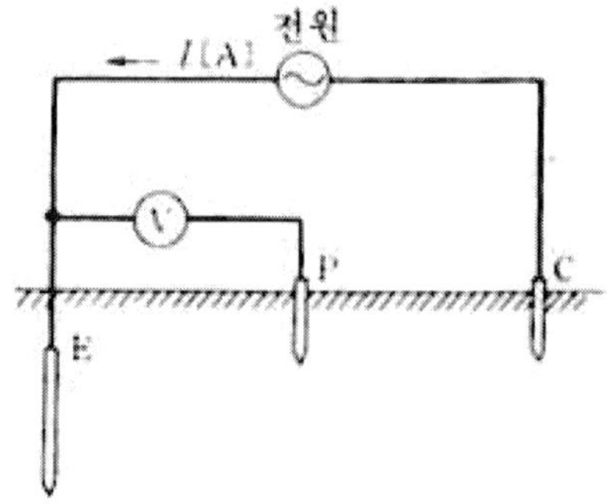

[그림 18-1] 접지측정방법

측정에 있어서는 E, C간에 전원을 이어서 대지에 전류를 흘리는데 이 전류에는 교류를 쓴다. 그 이유는 직류를 쓰면 전기화학작용이 생기기 때문이다.

또, 교류의 주파수로는 전력계통으로부터의 유도신호를 분리하기 쉽도록 상용 이외의 주파수를 쓰고 있으나, 교류의 주파수로서 너무 높은 것을 쓰면 리드선의 인덕턴스나 정전용량이 살아나 좋지 않으므로 1kHz 이하가 좋다. 전위보조극 P에 의해 EP간의 전위강하(전위차)를 측정하는데 대지에 흘린 전위를 I[A], EP간의 전위차를 V[V]라 한 경우 V/I[Ω]을 접지저항의 측정값으로 한다.

[그림 18-2] 접지선 포설공사

(3) 접지 포설방법

1) 기 준

① 접지선은 최단거리로 포설하여야 한다.

② 피뢰 접지선은 통신용 케이블과 분리·포설 포박한다.

2) 내 용

① 지중 도체와 통신, 피뢰, 철탑접지와 연결하는 주접지선은 반드시 피복동선을 사용하여야 하며, 지중 도체간을 연결하는 접지선은 나동선으로 포설한다.

② ACGB 내부처럼 곡률반경이 어려울 때는 비스듬한 각으로 시공한다.

③ 접지선이 벽, 바닥, 천정 등을 통과할 때에는 반드시 절연도관을 통하여 포설하여야 한다.

④ 곡률반경은 6R 이상, 내각은 90도 이상이어야 한다.

(4) Rework 사례

접지선을 장비측에 포설할 경우 케이블랙 안쪽으로 포설하여야 한다.

(a) 케이블랙 (b)

[그림 18-3] 접지선 종단처리

(5) 접지선 종단처리

1) 기 준

접지선 터미널은 반드시 2홀 러그를 사용하며 접지선과 동일 크기를 사용한다. 2.5.5mm^{2}은 접촉저항을 최소화시키기 위해 1홀 러그를 사용한다.

2) 내 용

① 러그 부착시 동심선과 러그가 충분히 접착되도록 6각 압착시켜야 한다.

② 접지러그 수용시 황동 볼트, 너트를 사용하여 접지반에 수직으로 접지하여야 한다.

③ 압착단자 끝부분과 접지선 피복과의 거리를 2mm 이격시켜 내부 동선의 상태를 확인할 수 있도록 해야 한다.

[그림 18-4] 접지선 규격_기지국

(6) 기지국 접지기준

접지규격은 다음과 같다.

① 지중도체~피뢰접지, 접지측정 단자반 : GV100mm^2

② 지중도체~울타리, 컨테이너 : GV100mm^2

③ 접지측정 단자반~MGB, 철탑링접지 : GV100mm^2

④ 접지측정 단자반~철탑접지 : GV38mm^2

⑤ MGB~급전선 접지동대, 어레스터동대 : GV38mm^2

⑥ MGB~ACGB, TCGB, 정류기(-)접지 : GV38mm^2

⑦ MGB~장비접지 : GV22mm^2

⑧ MGB~하단 케이블랙, 출입문, 전도성 리노륨 : GV14mm^2

⑨ ACGB~냉방기 Ctrl Box, 상단 케이블랙 : GV14mm^2

⑩ ACGB~정류기외함, 축전지받침대 : GV14mm^2

⑪ 급전선 접지반(내부)~급전선 접지반(외부) : GV22mm^2

⑫ 급전선 접지반(외부)~급전선 접지반(외부) : GV14mm^2

⑬ 급전선 접지반~급전선 외피접지 : GV5.5mm^2

⑭ 급전선 접지반~급전선 덕트 : GV5.5mm^2

⑮ 냉방기 Ctrl Box~냉방기, 실외기 : GV14mm^2

⑯ TCGB~표준철가에 취부되는 통신장치외함 : GV5.5mm^2

⑰ 케이블랙~케이블랙 : 편조선

5. 실험결과 및 고찰

실 험 제 목					평 가	
소 속						
실 험 조	조		인 원		실험일자	
학 번						
성 명						
조 원						

① 중계기 설치시 접지하는 목적에 대해 알아보시오.

② 접지종류와 접지의 필요성에 대해 알아보시오.

실험19 LNA 측정하기

1. 기초지식

RF 수신단에서 수신된 전력은 감쇠 및 잡음의 영향으로 인해 매우 낮은 전력 레벨을 갖고 있다. 그렇기 때문에 반드시 증폭이 필요한데, 이미 외부에서 많은 잡음을 포함해서 날아온 신호이기 때문에 무엇보다도 잡음을 최소화하는 증폭기능이 필요하다.

무선 시스템의 잡음지수(noise figure)에 가장 큰 영향을 미치는 증폭기로서 LNA(Low Noise Amplifier)은 필요한 주파수대역을 받아 저잡음 증폭하는 기능을 하며, 모든 LNA은 고출력 회로구성으로 이루어지며 상호변조특성이 뛰어나고 고이득을 실현하도록 구현되어져 있다.

LNA은 NF(잡음지수)가 낮도록 동작점과 매칭포인트를 잡아서 설계된 증폭기로서 보통 1.5~2.5 사이의 NF값이 요구되게 된다.

LNA는 RF 중 가장 기본적인 증폭기이다. 저잡음특성을 만들려면 낮은 잡음지수를 가지는 Tr과 저항 등의 열잡음소자를 적게 사용하면서 전류 역시 작게 사용해야 한다. 그와 함께 Conjugate Matching을 통해 최대한의 이득을 확보하게 만들어야 한다.

(1) Low Noise Amplifier(LNA)

D/L LNA는 시스템 D/L의 초단에서 장착되는 저잡음 증폭기로써 원신호 대비 Noise Floor의 증폭비를 최대한 개선 D/L LNA는 35dB의 이득을 가지고 있으며 잡음지수는 1dB 이내로써 우수한 수신감도 특성을 가지고 있다.

(2) Baselines System Without LNAs

① 잡음지수 F=Input SNR/Output SNR

② 수신 시스템의 혼합된 잡음지수 : $F_{\text{comp}} = F_1 + \dfrac{F_2 - 1}{G_1}$

③ 케이블의 잡음지수를 손실과 같게 놓으면 : $F_{\text{comp}} = L_1 + L_1(F_2 - 1)$

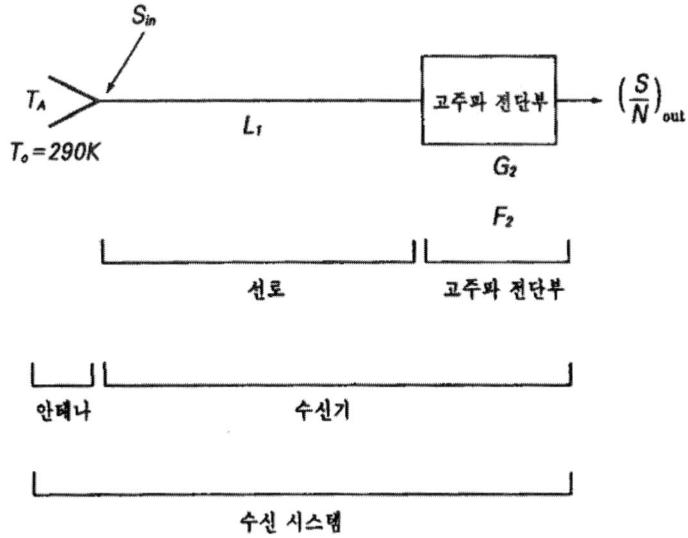

[그림 19-1] 저잡음 증폭기를 갖지 않는 WCDMA 기지국

④ 잡음지수와 온도와의 관계 : $T_{\text{comp}} = (F_{\text{comp}} - 1)T_0$

⑤ 시스템 온도잡음은 안테나 온도와 혼합잡음 온도의 합 : $T_{\text{sys}} = T_A + T_{\text{comp}}$

⑥ 효과적인 안테나 온도는 안테나가 다른 간섭들을 수신하므로 대기온도보다 높다. 모든 역방향 링크의 간섭들을 역방향 링크의 rise R로 나타내면 다음과 같다.

$$R = \frac{I_m^{'} + I_t^{'} + I_n^{'} + N}{N}$$

(3) System With LNA

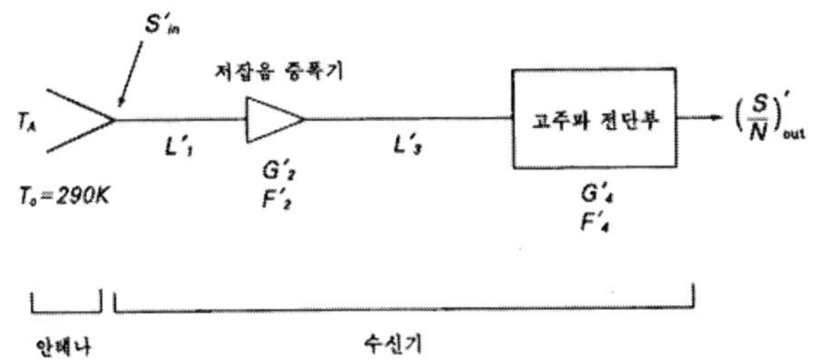

[그림 19-2] 저잡음 증폭기를 갖는 CDMA 기지국

① 보통 LNA 안테나와 Radio 사이에 위치한다.

② 수신기의 혼합된 잡음지수 : $F'_{\text{comp}} = F_1' + \frac{F_2' - 1}{G_1'} + \frac{F_3' - 1}{G_1' G_2'} + \frac{F_4' - 1}{G_1' G_2' G_3'}$

③ 케이블의 손실이 잡음지수와 같다면 :

$$F'_{\text{comp}} = L_1' + L_2'(F_2' - 1) + \frac{L_3'(L_3' - 1)}{G_2'} + \frac{L_1' L_3'(F_4' - 1)}{G_2'}$$

④ 시스템 잡음온도 : $T_{sys} = T_A + T_{\text{comp}}$

$$\left(\frac{S}{N}\right)'_{\text{out}} = \frac{S_{\text{in}}'}{k\sigma' T_0 W}$$

⑤ noise enhancement : $\sigma' = R + L_1' F_2' + \frac{L_1'(L_3' - 1)}{G_2'} + \frac{L_1' L_3'(F_4' - 1)}{G_2'} - 1$

⑥ G_2' 가 크면 $\sigma' \approx R + L_1' F_2' - 1$

2. 실험목적

RF 수신단에 수신된 전력은 감쇠 및 잡음의 영향으로 인해 매우 낮은 전력 레벨을 갖고 있다. 따라서 반드시 증폭이 필요한데, 이미 외부에서 많은 잡음을 포함해서 날아온 신호이기 때문에 무엇보다도 잡음을 최소화하는 증폭기능이 정상적으로 동작하고 있는지 그 원리에 대해 알아본다.

3. 실험기기 및 부품

① 신호발생기(Signal Generator) : 2set

② RF Cable(SMA(male)–cable–SMA(male) assembly : 1set

③ Spectrum Analyzer : 1set

④ LTE 중계기(LTE Repeater) : 1set

⑤ 3Port 분배기(Combiner) : 1set

4. 실험절차

① [그림 19-3]과 같이 측정장비를 셋업한다.

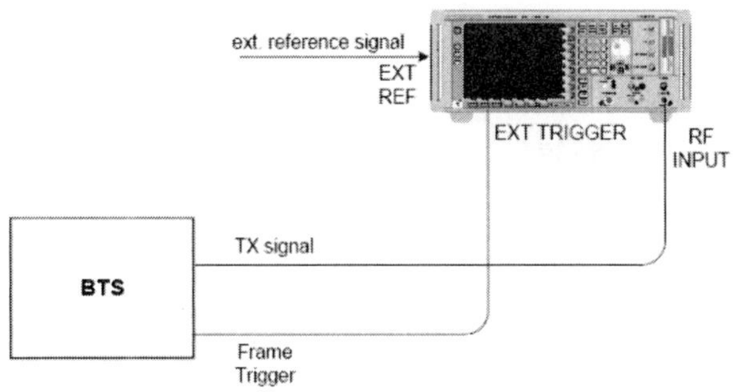

[그림 19-3] 시스템 측정결선도

② D/L LNA는 시스템 D/L의 초단에서 장착되는 저잡음 증폭기로써 원신호 대비 바닥잡음의 증폭비를 최대한 개선한다.

③ D/L LNA는 35dB의 이득을 가지고 있으며 잡음지수는 1dB 이내로써 우수한 수신감도 특성을 가지고 있다. In/Out port의 위치 및 연결은 [그림 19-4]와 같다.

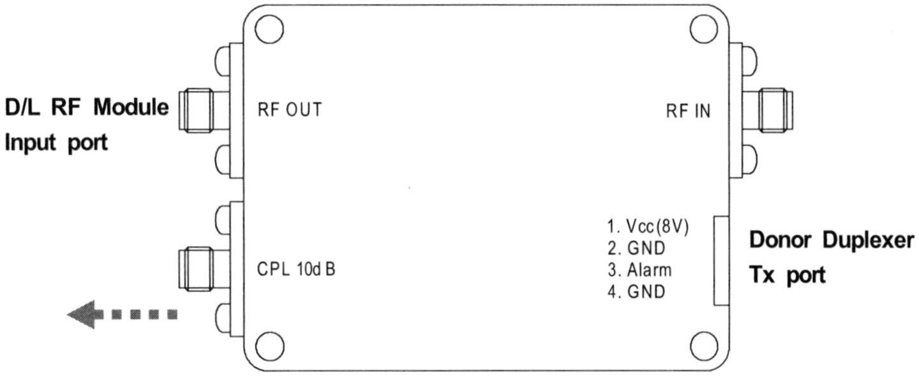

[그림 19-4] D/L LNA

(1) 입력신호 확인

도너모듈의 수신안테나 입력단에 Spectrum Analyzer를 연결하여 모기지국 입력신호를 Channel Power Menu를 이용하여 정확히 측정한다.

- 기준값 입력신호 : −65~−35dBm/FA(−54dBm~−22dBm/TOTAL)

(2) MRU Forward 출력확인

MRU 서비스 포트의 Sampling port에서 MRU의 출력을 Spectrum Analyzer를 연결하여 Channel Power Menu를 이용하여 정확히 측정한다.

- 기준값 출력신호 : 2dBm/FA

(3) SRU Forward 출력확인

SRU 서비스 포트의 Sampling port에서 SRU의 Forward 출력을 Spectrum Analyzer를 연결하여 Channel Power Menu를 이용하여 정확히 측정한다.

- 기준값 출력신호 : 7dBm/FA(+20dBm/TOTAL)

5. 실험결과 및 고찰

실 험 제 목					평　가	
소　　속						
실　험　조	조		인 원		실험일자	
학　　번						
성　　명						
조　　원						

① LNA 의 목적에 대해 알아보시오.

② LNA 이득에 대해 알아보시오.

③ 이동통신 시스템에서 LNA하는 기능에 대해 알아보시오.

④ Nosie Fig에 대해 알아보시오.

실험20 대역결합기 특성측정

1. 기초지식

건물 내에는 통신사별 네트워크망과 목적이 서로 다른 네트워크망이 각각 복잡한 통신망으로 별도로 구축, 운영되고 있다. 거미줄처럼 전체 건물 내에 펼쳐져 있는 각각의 시스템별 많은 수의 케이블을 대신에 하나의 케이블만으로 여러 가지의 서비스를 가능하게 해줄 수 있는 장비가 대역결합기이다. 이는 어마하게 드는 유지보수의 비용을 절감하게 하는 방법을 제시할 수 있으며, 매번 추가 주파수에 따른 기존 운영 중인 장비(신규 주파수 서비스가 안되는)들을 철거해야 하는 필요가 없다. 이는 불필요한 시간 및 비용의 낭비를 절약하게 도와준다.

새로운 주파수가 추가되는 Add-on 주파수일 경우에도 추가적으로 이를 위한 추가적 케이블과 다른 추가장비가 별도로 필요 없이, 단지 하나의 케이블과 새로운 추가장비만 기존 시스템 옆에 놓기만 하면 된다. 여러 통신사 서비스를 위한 하나의 케이블에 88MHz~2.7GHz WIDE 대역을 All-in-one 서비스가 가능하게 할 수 있다.

(1) 통신3사 대역결합기

1) 대역결합기(POI)

[그림 20-1] 대역결합기

2) 분배기(DIVIDER)

① Directional Coupler

㉠ divide and combine for signal

㉡ 380MHz~2.7GHz available

㉢ LTE-A, LTE, WCDMA, CDMA, GSM, PCS, TRS

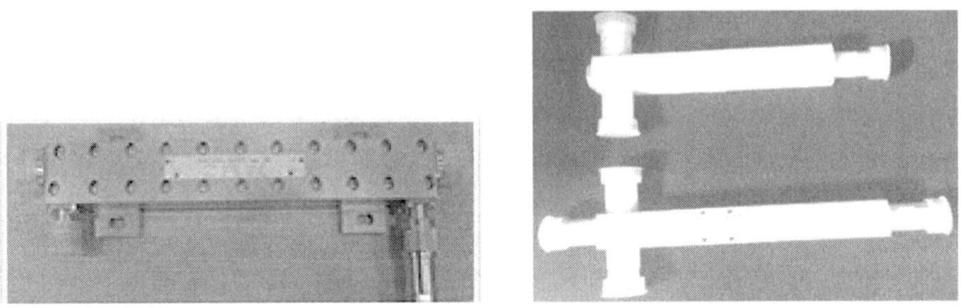

(a) (b)

[그림 20-2] 분배기

② Hybrid Coupler

㉠ Broadband service available(800MHz~2.7GHz)

㉡ Compact size

㉢ Low power loss

㉣ LTE, WCDMA, CDMA, GSM, PCS, TRS

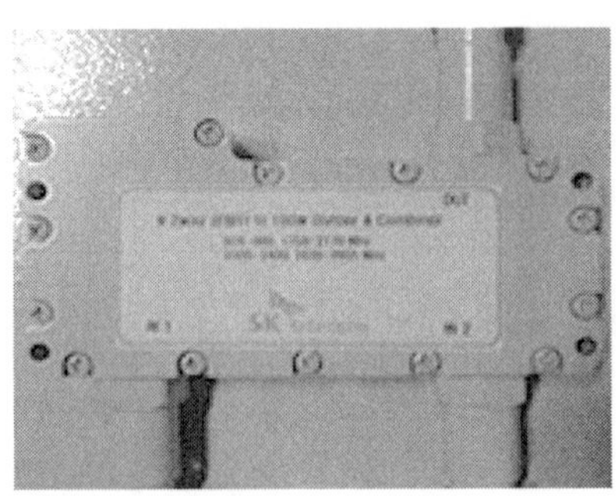

[그림 20-3] Hybrid Coupler

③ DIVIDER & COUPLER

㉠ Provide easy & simple maintenance

All in One with Digital Technology, Optimized Repeater applications with LNA, Converter, ALC, ATT Functions

ⓛ LTE, WCDMA, CDMA, GSM, PCS, TRS

ⓒ 88MHz~2.7GHz Available

ⓓ Good Insertion Loss & VSWR Higher RF Power

ⓔ All types in here.

ⓕ 80~900MHz Wide Band Power Divider & Coupler

ⓖ 800~2200MHz Wide Band High Power Divider & Coupler

[그림 20-4] DIVIDER & COUPLER

3) ANTENNA

① Log Antenna

㉠ 88MHz~2.7GHz available

㉡ 700MHz~2.7GHz available

㉢ flat size

㉣ 환경친화적 디자인, 슬림 콤팩트한 사이즈

㉤ LTE, WCDMA, CDMA, GSM, PCS, TRS

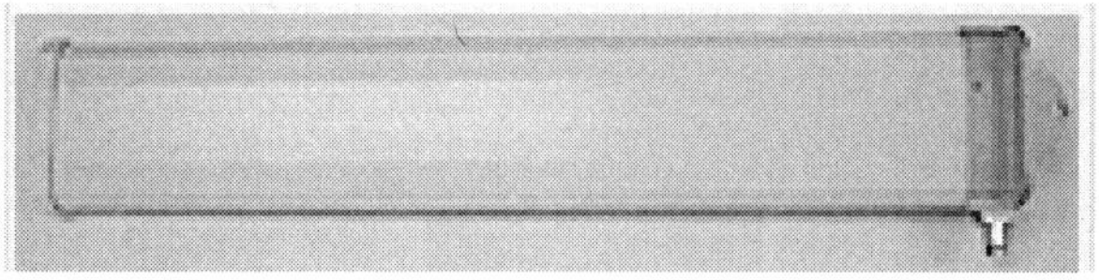

[그림 20-5] Log Antenna

② Omni Antenna

㉠ 88MHz~2.7GHz available

㉡ 700MHz~2.7GHz available

㉢ flat size

㉣ 환경친화적 디자인, 슬림 콤팩트한 사이즈

㉤ LTE, WCDMA, CDMA, GSM, PCS, TRS

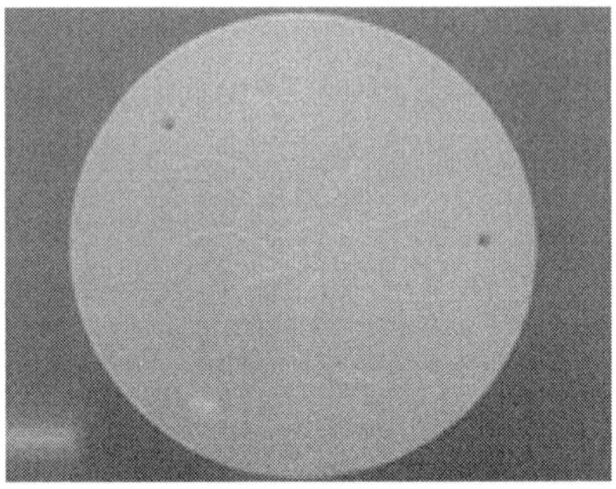

[그림 20-6] Omni Antenna

4) Diplexer

① 88~2.7GHz & WIFI Available to combine and separate

② Low power loss

③ Excellent high quality filter

④ LTE, WCDMA, CDMA, GSM, PCS, TRS, WIFI

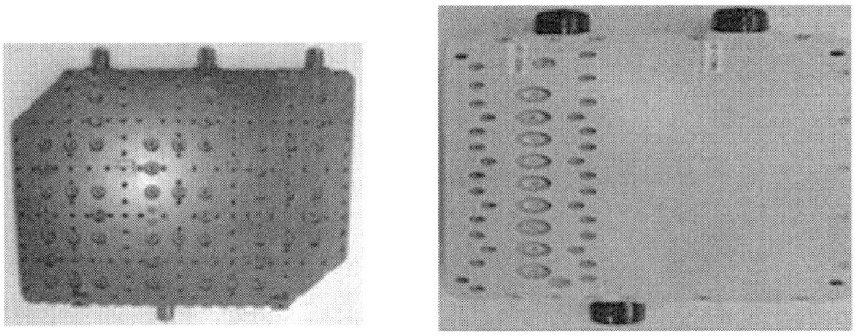

(a) (b)

[그림 20-7] Diplexer

(2) RF+WiFi Combine Configuration

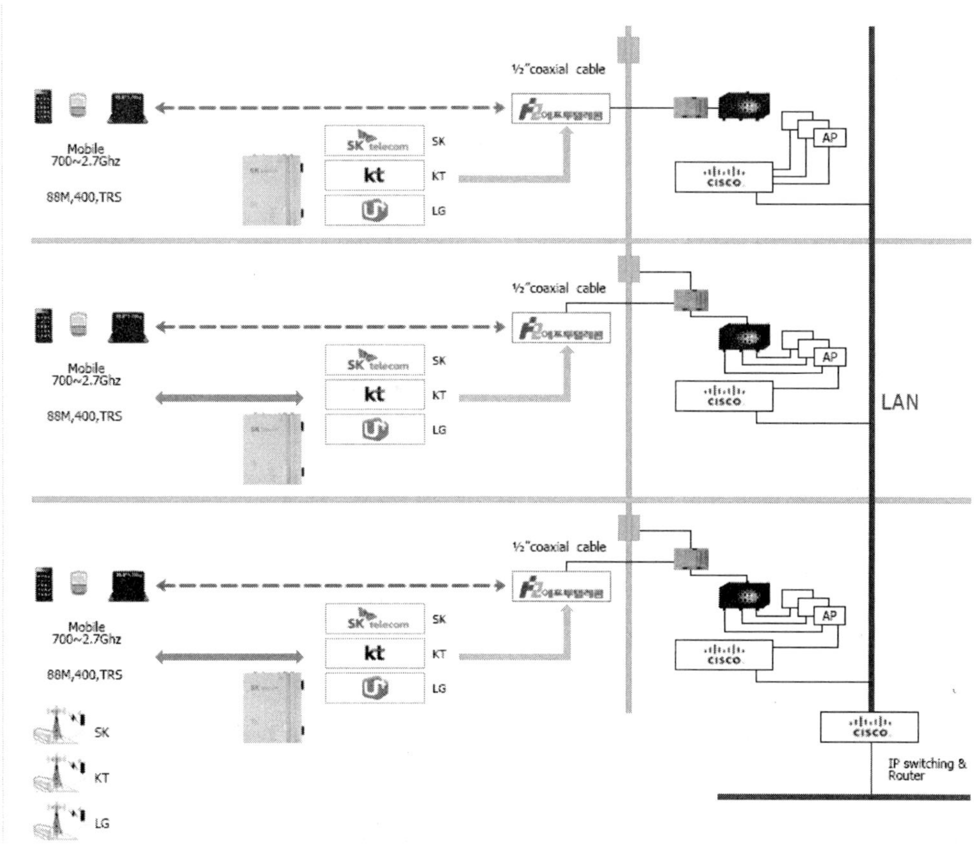

[그림 20-8] RF+WiFi Combine Configuration

필터의 메커니즘(mechanism)은 기본적으로 인덕턴스와 커패시턴스 그리고이 둘에 의한 공진현상을 이용한다. 필터는 통과대역에서 S21과 S11의 값에 따라 대역특성을 나타내는데 그 분류는 저역통과 필터(Low Pass Filter), 대역통과 필터(Band Pass Filter), 고역통과 필터(High Pass Filter)그리고 대역저지 필터(Band Stop Filter)로 나눈다.

이와 같은 필터들의 구성요소인 L과 C는 실제 소자일 수 있고, L과 C가 복합된 물리적인 등가 공진구조일 수도 있다. 이때 조합된 L과 C의 구성요소 하나하나를 차수(order)라고 한다. 차수가 높아지면 통과특성과 저지특성이 좋아지지만 삽입손실(insertion loss) 및 군지연(group delay)특성이 열화되고 필터의 크기도 커지므로 차수를 결정하는 과정이 중요한 문제가 된다.

스커트(skirt) 특성이 완만하고 통과대역에 맥류(ripple)가 없이 평평(maximal flat)한 특성을 갖는 Butter worth와 스커트 특성이 좋고, 통과대역에 동일 진폭의 맥류가 있는 Chebyshev가 대표적인 필터의 형태인데 많은 경우 Chebyshev가 상업용 필터로 적용된다. 그 외에 군지연특성이 좋은 Bessel 및 Gaussian 형태와 스커트 특성이 좋은 Elliptic 형태의 필터도 있다. 군지연특성은 다음 식과 같다.

$$\text{GD(Group Delay)}=\frac{\partial \omega}{\partial \theta}$$

각주파수 W(=2πf)에 따른 위상의 변화량(dθ)을 말하며, 주파수별로 신호가 지연되는 상대적 시간을 나타낸다.

Bessel 형태의 필터는 통과대역에서 매우 균일한 군지연특성을 보이며, 주파수 선택특성이 좋은 Chevyshev의 경우 매우 나쁜 군지연특성을 보인다. 이와 같은 군지연 특성은 신호주파수 대역 내에서 서로 다른 주파수별로 각각의 파장에 따라 다르게 지연된 위상으로 인해 전체 신호에 왜곡(distortion)이 발생한다.

필터는 잡음의 제거와 주파수 스펙트럼의 정형 및 신호의 분리 · 검출 등의 용도로 사용되며, 바람직한 필터의 특성은 통과대역에서 선형적인 위상응답, 평탄한 이득, 적은 삽입손실, 예리한 차단특성, 저지대역에서의 무한한 감쇠특성 그리고 온도에 따른 특성변화가 작아야 한다.

필터를 L과 C의 조합으로 구현한 형태에 따라 분류하면 Lumped 소자, 전송라인(microstrip, stripline), 세라믹/유전체(ceramic/dielectric), 도파관(waveguide), SAW(surface acoustic wave), MEMS(micro electro mechanical system) 등이 있다.

이 중에서 Lumped 소자를 이용한 필터는 Lead Type 혹은 SMD(Surface Mount Device) type의 L과 C소자를 PC Board에 구현하는 기본적인 필터로 2~3GHz 이하의 주파수에서 MMIC(Monolithic Microwave Integrated Circuit), RFIC(Radio Frequency Integrated Circuit)로 PC Board상에서 쉽게 구현할 수 있지만, 주파수가 3~5GHz 이상으로 높아지면 각 소자의 사용제한 주파수인 SRF(Self Resonance Frequency) 때문에 사용이 어렵다.

2. 실험목적

매번 추가 주파수에 따른 기존 운영 중인 장비(신규 주파수 서비스가 안되는)들을 철거해야 하는 필요가 없으며, 불필요한 시간 및 비용의 낭비를 절약할 수 있고 새로운 주파수가 추가되는 Add-on 주파수일 경우에도 추가적으로 이를 위한 추가적 케이블과 다른 추가장비가 별도로 필요 없이, 단지 하나의 케이블과 새로운 추가장비만 기존 시스템 옆에 놓기만 하면 된다. 여러 통신사 서비스를 위한 하나의 케이블에 88MHz~2.7GHz WIDE 대역을 All-in-one 서비스하게 해준다.

Hairpin 형태의 대역통과 여파기 설계방법은 공진기 및 인버터를 구성하는 전송선로의 특성 임피던스와 결합길이가 제한되어 있으며, 설계 파라미터의 추출방법이 난해하다는 단점을 갖고 있다. 따라서 각 전송선로가 서로 다른 특성 임피던스와 결합길이로 구성된 병렬결합 선로 형태의 대역통과 여파기 이를 이용하여 Hairpin 형태의 대역통과 여파기를 측정을 통하여 이를 이용하여 통신사 3G, 4G, 5G 시스템용 RX 대역 및 TX 대역, 대역통과 여파기의 듀플렉서 등의 특성을 측정을 통하여 각각의 기능과 특성을 이해하고자 한다.

3. 실험기기 및 부품

① NETWORK ANALYZER

② E-Cal

③ TEST CABLE : N(M) to SMA(M)

④ 컴퓨터

⑤ ADAPTOR : N(M) to SMA(F)

⑥ 신호발생기(Signal Generator) : 2set

⑦ RF Cable(SMA(male)-cable-SMA(male) assembly : 1set

⑧ Spectrum Analyzer : 1set

⑨ LTE 중계기(LTE Repeater) : 1set

⑩ 3Port 분배기(Combiner) : 1set

4. 실험절차

① [그림 20-9]와 같이 측정장비를 셋업한다.

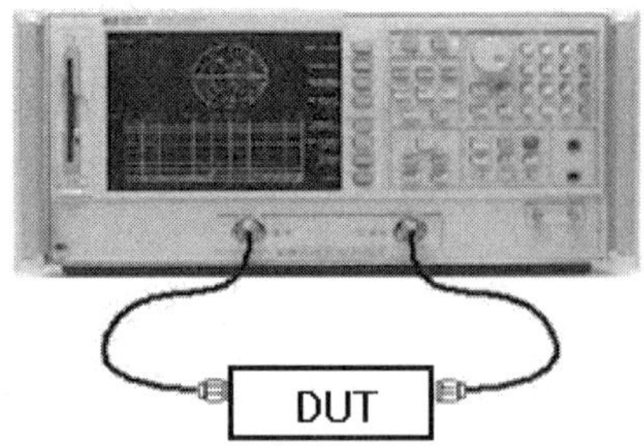

[그림 20-9] DUT 결선도

㉠ 계측기를 주파수에 맞게 SETTING 및 CALIBRATION한다.

㉡ 작업전에 반드시 계측기를 CALIBRATION한다.

㉢ CALIBRATION 후 MASTER SAMPLE과 DATA를 비교하여 CALIBRATION 이상유무를 확인한다.

㉣ 제품을 계측기에 연결하고 ATS 프로그램으로 검사한다.

㉤ ATS 프로그램 결과확인 후 특성을 판정한다.

㉥ DATA SHEET를 작성한다.

② LGU+ 800 Rx Insertion Loss, Return Loss, Isolation 측정결과를 다음 특성과 같은지 확인한다.

① LGU+ 800 Rx Insertion Loss, Return Loss, Isolation 측정결과

Network Analyzer 측정도

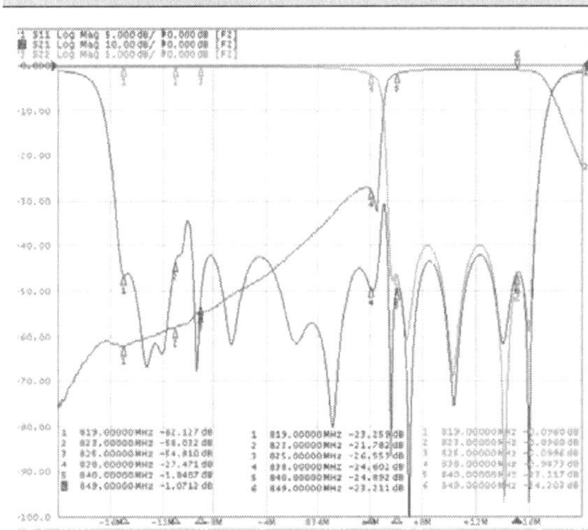

규 격	측정결과	판정
1. Insertion Loss : 2.2 dB이하	1.07~1.84	적합
2. Return Loss : 18dB 이상	23.21~24.89	적합
3. Isolation : 20dB 이상 @ LGU+ 800M	23.21~24.20	적합

[그림 20-10] LGU+ 800 Rx Insertion Loss, Return Loss, Isolation 측정결과

ⓛ LGU+ 800 Tx Insertion Loss, Return Loss, Isolation 측정결과

Network Analyzer 측정도

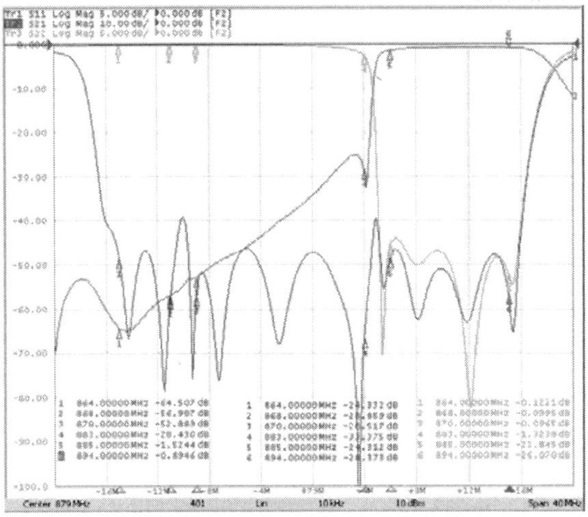

규 격	측정결과	판정
1. Insertion Loss : 2.2dB 이하	0.89 ~ 1.52	적합
2. Return Loss : 18dB 이상	24.31 ~ 28.37	적합
3. Isolation : 20dB 이상 @ LGU+ 800M	22.84 ~ 26.07	적합

[그림 20-11] LGU+ Wifi Insertion Loss, Return Loss 측정결과

③ LGU+ 1.8G RX Insertion Loss, Return Loss, Isolation 측정결과

Network Analyzer 측정도

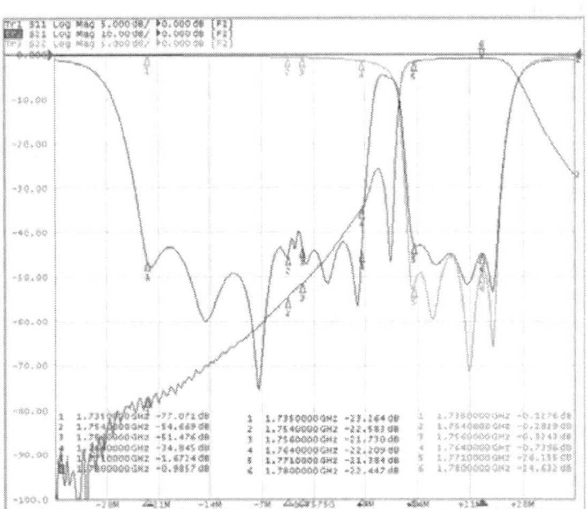

규 격	측정결과	판정
1. Insertion Loss : 2.2 dB이하	0.98 ~ 1.67	적합
2. Return Loss : 18dB 이상	21.38 ~ 22.44	적합
3. Isolation : 20dB 이상 @ LGU+ 800M	24.63 ~ 26.15	적합

[그림 20-12] LGU+ 1.8G RX Insertion Loss, Return Loss, Isolation 측정결과

④ LGU+ 1.8G Tx Insertion Loss, Return Loss, Isolation 측정결과

Network Analyzer 측정도

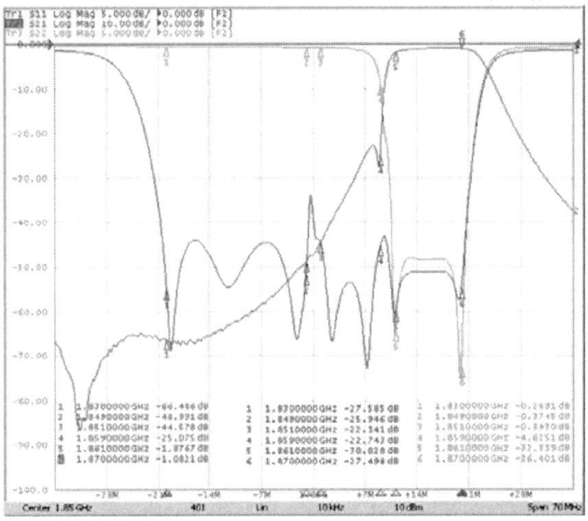

규 격	측정결과	판정
1. Insertion Loss : 2.2dB 이하	1.08~1.87	적합
2. Return Loss : 18dB 이상	27.49~30.02	적합
3. Isolation : 20dB 이상 @ LGU+ 1.8G	32.33~36.40	적합

[그림 20-13] LGU+ 1.8G Tx Insertion Loss, Return Loss, Isolation 측정결과

ⓜ LGU+ 3G RX Insertion Loss, Return Loss, Isolation 측정결과

Network Analyzer 측정도

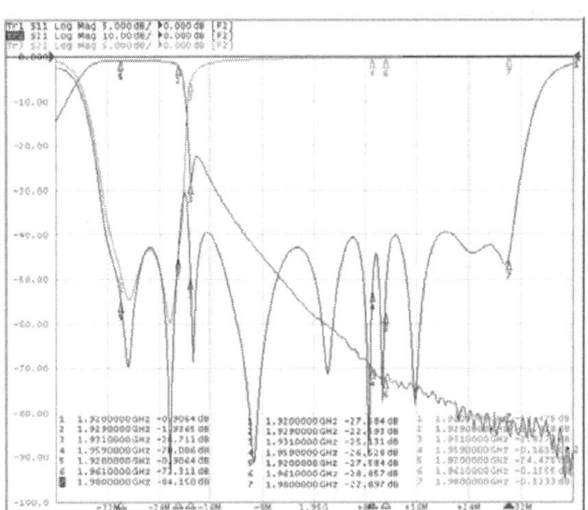

규 격	측정결과	판정
1. Insertion Loss : 2.2dB 이하	0.90~1.93	적합
2. Return Loss : 18dB 이상	22.69~27.68	적합
3. Isolation : 20dB 이상 @ LGU 3G	22.98~24.47	적합

[그림 20-14] LGU+ 3G RX Insertion Loss, Return Loss, Isolation 측정결과

ⓑ LGU+ 3G Tx Insertion Loss, Return Loss, Isolation 측정결과

Network Analyzer 측정도

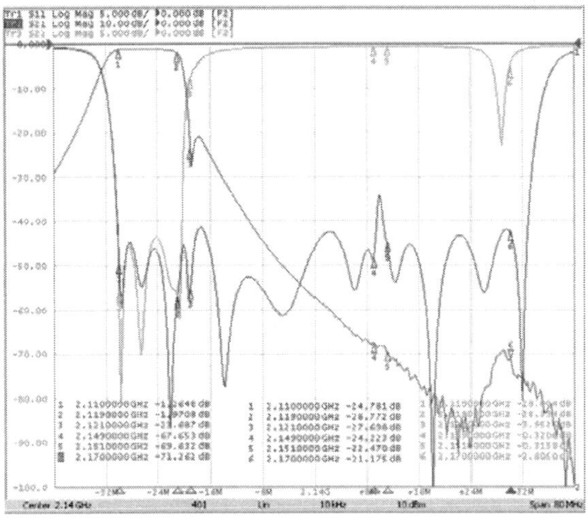

규 격	측정결과	판정
1. Insertion Loss : 2.2 dB이하	1.26~1.97	적합
2. Return Loss : 18dB 이상	24.78~28.77	적합
3. Isolation : 20dB 이상 @ LGU+ 3G TX	28.00~28.39	적합

[그림 20-15] LGU+ 3G Tx Insertion Loss, Return Loss, Isolation 측정결과

ⓢ LGU+ Wifi Insertion Loss, Return Loss 측정결과

Network Analyzer 측정도

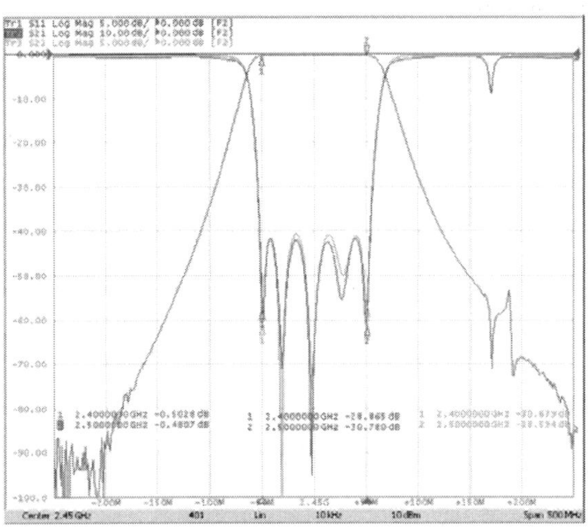

규 격	측정결과	판정
1. Insertion Loss : 1.0dB 이하	0.502~0.480	적합
2. Return Loss : 18dB 이상	28.86~30.73	적합

[그림 20-16] LGU+ Wifi Insertion Loss, Return Loss 측정결과

◎ LGU+ 800 ↔ KT 900 Isolation 측정결과

Network Analyzer 측정도

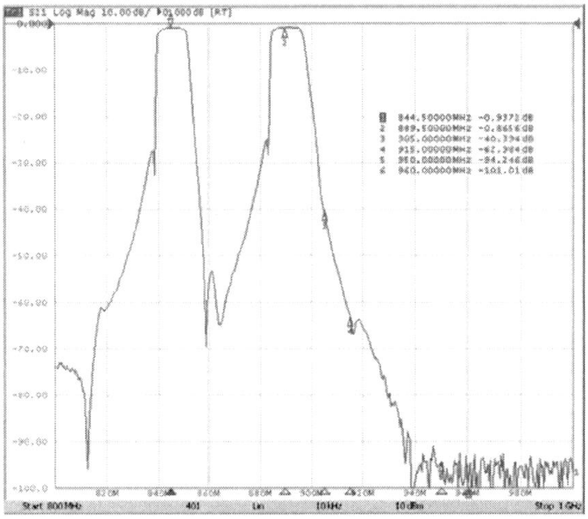

규 격	측정결과	판정
3. Port Isolation : 20dB 이상 @ LGU+ ↔ KT 900M	54.74	적합

[그림 20-17] LGU+ 800 ↔ KT 900 Isolation 측정결과

5. 실험결과 및 고찰

실 험 제 목				평 가	
소 속					
실 험 조	조		인 원		실험일자	
학 번					
성 명					
조 원					

① 대역결합기 사용하는 목적에 대해 알아보시오.

② 대역결합기 종류에 대해 알아보시오.

③ 이동통신 시스템에서 대역결합기의 역할에 대해 알아보시오.

④ Directional Coupler에 대해 알아보시오.

실험21 대형 건물에서의 전파전파 특성 분석측정

1. 기초지식

(1) 건물 내 통화품질 분석방안

1) 인빌딩 무선망 설계기준

스마트폰 보급에 의하여 유발된 wireless data explosion 이전의 이동통신 건물 내 무선망 설계기준은 이동통신 3사 모두 다음의 기준을 사용하고 있다(±1dB 편차).

스마트폰 보급에 따른 무선 데이터서비스 기준을 적용 시 10dB 이상의 큰 설계기준의 변화가 요구되나 아직 미반영된 것으로 파악된다. 이는 국내 이동통신사들이 인빌딩 무선망 설계 시 건물 내 전파의 세기와 품질의 기술적 기준보다는 건물 내의 통화량과 중요도 등의 전략적 기준으로 인빌딩 무선망 설계기준을 적용하고 있기에 더욱 그러하다.

[그림 21-1] 음성 서비스에 비하여 고속 데이터 전송률이 요구되는 데이터 서비스의 경우 더욱 높은 RSSI 기준이 요구됨을 알 수 있다.

① RSSI 〉 −95dBm 이상(음성 서비스 기준)

② Ec/Io 〉 −10dB 이상

③ Tx_Power 〈 14d[Bm] 이하

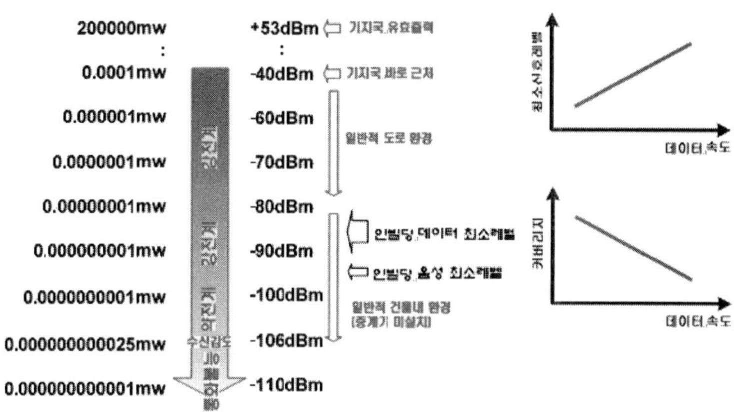

[그림 21-1] 전파의 수신세기(기지국 출력 5W/FA, 16dBi 안테나 기준)

2) 건물 내 이동통신 통화품질 영향의 요인

건물 내 통화품질에 영향을 미치는 전파전파 특성은 다음의 3가지 요소에 의하여 영향을 받는다.

① 전파전파 건물투과손실 현상으로 RSSI 저하에 기인한 품질저하

② 고층에서 다수 기지국 신호겹침 현상으로 E_CI_0 저하에 의한 품질저하

③ 건물 내 통화량 증가에 의한 E_CI_0 저하에 의한 품질저하

위의 3가지 요소에서 마지막 통화용량 증가에 의한 요인은 통신사업자 투자의 이슈이기에 여기에서는 제외하였다.

앞의 ① 전파전파 투과손실의 요인과 고층에서의 Skybar Effect에 의한 E_CI_0 품질저하의 요인은 다음의 다양한 요인에 의하여 복합적으로 작용하게 된다.

단순한 건물의 면적기준에 의한 건물 내부의 통화품질불량의 예측은 많은 부정확성이 발생하게 된다.

㉠ 건물의 면적

㉡ 건물 내부의 칸막이 구조

㉢ 건물의 높이

㉣ 건물의 내부 구조

㉤ 건물의 재질

㉥ 주변 건물의 인접 분포의 정도

㉦ 건물 주변의 기지국 분포

㉧ 건물 내부 및 주변의 통화량

3) 전파전파 측정 대상 건물의 분류 및 선정

최근의 대형 건물은 대부분 ㅁ자형으로서 중앙부위에 엘리베이터와 비상계단의 구조를 갖으며, 엘리베이터 앞과 비상계단 부위에서 가장 전파 전파 투과손실이 큰 특성을 나타낸다. 이 측정에서도 엘리베이터 주변과 비상계단 부근을 중심으로 측정을 시행하였다.

다만 엘리베이터 내에서의 통화품질과 건물내 통화량 증가에 의한 품질변화는 이번 연구범위의 대상에서 제외되었다. 도심의 모든 대형 건물은 이미 분산 안테나 시스템에 의하여 층별 구석구석 전파의 재방사가 이루어지고 있기에 건물에 의한 통화

품질 영향의 측정 및 분석에 어려움이 있다.

지하공간에서의 통화품질 분석은 제외한다.

① 건물준공이 이루어졌으나 분산 안테나 무선국허가 취득전 단계의 대형 건물에서의 전파측정

② 이동통신사업자의 도움을 받아 심야 또는 주말시간을 이용하여 분산중계기의 전원을 끄고 전파측정

③ Skybar effect 영향의 정도를 파악하기 위하여 주변 기지국 밀도가 높지 않은 주택가 고층 아파트 단지에서의 전파측정

4) 건물에 대한 전파특성 분석

다양한 건물에 대한 전파특성을 분석하기 위해서는 다양한 규모와 구조의 도심건물에서 전파측정 및 분석이 이루어져야 한다. 하지만 대부분의 대형 건물은 중계기 전원을 Off할 수 없으며, 저녁시간의 출입이 제한된다.

이 측정에서는 다음의 요소를 만족하는 측정대상으로서 가산동 디지털밸리에 위치하는 다양한 벤처 복합빌딩에서 측정을 시행하였다.

① 다양한 크기와 구조의 대형 빌딩이 밀집된 지역

② 주변 기지국이 밀집된 지역

③ 주말 또는 저녁시간에 출입이 자유롭고 인빌딩 중계기 전원차단이 가능한 빌딩

④ 이동통신사로부터 중계기 Off에 따른 장애 데이터 제거 협조가 가능한 빌딩

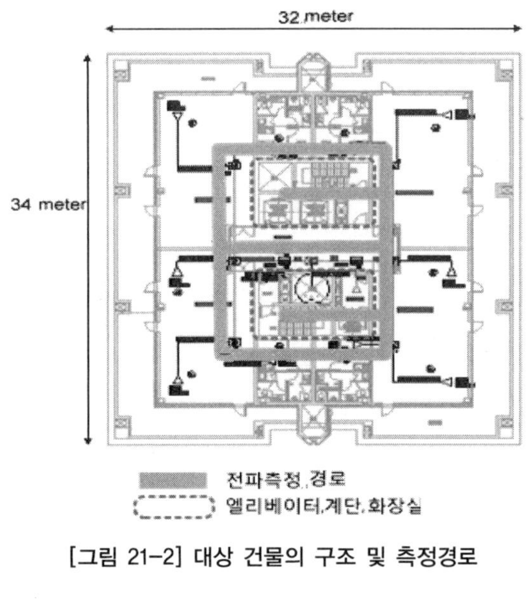

[그림 21-2] 대상 건물의 구조 및 측정경로

〈표 21-1〉 측정 대상 건물의 규모와 특징

건물명	위치	전층면적 m^2	층별면적 m^2	안테나 개수	시설 케이블 길이 meter	지상/지하	구조
코오롱디지털 에스턴	서울시 금천구 가산동	114,988	6,612	240	4,990	15층 / 2층	미음자
KCC웰치밸리	서울시 금천구 가산동	23,868	1,404	198	3,548	14층 / 3층	미음자
에이스하이엔드 5차	서울시 금천구 가산동	26,112	1,088	201	3,094	21층 / 3층	미음자
스타밸리빌딩	서울시 금천구 가산동	51,840	3,240	260	5,500	14층 / 2층	미음자
JMK 디지털타워	서울시 구로구 구로동	33,792	1,536	399	6,966	18층 / 4층	미음자
리더스타워	서울시 금천구 가산동	43,740	2,430	235	4,940	15층 / 3층	미음자
승일벤처타워	서울시 금천구 가산동	8,400	600	97	1,550	12층 / 2층	미음자
동아아파트	성남시 분당구 서현동					23층	일자
삼성아파트	성남시 분당구 서현동					21층	일자
건영아파트	성남시 분당구 분당동					19층	일자

건물의 면적 외에도 다양한 요소에 의하여 건물내 전파세기에 영향을 미침을 알 수 있다.

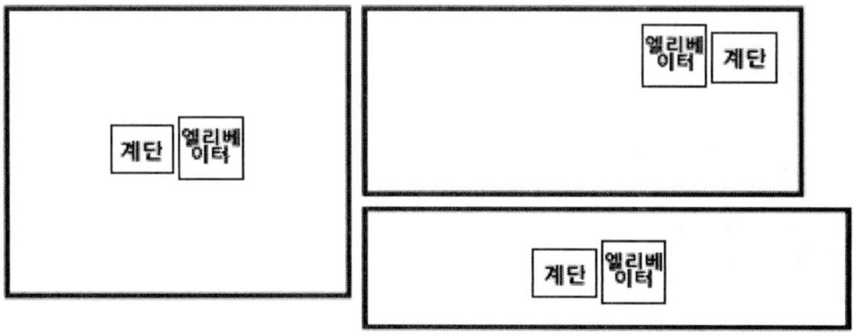

[그림 21-3] 건물 내부구조의 종류

국내 이동통신사별 지상구간 건물의 투자기준을 바탕으로 건물의 규모를 분류하면 〈표 21-2〉와 같이 분류될 수 있다.

〈표 21-2〉 이동통신 구내선로설비 시설을 위한 건물의 분류

	각 층의 면적	높이	건물 내 설치 안테나개수	설치되는 장치의 종류	건물의 용도
대형	1000m^2 이상	10층 이상	100개 이상	RU, 대형광중기	공공건물, 상업건물...
중형	250m^2 이상	–	20개 이상	중형 광중계기, RF중계기	–
소형	250m^2 이하	–	20개 이하	RF 중계기	–

(2) 건물 내 전파전파 특성 및 측정방법

이동통신 전파특성은 전파세기와 전파품질 2가지 요소로 분류가 된다. 일반적으로 전파세기가 우수한 경우 전파품질도 우수할 수 있으나, 다중 기지국 신호의 겹침이나 최번시의 통화량 증가의 경우에는 전파세기가 우수하여도 전파품질은 저하되게 된다.

대형 건물에서의 전파품질의 저하현상은 건물 내부 다양한 위치에서의 전파전파 투과손실의 요인과 높은 층에서의 Skybar effect의 2가지 현상에 의하여 발생하게 된다. 또한 Busy hour의 통화량 집중에 의한 통화품질 저하도 발생할 수 있다.

이번 측정에서는 통화량 증가에 의한 전파품질저하와 사무실 공간출입의 어려움으로 다양한 건물 내 파티션 환경에서의 전파전파 특성분석은 제외하도록 한다.

[그림 21-4]는 도심 대형건물 높은 층에서 많은 기지국 신호의 겹침에 의 한 전파 품질 $E_C I_O$ 저하가 발생하는 Skybar effect 현상을 설명하고 있다. 특히 최근의 Wireless data explosion 문제점을 해결하기 위하여 KT 및 SKT 양사 모두 CCC, SCAN 무선망 설계기법에 의하여 기지국 간격을 매우 촘촘하게 배치하고 있기에 도심 대형빌딩 높은 층에서의 Skybar effect 현상이 더욱 심화되고 있다.

CCC, SCAN 무선망 설계기법 적용에 의하여 PSC 기준, 핸드오버 발생빈도 기준으로 평균 2배 이상 증가하고 있다. 이러한 Skybar effect는 무선접속기술의 특성상 CDMA 방식대비 셀간 간섭문제가 더욱 심화되는 OFDM 방식의 LTE에서 더욱 심화될 것으로 예상이 된다.

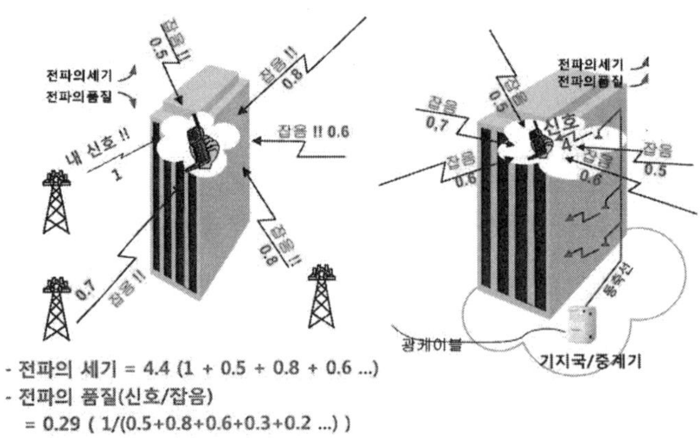

[그림 21-4] 건물고층에서의 Skybar effect와 이를 극복하기 위한 분산 안테나시스템

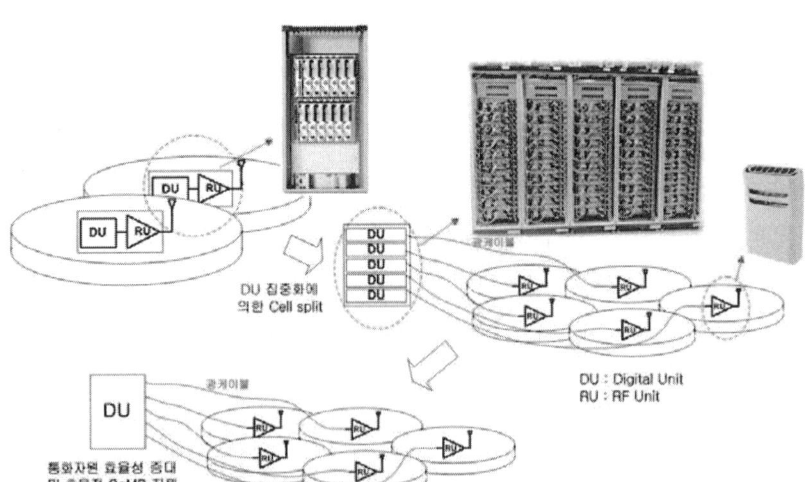

[그림 21-5] CCC/SCAN 무선망 구조

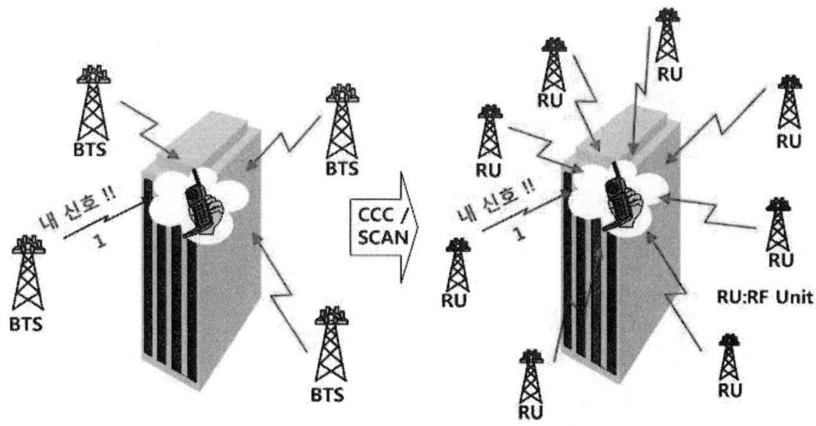

[그림 21-6] CCC에 의한 Skybar effect 현상의 심화

스마트폰 보급에 의하여 발생된 Wireless data explosion은 이동통신 구내선로 설비투자의 기준 및 기술방식의 급격한 변화를 발생시키고 있다. 기존의 건물 내 이동통신 서비스 제공의 목적은 안정적인 음성 서비스를 위한 전파품질의 확보(건물내 커버리지 확장)이었지만 스마트폰 보급에 의한 Wireless data explosion 이후의 목적은 건물내 커버리지 확장보다는 건물 내 통화용량 확장의 목적이 우선되고 있다. 이를 위하여 기존의 자체 통화용량 기능을 갖지 못하는 중계기를 CCC/SCAN의 RU로 교체되는 형태로 변화하게 되었다.

즉 건물 내 전파품질이 우수하더라도 데이터 통화용량 분산의 차원에서 적극적인 이동통신 구내선로설비의 투자가 이루어지고 있다. 즉 이동통신 구내선로설비의 목적이 건물 내 커버리지의 확장에서 건물 내 커패시티의 확장개념으로 변화하고 있음을 의미한다.

〈표 21-3〉은 KT와 SKT의 CCC/SCAN 기법 적용에 따른 기지국수 변화를 조사한 결과이다.

〈표 21-3〉

		KT CCC	SKT SCAN
기존 3G 무선망	기지국수	약 1,000개	-
	광중계기 수	약 8,000개	-

[그림 21-7]은 CCC에 의하여 도심 건물 내 커버리지 확장용 중계기가 커패시티 확장을 위한 RU로 대체되는 구조를 설명하고 있다.

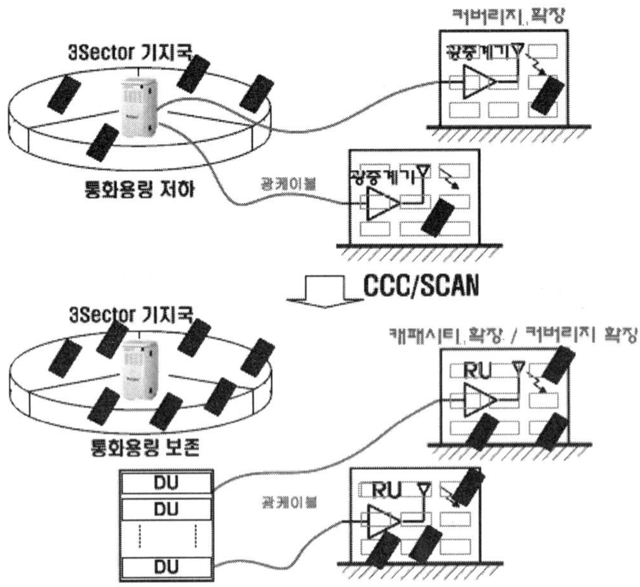

[그림 21-7] CCC/SCAN RU에 의한 건물 내 이동통신 서비스 방식

〈표 21-4〉 WCDMA CCC/SCAN 무선망 투자현황

CCC/SCAN 적용 후 RU 개수	약 11,000개	-
적용 지역	서울 및 인근도시	-
적용 시점	2011년 11월 완료	-

앞에서 설명한 전파품질저하의 요인을 반영하여 인빌딩 전파특성 분석을 위해서는 다음 위치와 방법에 의하여 전파특성을 측정 분석하도록 한다.

① 건물 외부에서의 RSSI, E_CI_O

② 건물 내부의 1층/중계기 Off에서의 RSSI, E_CI_O

③ 건물 꼭대기층/중계기 Off에서의 RSSI, E_CI_O

④ 건물 내부의 1층/중계기 On에서의 RSSI, E_CI_O

⑤ 건물 꼭대기층/중계기 Off에서의 RSSI, E_CI_O

전파전파 특성을 측정하기 위한 기본 계측기는 Spectrum Analyzer이다. 하지만 전류소모가 크고 건물 내 이동측정의 용도로는 휴대의 제약을 받게 되며 건축주/건물주의 거부감을 유발하게 된다. 특히 최근의 전자파 유해성에 대한 논란으로 건축주/건물주의 거부감이 증가하고 있다.

따라서 측정의 용이성과 건축주/건물주와의 마찰을 유발하지 않는 측정방법으로서 스마트폰에 전파측정 앱을 설치하여 측정을 진행하였다. 전파전파 측정을 위하여 아래의 3가지 방안이 고려될 수 있으며, 방식별 장·단점을 비교하였다.

〈표 21-5〉 인빌딩 전파전파 특성 측정방법 비교

	스펙트럼 분석기	휴대폰 디버그 스크린	스마트폰 전파측정 앱
측정정밀도	매우 정밀	+-3dB 큰 편차	calibraion 보정기능에 의하여 +-1dB 이내
휴대성	매우 제한적	매우 편리	매우 편리
데이터 로깅, 분석 기능	별도의 노트북 필요	수작업, 불편	매우 편리
건축주/건물주와의 마찰 가능성	마찰 가능성 높음	마찰 가능성 없음	마찰 가능성 없음

건물출입의 용이성, 건물주의 전자파에 대한 거부감, 측정의 용이성 등을 고려하여 스마트폰 내에서의 RF 측정값을 그래프로 표현하고, 자동 저장할 수 있는 간단한 DM 어플을 개발하여 측정을 시행하였다. 개발된 DM 어플에 의하여 스마트폰은 아래의 값을 측정, 저장하는 기능을 갖는다.

중계기기에 연동하여 RF 측정 데이터값의 오차값을 추출하고 이 값을 이용하여 측정된 RF 데이터값에 대한 보정을 실시하였다.

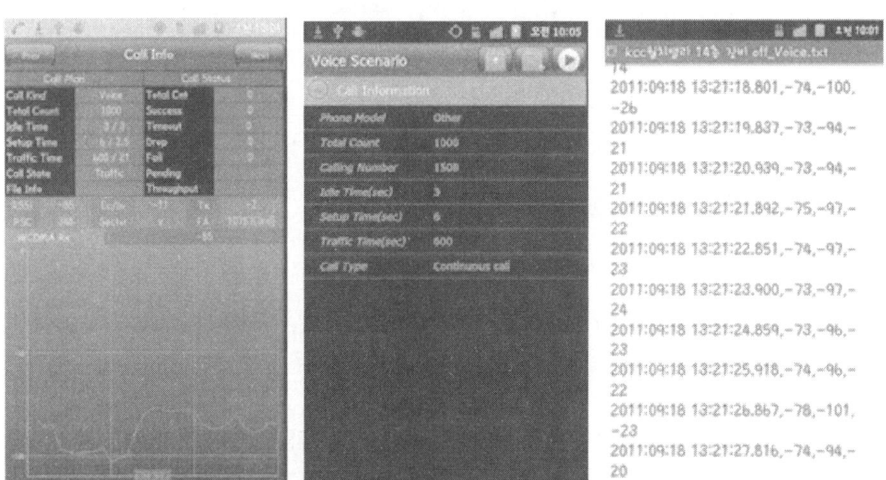

[그림 21-8] 개발된 DM어플 화면의 구성

(3) 컴퓨터 시뮬레이션에 의한 건물 내 전파특성 분석

지형정보 및 3D 건물정보를 기반으로 KT의 전파분석 툴인 "CellTreK"의 Ray-Tracing 기법을 활용하여 시뮬레이션을 수행하였다. 옥외 시뮬레이션 결과의 예에서는 기지국 인근의 신호세기는 강하나, 기지국에서 멀거나 건물에 가려진 지역의 세기는 약함을 알 수 있다.

① 측정단말기 : KTtech사의 TAKE 야누스 모델

② 측정 값 : 측정시간, RSSI, RSCP, EcIo, PSC 값을 1초에 한번씩 저장

[그림 21-9]는 이 측정을 위하여 개발된 DM어플의 화면구성이며 저장된 데이터는 외부 컴퓨터에서 엑셀을 이용하여 분석하였다. DM어플 측정값의 정밀도를 위하여 측정전 단계에서 스마트폰을 계측 빌딩품질은 불량할 것으로 예상된다. 즉 인빌딩 이동통신품질은 해당 건물 주변의 기지국 위치와 건물배치에 대한 함수로 나타남을 알 수 있다.

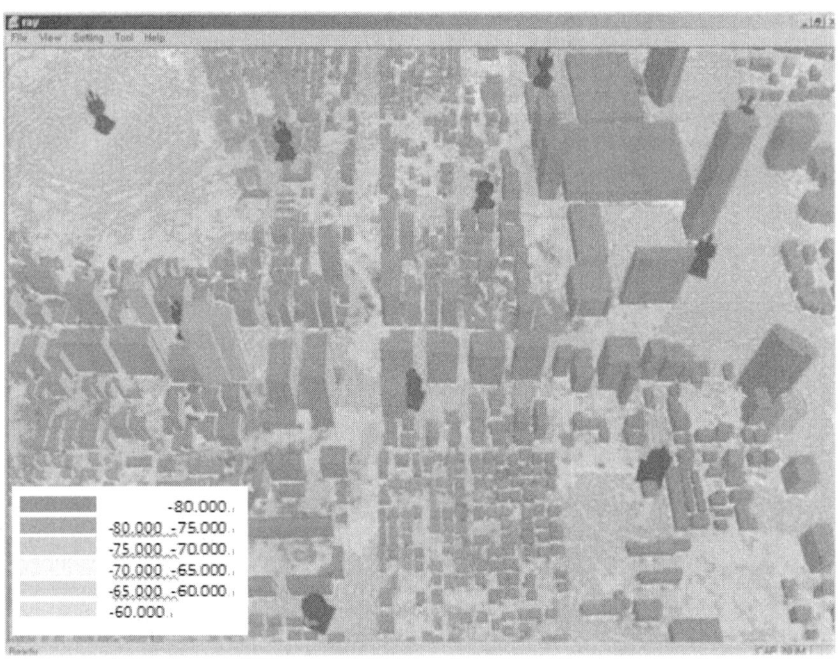

[그림 21-9] 건물 영향을 반영하는 옥외 전파전파 시뮬레이션의 예

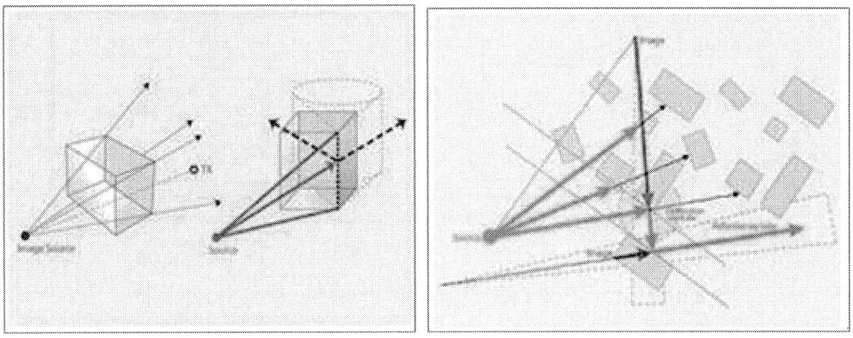

[그림 21-10] 전파전파 건물 투과손실을 계산하기 위한 모델

건물안에서의 전파세기도 건물구조도를 기반으로 "CellTreK"의 Ray-Tracing 기법을 활용하여 시뮬레이션이 가능하다. [그림 21-11] 시뮬레이션 결과는 기지국이 건물 안에 있을 경우에 대한 시뮬레이션 결과이며, 옥외와 마찬가지로 기지국에서 멀어질수록 내벽 등 장애물에 의해 가려질 경우 신호세기가 약해짐을 알 수 있다. 기지국을 일정거리 이격된 외부에 배치해 시뮬레이션을 수행하는 경우 건물 외부에서 서비스가 가능한 커버리지를 확인할 수 있다.

[그림 21-11] 인빌딩 전파전파 특성 시뮬레이션의 예

외부에서 인입된 전파의 세기는 건물 내부로 들어갈수록 전파경로의 증가 및 내벽 등 장애물에 의해 약해지게 됨을 알 수 있으며, 건물마다 다양한 내부구조를 무시할 경우 건물의 단면적이 작을수록, 같은 단면적일 경우는 단면이 정사각형에 가까울수록 전파의 세기가 낮아질 것으로 판단된다.

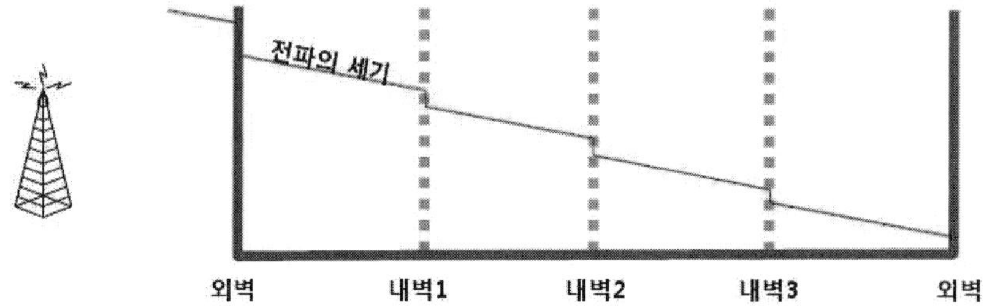

[그림 21-12] 건물 내 내벽에 의한 전파전파 투과손실의 특성

시뮬레이션에서는 대형 건물의 대표적 구조인 정사각형이면서 중앙부에 계단과 엘리베이터가 위치하는 구조의 건물을 모델로 하였으며, 층별 면적이 1,000m^{2}와 3,000m^{2}인 건물을 모델링하여 시뮬레이션을 수행하였다. 또한 대형 건물 외부의 RSSI가 대부분 -50~-65dBm범위이었음에 반영하여 전파 송신체가 건물 4면에 위치하여 EiRP가 -50dBm로 수신되는 모델을 기준으로 시뮬레이션을 수행하였다.

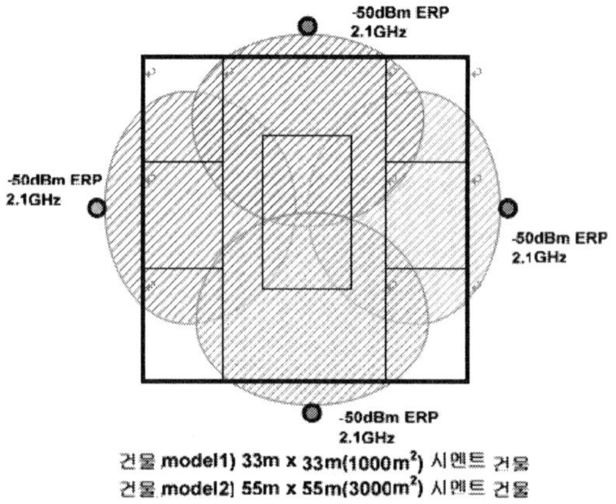

[그림 21-13] 컴퓨터 시뮬레이션을 위한 건물의 모델링

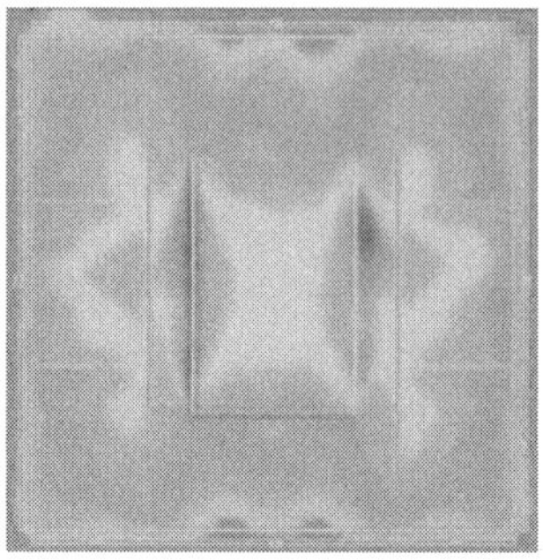

COLOR	Min.	Max.
	-100.00	-95.00(
	-95.00(	-90.00(
	-90.00(	-85.00(
	-85.00(	-80.00(
	-80.00(	-75.00(
	-75.00(	-70.00(
	-70.00(	-65.00(
	-65.00(	-60.00(
	-60.00(	-55.00(
	-55.00(	-50.00(
	-50.00(	-45.00(

[그림 21-14] 대형 건물(1,000m^2)에 대한 전파전파 시뮬레이션 결과

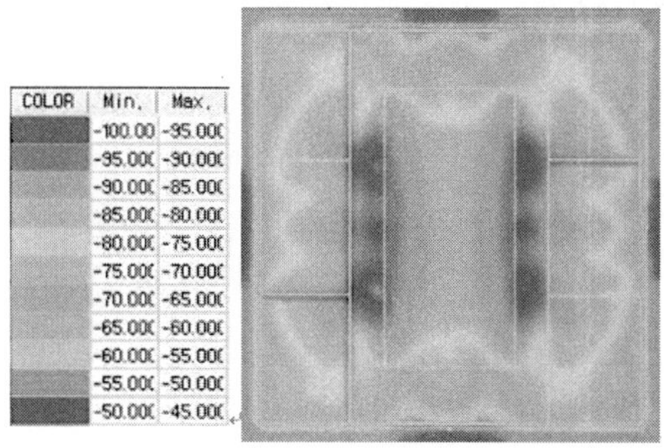

[그림 21-15] 대형 건물(3,000m^2)에 대한 전파전파 시뮬레이션 결과

위의 시뮬레이션 결과에서 보듯이 층별 면적이 1000m^{2}인 건물의 내부에서 최대 35dB의 손실이 예상됨을 알 수 있으며, 1000m^{2}인 건물의 내부 중앙부에서는 최대 45dB까지의 전파손실이 예상됨을 알 수 있다.

(4) 건물 내 통화품질 측정 및 분석

1) 음성 및 데이터 통화품질의 기준

지금까지의 건물 내 통화품질 기준은 AMR 12.2kbps 음성통화를 기준으로 이루어졌다. 최근의 스마트폰 보급에 의한 데이터서비스는 음성통화에 비하여 더욱 높은 데이터 전송률이 요구되며 이를 기준으로 건물 내 통화품질 기준의 재설정이 요구된다. 하향 링크 음성통화를 위하여 요구되는 최소 수신세기의 산출은 다음의 항목이 고려되어야 한다.

① 휴대단말 하향 링크 음성통화 수신감도 : −106dBm/5MHz

② 통화자의 body loss : 최소 −5dB

③ fading margin : 최소 −5dB

음성통화의 정상적 통화품질을 위하여 하향 링크에서 요구되는 최소 수신세기는 다음과 같이 산출된다.

최소 수신세기_음성통화 = 수신감도 − body_loss − fading_margin

= −106dBm−5dB−5dB → −96dBm/5MHz

2) 3GPP에서의 요구조건

앞의 수식에 의하여 12.2[kbps] AMR 음성통신을 위하여 휴대단말 수신부에서 요구되는 최소 수신세기(수신감도)는 -96dBm/5MHz 로 산출된다. 데이터서비스에서 요구되는 최소 수신세기는 다음의 수식으로 산출되며, 전송률에 따른 수신감도의 변화는 〈표 21-6〉과 같다.

rssi_data_req = rssi_AM R_req + 10*log(data_rate/12.2kbps)
+ channnel_coding_gain

〈표 21-6〉 WCDMA 데이터 전송률에 따른 하향 링크 수신감도의 변화

	12,2kbps AMR	64kbps 화상통화	128kbps	384kbps
정적인 조건 EbNo(dB)	5.1dB	1.7dB	0.9dB	1.0dB
Processing Gain(dB)	25.0dB	17.8dB	14.8dB	10.0dB
수신감도편차(dB)	0dB(기준)	−3.8dB	−6.0dB	−10.9dB

국내 이동통신사업자들의 하향 링크 무선데이터 통화품질의 보편적 기준은 평균 4인치 스마트폰에서 원활한 VOD 품질을 유지하기 위하여 하향링크 HSDPA에서 평균 400kbps 정도의 전송률이 요구되고 있다. HSDPA에서 400kbps 전송속도를 유지하기 위하여 다음의 수신세기가 요구된다.

rssi_400[kbps]_req = rssi_AM R_req + 10*log(400[kbps]/12.2[kbps])
+ channel_coding_gain + H ARQ_gain

위의 수식에서 rssi_AMR_req값은 3GPP 최소 요구규격에 의하여 -106dBm/5MHz이며, turbo coding에 의한 채널코딩 이득은 1dB 미만으로 설정된다.

HARQ 이득은 QoS 조건에 따라 큰 편차를 나타낼 수 있지만 실시간 서비스를 기준시 1dB 이내로 산정된다. 따라서 400kbps를 위하여 요구되는 최소 RSSI 값은 다음과 같으며 음성 서비스 대비는 약 13dB 정도 더높은 수신 전파세기가 요구됨을 알 수 있다.

rssi_400kbps_req = −92.9dBm(= −106dBm + 15.1dB + 1dB + 1dB)

위의 수식에 의하여 화상통화를 위하여는 음성 서비스 대비 3.8dB, WCDMA 384kbps 데이터를 위하여는 10.9dB HSDPA 400kbps 전송률을 제공하기 위하여는 13dB 이상 높은 전파 수신세기가 요구됨을 알 수 있다.

3) 인체에 의한 전파전파 손실

Body loss는 휴대폰의 안테나 구조, 통화자의 파지습관 등에 의하여 큰 편차를 나타낸다. [그림 21-16]은 실측에 의하여 파지형태에 따라 Body loss가 10dB 이상 발생할 수 있음을 나타내고 있다. 국내 이동통신사들은 단말검수 시험 시 인체의 전파 흡수특성과 유사한 Hand phantom에 의하여 4~6dB의 Body loss를 반영하여 시험하고 있다.

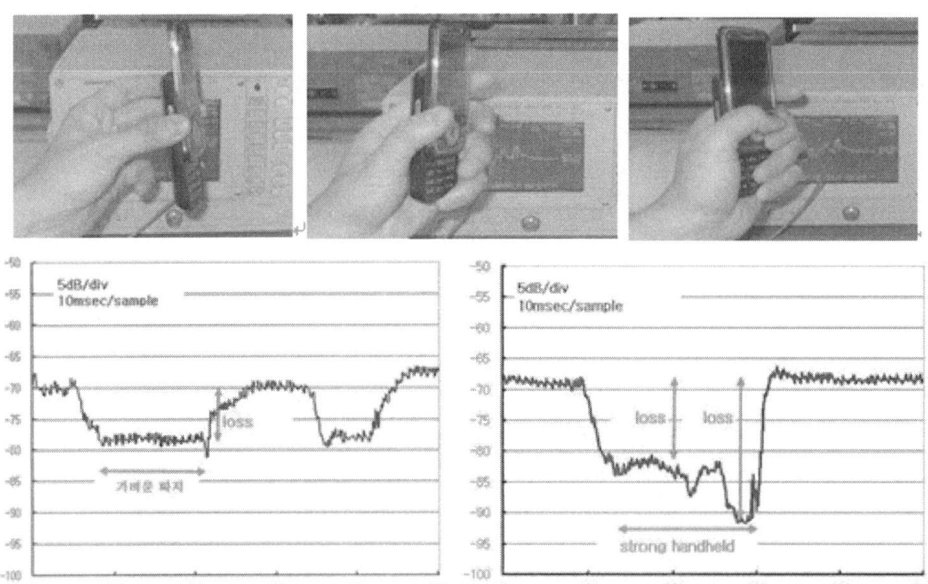

[그림 21-16] 휴대단말의 파지형태에 따른 Body loss 측정결과

(5) 측정결과의 분석

건물내부에서 측정된 전파의 세기와 전파의 품질 평균값이 통화품질을 대변하지는 못한다. 통화품질 저하를 발생시키는 임계값 이하의 분포에 의하여 체감적인 통화품질이 결정되게 되면 건물 내 측정 루트와 이동속도, 측정자의 주관적인 Body loss 등에 의하여 많은 편차가 발생할 수 있게 된다. [그림 21-17]의 그래프는 특정 측정국소에서 측정된 결과의 예이다. 특히 고층에서의 Skbybar effect에 의한 심각한 전파품질불량 현상이 건물 내 분산 안테나 설치에 의하여 E_CI_O 전파품질의 개선이 확연하게 알 수 있다(그림 21-18).

다른 측정국소에서의 결과는 첨부자료에 정리하였다.

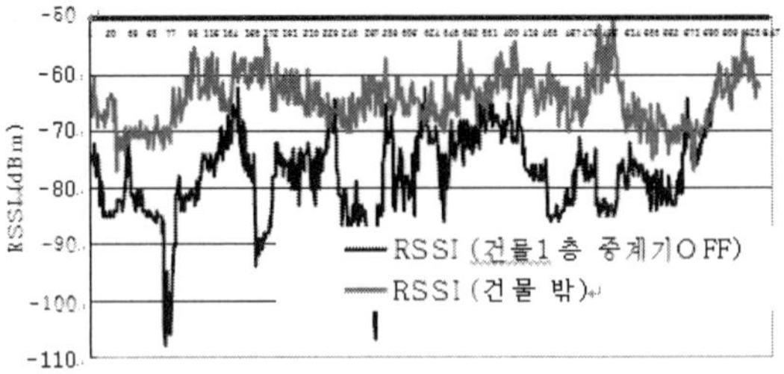

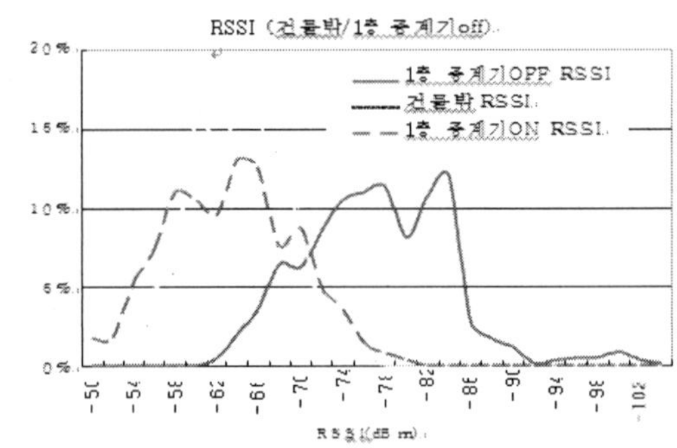

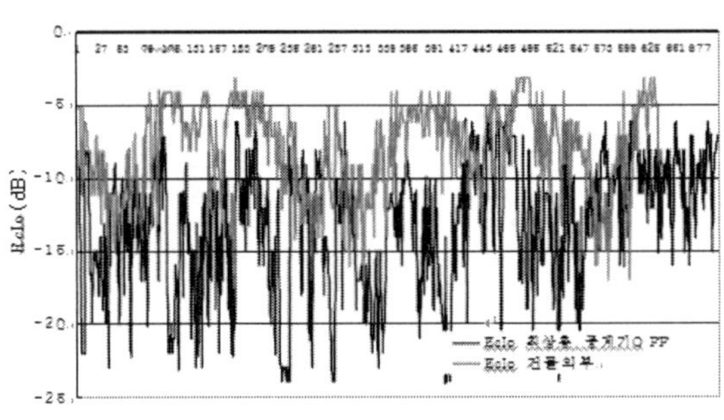

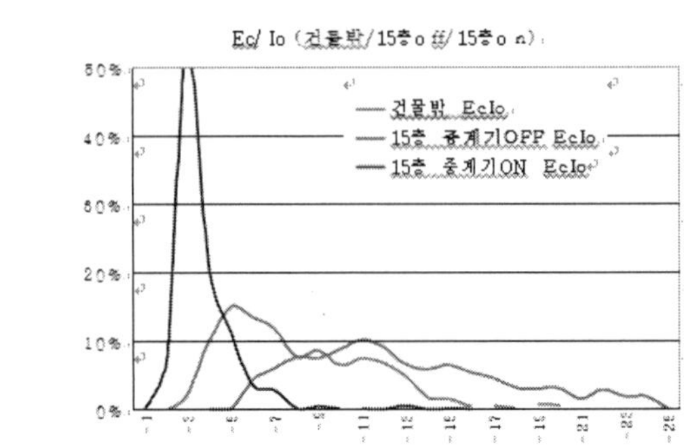

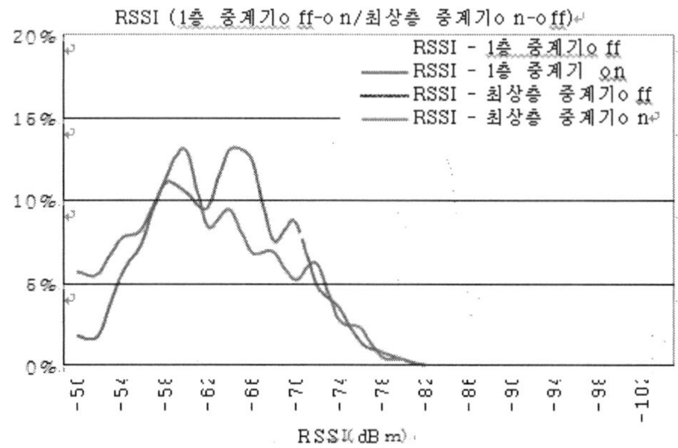

[그림 21-17] 전파전파 측정결과

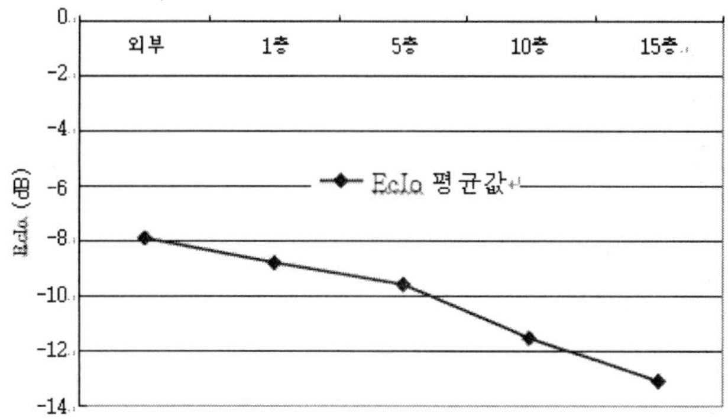

[그림 21-18] 도심 고층 건물에서의 Skybar effect 현상

〈표 21-7〉~〈표 21-9〉는 앞의 기준에 의하여 선정된 건물에서의 전파 측정결과를 요약한 내용이다.

〈표 21-7〉 대형 건물에서의 전파전파 투과손실 측정결과 요약

측정대상 건물	층별 면적(m^2)	외부 평균 RSSI (dBm)	중계기off 1층 평균 RSSI(dBm)	중계기off 중앙계단평균 RSSI(dBm)	최대 건물투과 손실(dB)	중계기 off 엘리베이터 평균 (dBm)
코오롱 디지털 에스턴	6,612	-64.2	-78.2	-87.8	23.6	-98
KCC웰치밸리	1,404	-59.2	-83.5	-90.9	31.7	-101
에이스하이엔드 5차	1,088	-64.4	-87.6	-96.2	31.8	-105

〈표 21-8〉 고층 건물에서의 Skybar effect 측정결과 요약

스타밸리빌딩	3,240	-64.2	-89.6	-95.4	31.2	-
JMK디지털타워	1,536	-62.1	-81.0	-90.1	28.0	-
리더스타워	2,430	-66.2	-84.8	-93.2	27.0	-
승일빌딩	600	-63.8	-80.1	-89.2	25.4	-

〈표 21-9〉 주택가 아파트에서의 전파전파 특성 측정결과 요약

아파트	측정 위치	RSSI(dBm)	EcIo(dB)
분당 서현동 동아아파트	외부	-86.2	-8.4
	1층 안쪽	-102	-11.1
	14층 안쪽	-73	-7
분당 서현동 삼성아파트	외부	-84.1	-9.7

앞에서 분석한 전파전파 감쇠의 요인들을 반영하면 하향 링크 휴대단말에서 요구되는 최소 수신세기(RSSI) 값은 다음과 같다.

① 음성 서비스를 위한 최소 수신세기(하향 링크)

=음성_수신감도+body_loss)+fading_margin

=-96dBm/5MHz

② 데이터(200kbps) 서비스를 위한 최소 수신세기(하향 링크)

=음성_수신감도+데이터률_보상+채널코딩이득_보상

+HARQ이득_보상+body_loss+fading margin)

=-86dBm/5MHz

이 측정결과가 모든 경우의 건물에 대한 전파특성을 대변하지는 못하지만, 이동통신 구내선로설비가 시설되지 않은 대형 건물에서의 일반적인 전파전파의 특징을 정성적으로 나타낸다. 위에서 설명한 하향 링크 음성 및 데이터서비스를 위한 최소 수신세기값을 기준으로 측정결과를 분석하면 다음의 결과를 유추할 수 있다.

① 건물 외부에서의 전파세기 평균값은 불특정 다수 건물 내에서의 통화품질을 고려하여 -60~-70dBm 범위에서 매우 높은 수신세기를 나타내고 있음을 알 수 있다.

② 도심 대부분의 대형 건물 지상 중앙부에서는 15~20dB 이내의 건물투과손실을 나타내어 음성통화가 가능한 수준임을 알 수 있다. 다만 중앙계단부에서는

25dB 이상의 건물투과손실을 나타내어 음성 통화품질이 불량할 수 있음을 알 수 있다.

③ 대부분의 대형 건물 엘리베이터 내에서의 전파세기는 음성통화를 위한 최소 수신세기 이하를 나타냄을 알 수 있다.

④ 일자형 구조의 아파트 내부에서의 전파손실은 주변 아파트동에 의하여 영향을 받는 저층에서 15dB 이내임을 알 수 있으며, 고층으로 갈수록 주변 동의 영향이 줄어들어 전파의 세기가 증가함을 알 수 있다. 주변 기지국 밀도가 높지 않은 주택가 아파트 단지의 경우에는 Skybar effect 통화품질 저하현상은 크게 발생하지 않음을 알 수 있다.

⑤ 최소 수신세기가 음성 서비스 대비 10dB 이상 더 높게 요구되는 스마트폰에서의 무선 데이터 서비스는 건물 중앙부와 계단부 모두에서 통화품질 저하가 발생할 수 있음을 알 수 있다.

⑥ 도심 건물의 고층부에서는 다중 기지국 신호의 겹침에 의하여 $E_C I_O$ 기준 전파품질이 5dB 이상 저하함을 알 수 있으며, 이로 인하여 음성 및 데이터서비스의 통화품질 불량이 발생함을 알 수 있다. 또한 이러한 Skybar effect 통화품질 불량현상은 이동통신 구내선로 설비에 의하여 명확하게 개선됨을 알 수 있다.

2. 실험결과 및 고찰

<table>
<tr><td>실험제목</td><td colspan="4"></td><td>평 가</td><td></td></tr>
<tr><td>소 속</td><td colspan="6"></td></tr>
<tr><td>실 험 조</td><td>조</td><td></td><td>인 원</td><td></td><td>실험일자</td><td></td></tr>
<tr><td>학 번</td><td colspan="6"></td></tr>
<tr><td>성 명</td><td colspan="6"></td></tr>
<tr><td>조 원</td><td colspan="6"></td></tr>
</table>

① 인빌딩 무선망 설계기준 대해 알아보시오.

② 건물 내 이동통신 통화품질 영향의 요인 대해 알아보시오.

③ 건물 내 전파전파 특성 및 측정방법에 대해 알아보시오.

④ 인체에 의한 전파전파 손실에 대해 알아보시오.

□ 참고문헌 □

[1] 3GPP TS 36.300, "Evolved Universal Terrestrial Radio Access (E-UTRA) and Evolved Universal Terrestrial Radio Access Network (E-UTRAN); Overall Description".

[2] 3GPP TS 23.401, "GPRS Enhancement for E-UTRAN Access".

[3] NMC 컨설팅 내부 리포트, "E2E LTE Network Design", August 2010.

[4] Magnus Olsson, et. al., SAE and the Evolved Packet Core-Driving the Mobile broadband Revolution, AP, 2009.

[5] B. Al-Manthari, H. Hassanein, and N. Nasser, "Packet Scheduling in 3.5G High-Speed Downlink Packet Access Networks: Breath and Depth," *IEEE Network*, vol. 21, no. 1, pp. 41-46, Jan.-Feb. 2007.

[6] 3GPP TR 23.203 v8.2.0, "Policy and charging control architecture," 2008.

[7] R. Padovani, A. Jalali, and R. Pankal, "Data Throughput of CDMA HDR a High Efficiency-High Data Rate Personal Communication Wireless System," in *Proc. of the 51th IEEE Vehicular Technology Conference (VTC2000)*, vol. 3, pp. 1854-1858, May 2000.

[8] M. Andrews, K. Kumaran, K. Ramanan, A. Stolyar, and P. Whiting, "Providing Quality of Service over a Shared Wireless Link," *IEEE Communications Magazine*, vol. 39, no. 2, pp.150-154, Feb. 2001.

[9] S. Shakkottai and A. Stolyar, "Scheduling Algorithms for a Mixture of Real-Time and Non-Real-Time Data in HDR," in *Proc. of the 17th International Teletraffic Congress (ITC-17)*, Brazil, Sep. 2001

[10] 3GPP TS 29.212, "Policy and Charging Control over Gx Reference Point"

[11] "LTE EMM Procedure: 1. Initial Attach for Unknown UE 초기 접속호 흐름", March 2013,

[12] "LTE Charging: Offline", July 2013, TBD

저자약력

■ 김 동 옥

- 한국항공대학교 정보통신과 공학박사
- NEXSTEL CO., LTD. Wireless Team
- MAXSON CO., LTD. Wireless Engineering
- DANCALL CO., LTD. Wireless Engineering
- 서울이동통신㈜ 중앙연구소 책임연구원
- 한국정보통신기능대학 산업연구소장
- 한국정보통신기능대학 산학협력단장
- 한국정보통신기능대학 기획처장
- ICT폴리텍대학 이동통신과 교수
- E-mail : dokim@ict.ac.kr

이동통신 시스템 실습

2024년 8월 20일 1판 2쇄 발행

저 자 김 동 옥
발행인 남 승 우

발행처 도서출판 상尙 학學 당堂
서울시 동작구 사당로9가길 6(사당동)
TEL : 02) 595-1692~4
FAX : 02) 595-1394
E-mail : shdbooks@naver.com
신고 : 2-155호 (1968. 11. 29)

정가 24,000원

ISBN 978-89-6587-127-9 93560

〈디자인〉 편집 엄해숙 / 표지 나아기획